電気・電子学生のための

電磁波工学

稲垣直樹 著

丸善出版

電 気・電 子 学 生 の た め の

情報通信工学教科書シリーズ編集委員会

監修委員	佐藤利三郎	東北大学教授
	遠藤 一郎	電気通信大学教授
幹事委員	池田 哲夫	名古屋工業大学教授
執筆委員	池田 哲夫	名古屋工業大学教授
	石井 正博	電気通信大学教授
	稲垣 直樹	名古屋工業大学助教授
	遠藤 一郎	電気通信大学教授
	奥山大太郎	秋田大学教授
	亀田 寿夫	電気通信大学助教授
	木村 豊	日本電信電話公社データ通信本部
	横川 泉二	岐阜大学教授
	吉田 庄司	日本電信電話公社研究開発本部

(昭和55年9月現在)

序

最近のエレクトロニクス技術の進歩には目を見張るものがあり，このエレクトロニクスを基盤とした情報技術（computer）と通信技術（communication）との複合技術は，これからの社会を大きく変えてゆくものとして注目を浴びている．これからの電気系の工学者は，国際的にも競合できる高度の専門技術を駆使しなければならない．同時に，従来の電気系技術者の活躍分野をはるかに超えて，たとえば機械・建築土木・医療・金融など広い技術分野での活躍を要請されている．質・量両面で，電気系技術者への要求と期待が急速に高まりつつある．

このような情勢に対応して，大学における電気系学科（電気・電子・情報工学科など）における教育科目は現在見直しの時期に来ているといえよう．従来の電気系学科本来の授業科目に，新たに情報・通信工学関係の科目を加えたい希望が強くなってきた．しかしこの場合に各大学共通の問題点は，限られた教官数のなかに，必ずしも情報・通信の技術分野を専攻する授業担当者を得られないこと，および限られた時間数のなかで授業するのに適当な教科書を選びにくいことであろう．この分野ではすでに多くの教科書が市販されているにもかかわらず，われわれがあえて“電気・電子学生のための”と断って，“情報通信工学教科書シリーズ”を刊行し，世に問うに至ったのは，数多い既設の電気系学科に共通した上記問題点を解消する一助となることを意図したからにほかならない．

本来，大学における授業内容は必ずしも技術の最先端を追うことは要求されておらず，むしろ卒業後10年，20年に及ぶ期間における新しい技術展開に十分対応できる基礎的学力を身につけ，対象を体系的に把握する能力を修得させることをねらいとすべきであろう．このためには，教科書の種類と内容は，多岐広範囲にわたる必要はなく，むしろ少量の素材を，系統的に提供することが望ましいものと考える．

本教科書シリーズでは，現在の電気系学科で情報・通信系科目に割り当てられる単位数が6〜10単位（1科目2単位として）であろうと推定し，学部3年または4年の学生に対し，週2時間で15週程度で終了できることを考慮して，取り上げる教科のテーマ，内容，ページ数を選定した．

さらにできるだけ多くの例題と各章末の問題およびその解答に重点を置くことによって，学生の理解を助けるように務めた．したがって執筆者は各大学・研究所などで実際にその分野を担当しておられる先生方に依頼してある．出版にあたっては，各巻相互の内容の検討を加え，できるかぎり教科書としての普遍性に注意したつもりである．“学びやすく，教えやすい”ことがこのシリーズのねらいである．

なお，この教科書シリーズは学生を対象として刊行したが，はじめに述べたように，情報・通信関係の急激な進歩に伴って，社会人としての技術者が基礎的な知識を再修得したいという要望も最近増加している．既存の教科書はレベル，ページ数の点で，必ずしも社会人の自学自習，あるいはグループ学習に適したものとはいい難い．本シリーズでは特定の予備的学力や専門用語の知識なしでも理解できることを心掛けたので，社会人技術者が新しい学問を体系的に勉強するのにも役立つものと自負している．

最後に本シリーズの実現に多大のご協力を頂いた丸善株式会社出版部の関係各位に厚く御礼申しあげる．

昭和55年8月

佐藤利三郎
遠藤一郎

はじめに

本書は電磁気学を学習した直後の学生諸君を対象とした15週程度の講義用教科書である．ページ数の制限によって古くからの電波工学の部分と新しい光波工学の部分に共通な基礎事項に重点をおき，種々の応用分野の詳しい説明は省略することを余儀なくされた．実際に講義される先生が本書の内容を取捨選択され，得意とされる分野を補足されるのも結構だと思う．本書はマクスウェルの方程式からはじめ，その簡単な場合の解である平面波，平面波で説明できる場合，平面波では説明できない場合，などのように発展している．このような構成は必ずしも易から難に移るものではない．たとえば4章は最も程度の高い部分である．各章末には演習問題を用意した．各章の内容と密接に関連するものばかりであるので，これらの問題を解くことによって理解が深まり，実力の向上を実感することによって自信が湧くことであろう．巻末には自己採点用の解答があるので参考にしていただきたい．

私の学生時代には電磁波工学はまだ電波工学とよばれていたが，そのアカデミックな一面に魅力を感じ，卒業研究のテーマをこの中から選んだのがきっかけで電磁波工学を専攻することになった．電磁波工学の魅力はマクスウェルの方程式によってすべての現象が説明されるという単純さにあると思う．本書の執筆にあたって，この単純さを損なわないよう，なるべく簡潔明快な記述を心掛けたつもりである．この意図がどの程度達せられたか疑問である．読者の皆さんの御批判によって改良して行きたいと思う．本書を手中にされたら鉛筆で真黒になるまで愛用していただきたい．そして，電磁波工学を好きになっていただきたい，これが著者の願いである.

本書の執筆を勧められ，原稿を読んでいただいた東北大学 佐藤利三郎教授，電気通信大学 遠藤一郎教授，名古屋工業大学 池田哲夫教授に謝意を表わす．また文部省在外研究員として海外出張している著者にかわって校正の労をとられた丸善株式会社出版部の方々に謝意を表わす.

1980年7月

出張先のアメリカ合衆国オハイオ州立大学

エレクトロサイエンス研究所にて

著　　者

目　　次

1 電磁界を支配する法則

電磁気学を学んだ諸君は時間的に変動する電界と磁界はマクスウェルの方程式によって結ばれること，マクスウェルの方程式の結論として電磁波が得られることを知ったであろう．マクスウェルの方程式はベクトル場である電界と磁界の時間と空間座標による微分方程式である．電磁波工学を学ぶために，まずスカラー場とベクトル場の空間座標による微分を理解しなければならない．この章ではベクトル解析の復習から始めて，電磁界を支配する法則がどのように記述されたのか，動電磁気学の基礎知識を整理しておく．

1.1 座　標　系

空間の位置を示すのによく用いられる三つの座標系：直角座標系 (x, y, z)，円筒座標系 (ρ, φ, z)，球座標系 (r, θ, φ) を復習しておこう．

図1.1にこれらの座標系を示した．直角座標系はデカルト座標系ともよばれ，3本の互いに直交する直線の座標軸によって構成される．この座標系の特徴は三つの座標とも長さの次元をもつこと，座標軸の方向が空間の任意の点で一定であることである．円筒座標系は ρ=一定の面が円筒面となるのでこの名があり，z 軸上に長く分布した源による電磁界を解析するのに便利である．球座標系は r=一定の面が球面となるのでこの名があり，原点Oの付近に局在した源による電磁界を解析するのに便利である．r=一定の球面を地球の表面にたとえると，z 軸方向は北極，θ は北極から南極の方に向って測った緯度，φ

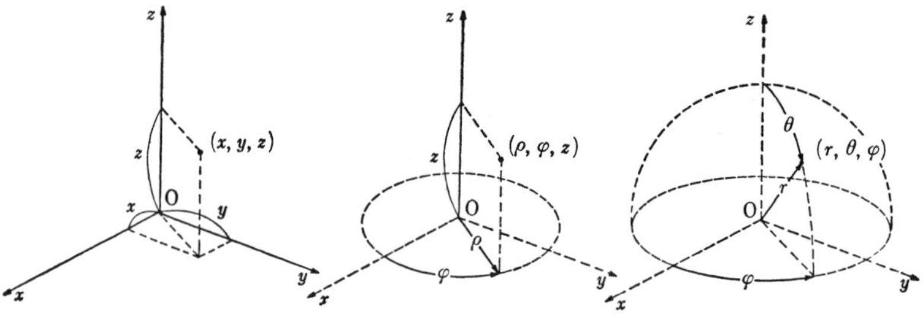

(a)　直角座標系　　(b)　円筒座標系　　(c)　球座標系

図 1.1　直角座標系 $(x,\ y,\ z)$，円筒座標系 $(\rho,\ \varphi,\ z)$ と球座標系 $(r,\ \theta,\ \varphi)$

は zx 面の上をゼロとする経度に相当する．θ＝一定の面は円錐面に，φ＝一定の面は半平面になることを確かめてほしい．

直角座標系において x 軸を y 軸の方に回転したとき，この回転によって右ねじは z 軸の方向に進む．この関係は $x\to y,\ y\to z,\ z\to x$ と座標軸を交換しても変わらない．このような座標系を**右手系**とよぶ．右手系の座標軸の巡回を図1.2(a) のように書いて記憶するとよい．円筒座標系と球座標系も右手系である．図1.2(b)，(c) によって理解しておいてほしい．

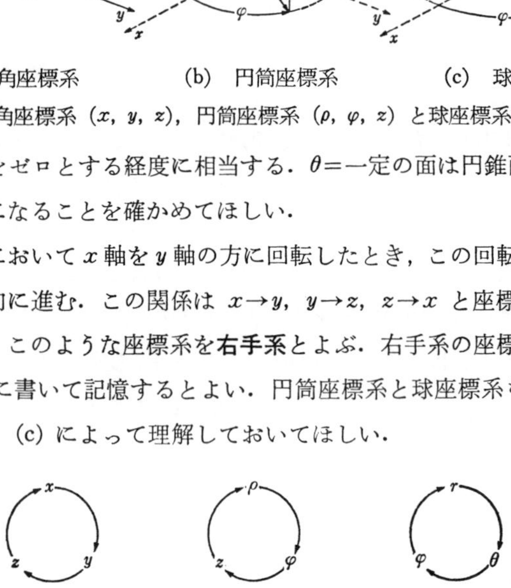

(a)　　(b)　　(c)

図 1.2　右手系座標の巡回

1.2　ベクトル解析の復習

ベクトルとスカラーを漢字に書けば“別途量”と“主計量”となるそうである*．電界，磁界は大きさと向きをもつベクトル量であり，気温，気圧，湿度は大きさだけをもつスカラー量である．これらの物理量はこれらが占める空間

* 東京工業大学名誉教授　川上正光

に重きを置くとき，ベクトル場，スカラー場とよばれる．ベクトル場とスカラー場の間には下に示すような空間座標による微分：勾配，発散，回転が定義されていた．

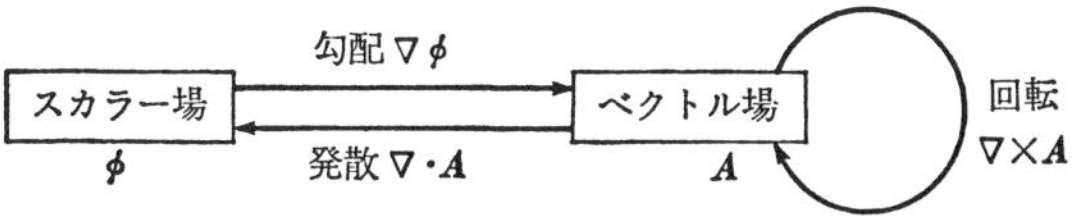

勾配はスカラー場からベクトル場を得る微分演算である．空間の 2 点，(x, y, z) と $(x+\mathrm{d}x, y+\mathrm{d}y, z+\mathrm{d}z)$，におけるあるスカラー場 ϕ の差は

$$\mathrm{d}\phi = \frac{\partial\phi}{\partial x}\mathrm{d}x + \frac{\partial\phi}{\partial y}\mathrm{d}y + \frac{\partial\phi}{\partial z}\mathrm{d}z \tag{1.1}$$

であるが，これは次のような二つのベクトルのスカラー積に書き直せる．なお，x，y，z 方向の単位ベクトルを $\hat{\boldsymbol{x}}$，$\hat{\boldsymbol{y}}$，$\hat{\boldsymbol{z}}$ とする．

$$\boldsymbol{A} = \hat{\boldsymbol{x}}\frac{\partial\phi}{\partial x} + \hat{\boldsymbol{y}}\frac{\partial\phi}{\partial y} + \hat{\boldsymbol{z}}\frac{\partial\phi}{\partial z} \tag{1.2}$$

$$\mathrm{d}\boldsymbol{r} = \hat{\boldsymbol{x}}\mathrm{d}x + \hat{\boldsymbol{y}}\mathrm{d}y + \hat{\boldsymbol{z}}\mathrm{d}z \tag{1.3}$$

式 (1.2) の $\boldsymbol{A}$ を ϕ の勾配といい，$\nabla\phi$ あるいは grad ϕ と書く．∇ は**ナブラ**あるいは**デル**とよぶベクトル微分演算子で，形式的に次のように表わすことができる．

$$\nabla = \hat{\boldsymbol{x}}\frac{\partial}{\partial x} + \hat{\boldsymbol{y}}\frac{\partial}{\partial y} + \hat{\boldsymbol{z}}\frac{\partial}{\partial z} \tag{1.4}$$

式 (1.2) と (1.3) によって，式 (1.1) は

$$\mathrm{d}\phi = \boldsymbol{A}\cdot\mathrm{d}\boldsymbol{r} = \nabla\phi\cdot\mathrm{d}\boldsymbol{r} = |\nabla\phi|\hat{\boldsymbol{\phi}}\cdot\mathrm{d}\boldsymbol{r} \tag{1.5}$$

$$\hat{\boldsymbol{\phi}} = \frac{\nabla\phi}{|\nabla\phi|} \tag{1.6}$$

$\hat{\boldsymbol{\phi}}$ は $\nabla\phi$ の方向の単位ベクトルである．式 (1.5) は $\mathrm{d}\boldsymbol{r}$ が $\hat{\boldsymbol{\phi}}$ の向きに一致するとき $\mathrm{d}\phi$ が最大となることを意味し，その方向の変化率 $\mathrm{d}\phi/\mathrm{d}r$ は $|\nabla\phi|$ に等しい．すなわち，ϕ の勾配は ϕ の変化が最大の方向を向き，その最大変化率の大きさをもつベクトルである．$\nabla\phi$ に直交する方向に空間の点を動かしたとき，式 (1.5) において $\nabla\phi\cdot\mathrm{d}\boldsymbol{r}=0$ であるから ϕ は変わらない．

次に，ベクトル $\boldsymbol{A}$ と ∇ の形式的なスカラー積を考えると，次式のようにあるスカラー場が得られる．

$$\nabla\cdot\boldsymbol{A}=\left(\hat{\boldsymbol{x}}\frac{\partial}{\partial x}+\hat{\boldsymbol{y}}\frac{\partial}{\partial y}+\hat{\boldsymbol{z}}\frac{\partial}{\partial z}\right)\cdot(\hat{\boldsymbol{x}}A_x+\hat{\boldsymbol{y}}A_y+\hat{\boldsymbol{z}}A_z)$$
$$=\frac{\partial A_x}{\partial x}+\frac{\partial A_y}{\partial y}+\frac{\partial A_z}{\partial z} \tag{1.7}$$

$\nabla\cdot\boldsymbol{A}$ は div $\boldsymbol{A}$ とも書き，$\boldsymbol{A}$ の**発散**または**ダイバージェンス** (divergence) という．$\nabla\cdot\boldsymbol{A}$ は図1.3に示すような，空間の考察点を含む微小体積 $\varDelta V$ とこれを包む閉曲面 $\varDelta S$ を用いて，次式により関係づけられる（問題1.3）．

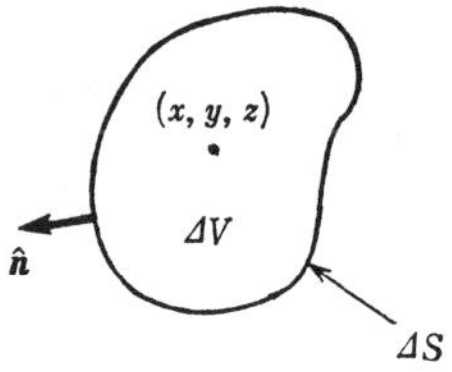

図 1.3 点 $(x,\ y,\ z)$ を含む微小体積 $\varDelta V$ とその表面 $\varDelta S$

$$\nabla\cdot\boldsymbol{A}=\lim_{\varDelta V\to 0}\frac{\iint_{\varDelta S}\boldsymbol{A}\cdot\hat{\boldsymbol{n}}\mathrm{d}S}{\varDelta V} \tag{1.8}$$

ここに，$\hat{\boldsymbol{n}}$ は $\varDelta S$ の上の外向き法線の単位ベクトルである．$\boldsymbol{A}$ がもし電流密度 $\boldsymbol{i}$ であれば，式 (1.8) 右辺の面積分は $\varDelta V$ の内から外に流れ出る電流の大きさに等しい．このとき，$\varDelta V$ 内の電荷 q は減少する．$\varDelta V$ を無限小体積に縮小して行くと $\varDelta V$ 内の電荷密度 ρ はその中で一定と考えてよいので，

$$\iint_{\varDelta S}\boldsymbol{i}\cdot\hat{\boldsymbol{n}}\mathrm{d}S=-\frac{\mathrm{d}q}{\mathrm{d}t}=-\frac{\mathrm{d}\rho}{\mathrm{d}t}\varDelta V \tag{1.9}$$

式 (1.8) と (1.9) から

$$\nabla\cdot\boldsymbol{i}=\lim_{\varDelta V\to 0}\frac{\iint_{\varDelta S}\boldsymbol{i}\cdot\hat{\boldsymbol{n}}\mathrm{d}S}{\varDelta V}=-\frac{\mathrm{d}\rho}{\mathrm{d}t} \tag{1.10}$$

式 (1.10) を連続の方程式という．このように $\boldsymbol{A}$ の発散は $\boldsymbol{A}$ が考察点から外に向って湧き出している程度を表わすスカラー量である．$\nabla\cdot\boldsymbol{A}=0$ が成り立つベクトル $\boldsymbol{A}$ を**ソレノイダル・ベクトル** (solenoidal vector) とよぶ．ソレノイダルは無始無終を意味し，定常電流のつくる磁界のようにソレノイダル・ベクトルの力線は閉曲線となる．

最後に ∇ と $\boldsymbol{A}$ の形式的なベクトル積を考えると

$$\nabla\times\boldsymbol{A}=\left(\hat{\boldsymbol{x}}\frac{\partial}{\partial x}+\hat{\boldsymbol{y}}\frac{\partial}{\partial y}+\hat{\boldsymbol{z}}\frac{\partial}{\partial z}\right)\times(\hat{\boldsymbol{x}}A_x+\hat{\boldsymbol{y}}A_y+\hat{\boldsymbol{z}}A_z)$$
$$=\begin{vmatrix}\hat{\boldsymbol{x}} & \hat{\boldsymbol{y}} & \hat{\boldsymbol{z}}\\ \dfrac{\partial}{\partial x} & \dfrac{\partial}{\partial y} & \dfrac{\partial}{\partial z}\\ A_x & A_y & A_z\end{vmatrix} \qquad (1.11)$$

のようになり，新しいベクトル場が生まれる．$\nabla\times\boldsymbol{A}$ は rot $\boldsymbol{A}$ あるいは curl $\boldsymbol{A}$ とも書き，$\boldsymbol{A}$ の**回転**または**ローテーション** (rotation) または**カール** (curl) という．$\nabla\times\boldsymbol{A}$ は図 1.4 に示すような空間の考察点を含む微小面積 ΔS とその周 ΔC を用いて，次式により関係づけられる（問題 1.2）．

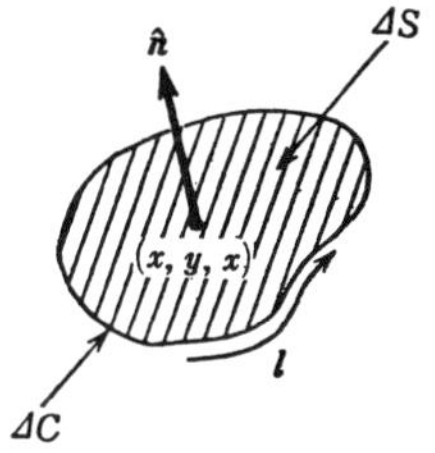

図 1.4 点 (x, y, z) を含む微小面積 ΔS とその周 ΔC

$$\hat{\boldsymbol{n}}\cdot\nabla\times\boldsymbol{A}=\lim_{\Delta S\to 0}\frac{\oint_{\Delta C}\boldsymbol{A}\cdot\hat{\boldsymbol{t}}\,\mathrm{d}l}{\Delta S} \qquad (1.12)$$

ここに $\hat{\boldsymbol{n}}$ は ΔS に垂直な単位ベクトル，l は ΔC 上の位置を示す座標，$\hat{\boldsymbol{t}}$ は l の増す方向の単位ベクトルである．なお，$\hat{\boldsymbol{n}}$ は $\hat{\boldsymbol{t}}$ の向きに回転する右ねじの進む方向にとるものとする．$\boldsymbol{A}$ が風速をその大きさとし，風向きをその向きとするベクトル（ここでは風ベクトルとよぶことにしよう）であるとする．このとき，式 (1.12) 右辺の線積分は図 1.5 に示すような風車の回転によって測ることができる．この風車は扁平な杓子からできていて，左右のどちらにも回転できるようになっている．

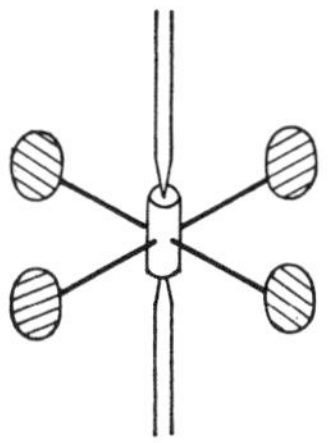

図 1.5 風ベクトルの回転を測る風車

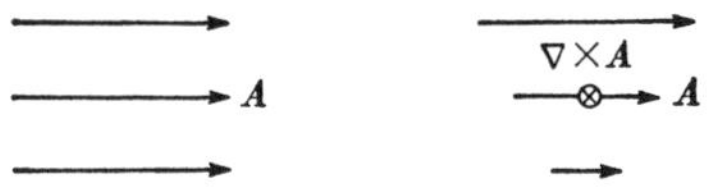

(a) $\nabla\times\boldsymbol{A}=0$ の場合　(b) $\nabla\times\boldsymbol{A}\neq 0$ の場合

図 1.6 一定の方向成分だけをもつベクトル $\boldsymbol{A}$

たとえば $\boldsymbol{A}$ が図 1.6(a) のように一様なものであれば，風車が受ける力は平衡し，回転しない．図 1.6(b) のような不均一な場合には力の平衡がくずれ，風は右回りに回転する．右ねじの進む向きは紙の表より裏へ向かう方向である．したがって，(a) では $\nabla\times\boldsymbol{A}=0$ であり，(b) では $\nabla\times\boldsymbol{A}\neq 0$ である．$\nabla\times\boldsymbol{A}=0$ であるようなベクトル $\boldsymbol{A}$ を**ラメラー・ベクトル** (lamellar vector) とよぶ．ラメラーは層状を意味する．なお，風ベクトルが (a) のようでも普通の風速計は風速に比例して回転しなければならないために，杓子の形に工夫がこらされている．

ここで注意しておきたいことは，ベクトルの回転と渦とは直接的な関係はないことである．図 1.6(b) のように，$\boldsymbol{A}$ が一定方向のベクトルであっても，$\boldsymbol{A}$ の大きさが $\boldsymbol{A}$ と垂直な一つの方向に変化しているとき，他の一つの方向に $\nabla\times\boldsymbol{A}$ ができる．図 1.4 において $\Delta S\to 0$ として微視的にベクトル場を観測すれば，いかなるベクトル場も一定方向を向いているであろう．

以上のように導入される勾配，発散と回転に関する重要な公式を整理しておこう．まずガウスの定理とストークスの定理が重要である．

ガウスの定理は図 1.7 のように V を微小体積 ΔV_n に分割して式 (1.8) を用いることにより導かれる．ΔV_n の表面 ΔS_n における面積分をすべて加えるとき，$\hat{\boldsymbol{n}}$ は隣り合う ΔS_n どうしで逆向きとなるのでその部分の面積分は相殺し，最外側の面 S 上の面積分だけが残る．すなわち，

$$\sum_n \nabla\cdot\boldsymbol{A}\Delta V_n = \sum_n \iint_{\Delta S_n} \boldsymbol{A}\cdot\hat{\boldsymbol{n}}\mathrm{d}S = \iint_S \boldsymbol{A}\cdot\hat{\boldsymbol{n}}\mathrm{d}S$$

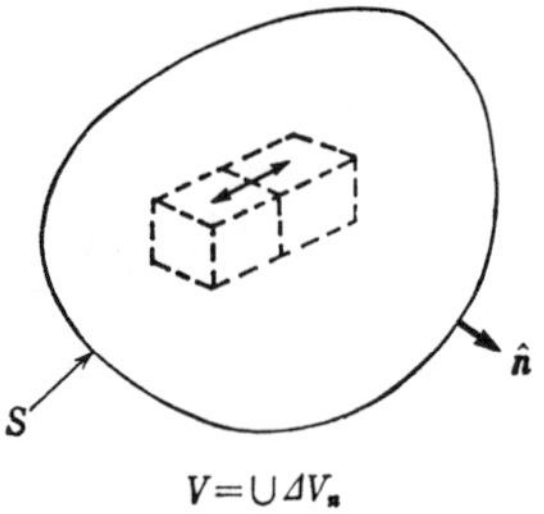

図 1.7　体積 V の分割

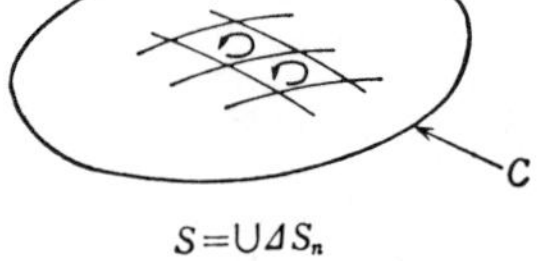

図 1.8　面積 S の分割

左辺は $\Delta V_n \to 0$ のとき体積積分に書けるので

$$\iiint_V \nabla\cdot\boldsymbol{A}\mathrm{d}V = \iint_S \boldsymbol{A}\cdot\hat{\boldsymbol{n}}\mathrm{d}S \tag{1.13}$$

式 (1.13) は**ガウスの（発散）定理**とよばれる．

同様に，図 1.8 のように面積 S を多くの微小面積 ΔS_n に分割し，式 (1.12) を用いるとストークスの定理が導かれる．ΔS_n の周 ΔC_n における線積分をすべて加えるとき，$\hat{\boldsymbol{t}}$ は隣り合う ΔC_n どうしで逆向きになるので，その部分の線積分は相殺し，最外側の周 C 上の線積分だけが残る．すなわち，

$$\sum_n \nabla\times\boldsymbol{A}\cdot\hat{\boldsymbol{n}}\Delta S_n = \sum_n \oint_{\Delta C_n} \boldsymbol{A}\cdot\hat{\boldsymbol{t}}\mathrm{d}l = \oint_C \boldsymbol{A}\cdot\hat{\boldsymbol{t}}\mathrm{d}l$$

左辺は $\Delta S_n \to 0$ のとき面積分に書けるので

$$\iint_S \nabla\times\boldsymbol{A}\cdot\hat{\boldsymbol{n}}\mathrm{d}S = \oint_C \boldsymbol{A}\cdot\hat{\boldsymbol{t}}\mathrm{d}l \tag{1.14}$$

式 (1.14) は**ストークスの定理**とよばれる．

次に，任意のベクトル場の回転の発散と，任意のスカラー場の勾配の回転はゼロであることが重要である．すなわち，次の恒等式が成り立つ．これを確かめ，記憶してほしい（問題 1.4）．

$$\nabla\cdot\nabla\times\boldsymbol{A} = 0 \tag{1.15}$$

$$\nabla\times\nabla\phi = 0 \tag{1.16}$$

1.3　マクスウェルの方程式

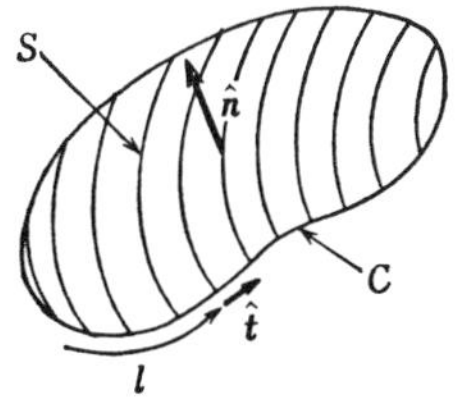

図 1.9　閉曲線 C と，C によって張られる曲面 S．$\hat{\boldsymbol{t}}$ は C に沿う単位ベクトル，$\hat{\boldsymbol{n}}$ は S 上の法線単位ベクトルである．

定常電流の場におけるアンペア（Ampère）の法則と，変動磁場におけるファラデー（Faraday）の法則は次のようなものであった．空間内の任意の位置に図 1.9 のような閉曲線 C と，それによって張られる曲面 S を頭の中で考える．C の形状と大きさは任意でよく，S はその

縁がCに一致してさえいれば任意で良い．Cに沿って座標lを定める．このとき，**アンペアの法則**は，

$$\oint_C \boldsymbol{H}\cdot\hat{\boldsymbol{t}}\mathrm{d}l = \iint_S \boldsymbol{i}\cdot\hat{\boldsymbol{n}}\mathrm{d}S \tag{1.17}$$

ここに，$\boldsymbol{H}$は磁界，$\boldsymbol{i}$は電流密度，$\hat{\boldsymbol{t}}$はlの増大する方向の単位ベクトル，$\hat{\boldsymbol{n}}$はS上の法線方向の単位ベクトルである．

また，**ファラデーの法則**は，

$$\oint_C \boldsymbol{E}\cdot\hat{\boldsymbol{t}}\mathrm{d}l = \iint_S -\frac{\partial \boldsymbol{B}}{\partial t}\cdot\hat{\boldsymbol{n}}\mathrm{d}S \tag{1.18}$$

ここに，$\boldsymbol{E}$は電界，$\boldsymbol{B}$は磁束密度である．

(1.17) と (1.18) の線積分はストークスの定理を用いて右辺と同じ様な面積分に書き直すことができる．このとき，空間内のSの取り方は任意であるので被積分関数どうしが等しくなければならない．したがって，

$$\nabla\times\boldsymbol{H} = \boldsymbol{i} \tag{1.19}$$

$$\nabla\times\boldsymbol{E} = -\frac{\partial \boldsymbol{B}}{\partial t} \tag{1.20}$$

(1.19) は微分形のアンペアの法則，(1.20) は微分形のファラデーの法則である．(1.19) の両辺の発散をとれば (1.15) により

$$\nabla\cdot\boldsymbol{i} = 0 \tag{1.21}$$

数学的に定常電流の発散は常にゼロであることを表現した式 (1.21) は，物理的にはある体積の表面から流入する電流と流出する電流は互いに等しく，定常電流はその体積内の電荷を蓄積させないことを意味する．それでは変動電流に対してはどうであろうか？

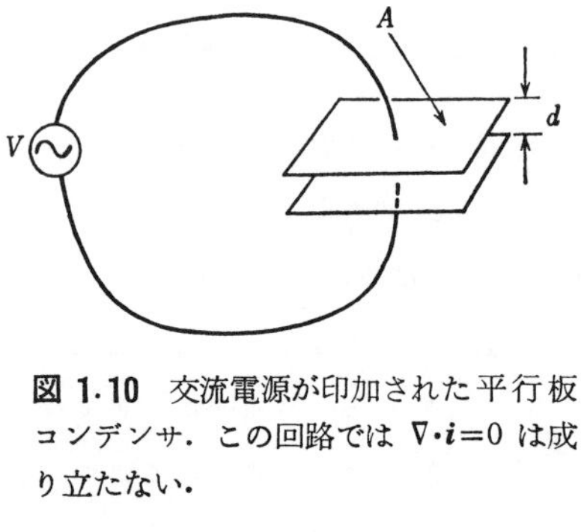

図 1.10　交流電源が印加された平行板コンデンサ．この回路では $\nabla\cdot\boldsymbol{i}=0$ は成り立たない．

図 1.10 のように，平行板コンデ

ンサに交流電圧を印加したとき，導線を流れる電流の発散はコンデンサとの接続点においてゼロではない．電荷が充放電されるために電流の流出，流入が生じる．$\nabla\cdot\boldsymbol{i}=0$ は式 (1.19) の結果であったから，時間変化のある場に対しては式 (1.19) は成り立たないことになる．それでは式 (1.19) をどのように修正したらよいのだろうか？

われわれは静電界に関するクーロン (Coulomb) の法則を知っている．これは任意の体積V内の電荷とVの表面Sから外向きに出る電束の数が等しいことを示す法則であった．V内の電荷密度を ρ，電気分極を $\boldsymbol{D}$ とすれば，

$$\iint_S \boldsymbol{D}\cdot\hat{\boldsymbol{n}}\,\mathrm{d}S=\iiint_V \rho\,\mathrm{d}V \tag{1.22}$$

式 (1.22) はベクトル解析のガウスの定理を用いて微分形式に書き直すことができる，すなわち，

$$\nabla\cdot\boldsymbol{D}=\lim_{V\to 0}\frac{\iint_S \boldsymbol{D}\cdot\hat{\boldsymbol{n}}\,\mathrm{d}S}{V}=\lim_{V\to 0}\frac{\iiint_V \rho\,\mathrm{d}V}{V}=\rho \tag{1.23}$$

式 (1.23) と連続の方程式 (1.10) を組み合わせると，

$$\nabla\cdot\frac{\partial\boldsymbol{D}}{\partial t}=\frac{\partial\rho}{\partial t}=-\nabla\cdot\boldsymbol{i}$$

したがって，

$$\nabla\cdot\left(\boldsymbol{i}+\frac{\partial\boldsymbol{D}}{\partial t}\right)=0 \tag{1.24}$$

$\partial/\partial t=0$ の場合には式 (1.24) は式 (1.21) と一致する．そこで，$\partial/\partial t\neq 0$ のときには $\partial/\partial t=0$ のときの $\boldsymbol{i}$ を $\boldsymbol{i}+\partial\boldsymbol{D}/\partial t$ によって置き換えるとうまく行く．図 1.10 の平行板コンデンサの中の領域には $\partial\boldsymbol{D}/\partial t$ に等しい密度の電流が流れるものと考え，この電流を含めることによってすべての領域で電流連続の法則が成り立つ (問題 1.8) と考えるのである．式 (1.19) においてもこの置き換えを行なえば，

$$\nabla\times\boldsymbol{H}=\boldsymbol{i}+\frac{\partial\boldsymbol{D}}{\partial t} \tag{1.25}$$

$\partial\boldsymbol{D}/\partial t$ は Maxwell によって導入された項であり，**変位電流** (displacement current）といい，式 (1.20) と式 (1.25) をまとめてマクスウェルの方程式という．式 (1.25) のように変位電流の項を加えるのは大変なことであった．式 (1.25) は電流のまわりに磁界ができる関係を表わしたアンペアの法則の微分形式であることを思い出そう．変位電流はコンデンサの内部におけるような真空中にも存在し，これが導線中を流れる伝導電流（conduction current）と同じ様にアンペアの法則に従って磁界をつくることになる．この磁界もまた時間変化するものであるので，ファラデーの法則によって電界をつくる．この繰り返しによって空間には電界と磁界が振動しながら伝搬する電磁波が形成されることになる．

式 (1.20) の両辺の発散をとると式 (1.15) により，

$$\nabla\cdot\frac{\partial \boldsymbol{B}}{\partial t}=0$$

われわれは $\partial/\partial t \neq 0$ のものだけを対象にするので，

$$\nabla\cdot\boldsymbol{B}=0 \tag{1.26}$$

回転の式 (1.20)，(1.25) から発散の式 (1.23) と (1.26) は導かれるが，これらを一まとめにして**マクスウェルの方程式**という．記憶の便宜のためにまとめて書いておく．

$$\nabla\times\boldsymbol{E}+\frac{\partial \boldsymbol{B}}{\partial t}=0 \tag{1.27}$$

$$\nabla\times\boldsymbol{H}-\frac{\partial \boldsymbol{D}}{\partial t}=\boldsymbol{i} \tag{1.28}$$

$$\nabla\cdot\boldsymbol{D}=\rho \tag{1.29}$$

$$\nabla\cdot\boldsymbol{B}=0 \tag{1.30}$$

ベクトルの回転と発散は前に説明したような物理的意味をもつので，その記号法に慣れればマクスウェルの方程式が座標系の種類によらない簡潔な形に表現されていることが有難く思え，数学の美しさに感動すら覚えるようになるであろう．回転と発散の具体的な公式は直角座標によるものだけを示したが，円筒座標と球座標による公式は巻末の付録の A.2 節に示してある.

1.4 媒 質 の 種 類

マクスウェルの方程式 (1.27) と (1.28) はベクトルの方程式であるので, スカラーの方程式が全部で 6 個あるのに等しい. 一方, 変数の数は $\boldsymbol{E}$, $\boldsymbol{H}$, $\boldsymbol{D}$, $\boldsymbol{B}$ の 4 個のベクトルであり, 12 個のスカラー変数があるのに等しい. したがって 6 個の方程式がその他に必要である. 真空中では $\boldsymbol{E}$ と $\boldsymbol{D}$, $\boldsymbol{H}$ と $\boldsymbol{B}$ は次のように真空の誘電率 ε_0 と真空の透磁率 μ_0 によって結ばれている.

$$\boldsymbol{D} = \varepsilon_0 \boldsymbol{E}, \qquad \varepsilon_0 = 8.854 \times 10^{-12} \tag{1.31}$$

$$\boldsymbol{B} = \mu_0 \boldsymbol{H}, \qquad \mu_0 = 4\pi \times 10^{-7} \tag{1.32}$$

式 (1.31) と式 (1.32) は全部で 6 個のスカラー方程式を与えるので, これらとマクスウェルの方程式とが電磁界を完全に律することになる. 真空ではない媒質に対しても誘電率 ε と透磁率 μ により同様の関係式が与えられ, これを構成関係式という. 媒質は ε と μ が,

(1) 位置の関数のとき, **非均質** (inhomogeneous),

(2) 周波数の関数のとき, **分散的** (dispersive),

(3) $\boldsymbol{E}$ あるいは $\boldsymbol{H}$ の振幅の関数のとき, **非線形** (nonlinear),

(4) $\boldsymbol{E}$ あるいは $\boldsymbol{H}$ の偏りの方向に依存するとき, **異方性** (anisotropic)

であるという. われわれはほとんどの場合, 媒質は均質 (homogeneous), 線形 (linear), 等方 (isotropic) なものとして扱う. また分散的である場合でも, 2.4 節で学ぶように電磁界が一つの角周波数 ω で調和振動する場合を扱えば十分であるので, ε と μ は定数であるとして差しつかえない.

媒質が不等方である場合には構成関係式を次のようにテンソル表現する.

$$\begin{bmatrix} D_x \\ D_y \\ D_z \end{bmatrix} = \begin{bmatrix} \varepsilon_{xx} & \varepsilon_{xy} & \varepsilon_{xz} \\ \varepsilon_{yx} & \varepsilon_{yy} & \varepsilon_{yz} \\ \varepsilon_{zx} & \varepsilon_{zy} & \varepsilon_{zz} \end{bmatrix} \begin{bmatrix} E_x \\ E_y \\ E_z \end{bmatrix} \tag{1.33}$$

あるいは

$$\boldsymbol{D}=[\varepsilon]\boldsymbol{E} \tag{1.33'}$$

$$\begin{bmatrix} B_x \\ B_y \\ B_z \end{bmatrix} = \begin{bmatrix} \mu_{xx} & \mu_{xy} & \mu_{xz} \\ \mu_{yx} & \mu_{yy} & \mu_{yz} \\ \mu_{zx} & \mu_{zy} & \mu_{zz} \end{bmatrix} \begin{bmatrix} H_x \\ H_y \\ H_z \end{bmatrix} \tag{1.34}$$

あるいは

$$\boldsymbol{B}=[\mu]\boldsymbol{H} \tag{1.34'}$$

媒質の中を流れる電流は変位電流と伝導電流から成る．伝導電流は電界に比例し，この比例定数を**導電率** σ とよぶ．σ の大きさは金属では約 10^7 S/m，半導体では 10^{-8}～10 S/m，絶縁体ではこれより小さい（付録のA.1節）．同じ媒質に対して周波数が高いほど，変位電流の伝導電流に対する比が大きい．

1.5 境　界　条　件

媒質の定数（ε, μ, σ）が不連続である場合，たとえば真空中に誘電体や金属の物体があるような場合には，その境界でマクスウェルの方程式が適用できなくなる．そこで定数が区分的に連続である個々の領域で方程式を解き，隣り合う領域の電磁界を境界面で接続することによって全体の領域の電磁界を決定する．このための接続の方法を与えるのが**境界条件**である．境界条件によって数学的に定式化された問題を**境界値問題**という．

図1.11に示すように，定数（ε_1, μ_1, σ_1）の媒質(1)と定数（ε_2, μ_2, σ_2）の

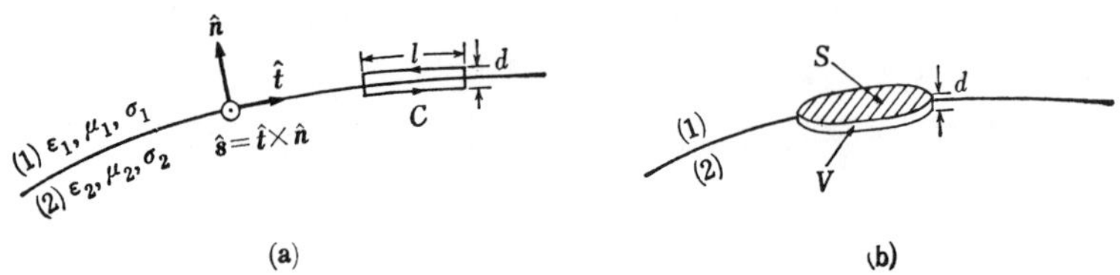

図 1.11　媒質(1)と媒質(2)の境界に考えた(a)閉路 C と(b)領域 V

媒質 (2) が隣り合っている境界を考えよう．(2) から (1) に向かう法線単位ベクトルを $\hat{\boldsymbol{n}}$ とする．まず (a) のように，境界面に沿う長さ l，垂直方向の長さ d の閉路 C を考え，境界面に接し互いに垂直な二つの単位ベクトルを $\hat{\boldsymbol{t}}$ と $\hat{\boldsymbol{s}}$ ($\hat{\boldsymbol{s}}=\hat{\boldsymbol{t}}\times\hat{\boldsymbol{n}}$) とする．この C に対してアンペアの法則 (1.17) を適用し，l と d を小さくして行く．d を l より早く 0 に近づければ $\hat{\boldsymbol{n}}$ の方向の C 上の線積分はゼロとなり，次式が得られる．

$$l(\boldsymbol{H}^{(2)}-\boldsymbol{H}^{(1)})\cdot\hat{\boldsymbol{t}}=\lim_{d\to 0}\boldsymbol{i}\cdot\hat{\boldsymbol{s}}ld \tag{1.35}$$

ここに電磁界に添字 (1) と (2) をつけ，それぞれが媒質 (1) と媒質 (2) の中の電磁界を表わすものとする．式 (1.35) においては $\boldsymbol{H}^{(i)}$ は媒質 (i) ($i=1, 2$) の磁界を表わす．境界層には無限小の幅に有限大の電流が流れ得るとし，単位が A/m である表面電流密度

$$\boldsymbol{i}_{\mathrm{s}}=\lim_{d\to 0}d\boldsymbol{i} \tag{1.36}$$

を導入すれば，

$$(\boldsymbol{H}^{(2)}-\boldsymbol{H}^{(1)})\cdot\hat{\boldsymbol{t}}=\boldsymbol{i}_{\mathrm{s}}\cdot\hat{\boldsymbol{s}}$$

$\hat{\boldsymbol{t}}=\hat{\boldsymbol{n}}\times\hat{\boldsymbol{s}}$ を用いて左辺を変形することによって

$$[\hat{\boldsymbol{n}}\times(\boldsymbol{H}^{(1)}-\boldsymbol{H}^{(2)})-\boldsymbol{i}_{\mathrm{s}}]\cdot\hat{\boldsymbol{s}}=0$$

$\hat{\boldsymbol{s}}$ は接平面上にあれば任意でよいから，結局次式が成り立つ．

$$\hat{\boldsymbol{n}}\times(\boldsymbol{H}^{(1)}-\boldsymbol{H}^{(2)})=\boldsymbol{i}_{\mathrm{s}} \tag{1.37}$$

同様に，C に対してファラデーの法則 (1.18) を適用し，電磁界は $\boldsymbol{i}$ のようには無限大になれないことを考慮すると次式が得られる．

$$\hat{\boldsymbol{n}}\times(\boldsymbol{E}^{(1)}-\boldsymbol{E}^{(2)})=0 \tag{1.38}$$

次に図 1.11 (b) のように，境界に厚さ d，底面積 S の微小円柱領域 V を考え，底面が境界面に平行であるとしよう．V に対してガウスの定理 (1.22) を適用し，やはり S より早く d を 0 に近づけると次式が得られる．

$$\iint_S[\boldsymbol{D}^{(1)}-\boldsymbol{D}^{(2)}]\cdot\hat{\boldsymbol{n}}\mathrm{d}S=\iiint_V\rho\mathrm{d}V$$

境界層には無限小の幅に有限大の電荷が存在しうるとし，単位が C/m² である表面電荷密度

$$\rho_s = \lim_{d \to 0} d\rho \tag{1.39}$$

を導入すれば，

$$S(\boldsymbol{D}^{(1)} - \boldsymbol{D}^{(2)}) \cdot \hat{\boldsymbol{n}} = S \lim_{d \to 0} d\rho = S\rho_s$$

したがって，

$$\hat{\boldsymbol{n}} \cdot (\boldsymbol{D}^{(1)} - \boldsymbol{D}^{(2)}) = \rho_s \tag{1.40}$$

式 (1.40) を導くもととなった式 (1.22) は式 (1.29) と等価であり，式 (1.29) と (1.30) を比較すれば，次の境界条件が成り立つ．

$$\hat{\boldsymbol{n}} \cdot (\boldsymbol{B}^{(1)} - \boldsymbol{B}^{(2)}) = 0 \tag{1.41}$$

式 (1.37)，(1.38)，(1.40)，(1.41) の 4 個の式が境界条件である．この中で (1.37) と (1.38) の条件，すなわち電磁界の境界面に平行な成分の条件が成り立つとき，(1.40) と (1.41) の垂直成分の条件は自然に成り立つことがわかっている．したがって，問題を解くために必要なのは (1.37) と (1.38) である．

媒質 (2) が $\sigma = \infty$ の完全導体であるとき，これらの境界条件はどうなるだろうか？　3 章を勉強すればわかるのだが，完全導体の中には電磁波は入り込めず，$\boldsymbol{E}^{(2)} = \boldsymbol{H}^{(2)} = \boldsymbol{D}^{(2)} = \boldsymbol{B}^{(2)} = 0$ である．したがって，この場合の境界条件は次のようになる．

$$\hat{\boldsymbol{n}} \times \boldsymbol{H}^{(1)} = \boldsymbol{i}_s \tag{1.42}$$

$$\hat{\boldsymbol{n}} \times \boldsymbol{E}^{(1)} = 0 \tag{1.43}$$

$$\hat{\boldsymbol{n}} \cdot \boldsymbol{D}^{(1)} = \rho_s \tag{1.44}$$

$$\hat{\boldsymbol{n}} \cdot \boldsymbol{B}^{(1)} = 0 \tag{1.45}$$

この中で，問題を解くために必要なのは式 (1.43)，すなわち完全導体の上では電界の接線成分がゼロであること，だけである．その結果から (1.42) と (1.44) を用いて $\boldsymbol{i}_s$ と ρ_s を求めることができる．完全導体の場合に，問題を解くために必要な境界条件の数が半分に減るのは媒質 (1) の中の電磁界だけが解析対象になり，変数の数も半減することを考えれば納得できるだろう．

マクスウェルの方程式と境界条件は類似な形に表現される．並べて書いておくので，両者をよく比較し，記憶するのに役立ててほしい．マクスウェルの方

程式の ∇ を $\hat{\boldsymbol{n}}$ に，電磁界を媒質 (1)，(2) における電磁界の差に，電流，電荷を表面電流，表面電荷に置き換え，$\partial/\partial t$ の項をゼロにすれば境界条件の式が得られる．

マクスウェルの方程式	境界条件
$\nabla\times\boldsymbol{E}+\dfrac{\partial\boldsymbol{B}}{\partial t}=0$	$\hat{\boldsymbol{n}}\times(\boldsymbol{E}^{(1)}-\boldsymbol{E}^{(2)})=0$
$\nabla\times\boldsymbol{H}-\dfrac{\partial\boldsymbol{D}}{\partial t}=\boldsymbol{i}$	$\hat{\boldsymbol{n}}\times(\boldsymbol{H}^{(1)}-\boldsymbol{H}^{(2)})=\boldsymbol{i}_s$
$\nabla\cdot\boldsymbol{D}=\rho$	$\hat{\boldsymbol{n}}\cdot(\boldsymbol{D}^{(1)}-\boldsymbol{D}^{(2)})=\rho_s$
$\nabla\cdot\boldsymbol{B}=0$	$\hat{\boldsymbol{n}}\cdot(\boldsymbol{B}^{(1)}-\boldsymbol{B}^{(2)})=0$

問　題

1·1　円筒座標 (ρ,φ,z) を用いて直角座標 (x,y,z) を表わせ．また球座標 (r,θ,φ) を用いて直角座標 (x,y,z) を表わせ．

1·2　次の文中の空欄を埋めよ．

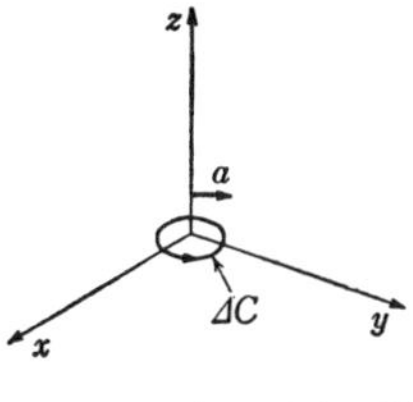

図 1·12　ベクトルの回転の公式を導くための図．考察点を座標原点にとっている．

図 1.12 の微小円周 ΔC の上では $\mathrm{d}l=\boxed{1}\mathrm{d}\varphi$ だから

$$\oint_{\Delta C}\boldsymbol{E}\cdot\boldsymbol{t}\,\mathrm{d}l=\int_0^{2\pi}E_\varphi(a,\varphi,0)\boxed{1}\mathrm{d}\varphi=\boxed{1}\int_0^{2\pi}\left[E_\varphi(0,\varphi,0)+a\frac{\partial E_\varphi(0,\varphi,0)}{\partial\rho}\right]\mathrm{d}\varphi \quad (1.46)$$

ところが，

$$E_\varphi=-E_x\boxed{2}+E_y\boxed{3} \quad (1.47)$$

$$\frac{\partial E_\varphi}{\partial\rho}=-\frac{\partial E_x}{\partial\rho}\boxed{2}+\frac{\partial E_y}{\partial\rho}\boxed{3}=-\left(\frac{\partial E_x}{\partial x}\frac{\partial x}{\partial\rho}+\frac{\partial E_x}{\partial y}\frac{\partial y}{\partial\rho}\right)\boxed{2}$$

$$+\left(\frac{\partial E_y}{\partial x}\frac{\partial x}{\partial\rho}+\frac{\partial E_y}{\partial y}\frac{\partial y}{\partial\rho}\right)\boxed{3}=-\left(\frac{\partial E_x}{\partial x}\boxed{4}+\frac{\partial E_x}{\partial y}\boxed{5}\right)\boxed{2}$$

$$+\left(\frac{\partial E_y}{\partial x}\boxed{4}+\frac{\partial E_y}{\partial y}\boxed{5}\right)\boxed{3} \tag{1.48}$$

これらの関係と次の三角関数に関する定積分の公式を用いると，式 (1.2) において $\hat{\boldsymbol{n}}=$ $\boxed{6}$ とおいた式が導かれる．ここに $\Delta S=\pi a^2$ である．

$$\int_0^{2\pi}\sin\varphi\,\mathrm{d}\varphi=\int_0^{2\pi}\cos\varphi\,\mathrm{d}\varphi=\int_0^{2\pi}\sin\varphi\cos\varphi\,\mathrm{d}\varphi=\boxed{7} \tag{1.49}$$

$$\int_0^{2\pi}\sin^2\varphi\,\mathrm{d}\varphi=\int_0^{2\pi}\cos^2\varphi\,\mathrm{d}\varphi=\boxed{8} \tag{1.50}$$

1·3　次の空欄を埋めよ．

考察点を中心とする微小半径 $\boldsymbol{a}$ の球を V，その表面を S とし，任意のベクトル $\boldsymbol{A}$ に関する次の面積分を計算する．

$$\iint_S \boldsymbol{A}\cdot\hat{\boldsymbol{n}}\,\mathrm{d}S=\int_0^{\pi}\int_0^{2\pi}A_r\boxed{1}\,\mathrm{d}\theta\,\mathrm{d}\varphi \tag{1.51}$$

なお，考察点を座標原点にとっている．このとき $\boldsymbol{A}$ の球座標成分と直角座標成分の間には次の関係がある．

$$A_r=A_x\boxed{2}+A_y\boxed{3}+A_z\boxed{4} \tag{1.52}$$

$\boldsymbol{A}$ の任意の成分，たとえば A_x の S 上の値を原点における A_x で展開すれば，

$$A_x(a,\theta,\varphi)=A_x(0,\theta,\varphi)+a\left(\frac{\partial A_x}{\partial x}\boxed{2}+\frac{\partial A_x}{\partial y}\boxed{3}+\frac{\partial A_x}{\partial z}\boxed{4}\right) \tag{1.53}$$

式 (1.52) と式 (1.53) の関係により，式 (1.51) は次の 3 個の積分の和に等しい．

$$\begin{aligned}\int_0^{\pi}\int_0^{2\pi}A_x(a,\,\theta,\,\varphi)\boxed{2}\boxed{1}\,\mathrm{d}\theta\,\mathrm{d}\varphi&=a^3\frac{\partial A_x(0)}{\partial x}\int_0^{\pi}\boxed{5}\,\mathrm{d}\theta\int_0^{2\pi}\boxed{6}\,\mathrm{d}\varphi\\&=a^3\frac{\partial A_x(0)}{\partial x}\boxed{7}\end{aligned} \tag{1.54}$$

$$\int_0^{\pi}\int_0^{2\pi}A_y(a,\,\theta,\,\varphi)\boxed{3}\boxed{1}\,\mathrm{d}\theta\,\mathrm{d}\varphi=a^3\frac{\partial A_y(0)}{\partial y}\boxed{7} \tag{1.55}$$

$$\begin{aligned}\int_0^{\pi}\int_0^{2\pi}A_z(a,\,\theta,\,\varphi)\boxed{4}\boxed{1}\,\mathrm{d}\theta\,\mathrm{d}\varphi&=a^3\frac{\partial A_z(0)}{\partial z}\int_0^{\pi}\boxed{8}\,\mathrm{d}\theta\int_0^{2\pi}\boxed{9}\,\mathrm{d}\varphi\\&=a^3\frac{\partial A_z(0)}{\partial z}\boxed{10}\end{aligned} \tag{1.56}$$

1·4　次の恒等式が成り立つことを直角座標を用いて確かめよ．

$$\nabla\cdot(\nabla\times\boldsymbol{A})=0 \tag{1.57}$$

$$\nabla\cdot(\boldsymbol{A}\times\boldsymbol{B})=\boldsymbol{B}\cdot\nabla\times\boldsymbol{A}-\boldsymbol{A}\cdot\nabla\times\boldsymbol{B} \tag{1.58}$$

$$\nabla\times(\nabla V)=0 \tag{1.59}$$

$$\nabla(VU)=V\nabla U+U\nabla V \tag{1.60}$$

1・5　ベクトル $\boldsymbol{A}$ が次のように表わされている．

$$\boldsymbol{A} = (\hat{\boldsymbol{x}}\cos\alpha x + \hat{\boldsymbol{y}}\sin\alpha x)\mathrm{e}^{-\gamma z} \tag{1.61}$$

（a）　$\nabla\times\boldsymbol{A}$ を求めよ．

（b）　$\nabla\cdot\boldsymbol{A}$ を求めよ．

（c）　$\nabla\cdot\nabla\times\boldsymbol{A} = 0$ が成り立つことを確かめよ．

（d）　図1.3の閉路 C と面 S に対してストークスの定理が成り立つことを実際に確かめよ．

（e）　図1.4の直方体 V とその表面 S に対してガウスの定理が成り立つことを実際に確かめよ．

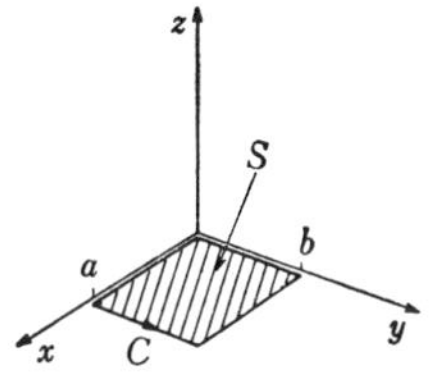

図 1・13　ストークスの定理を確かめる閉路 C と面 S

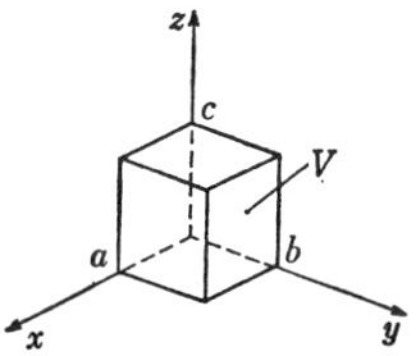

図 1・14　ガウスの定理を確かめる直方体 V とその表面 S

1・6　半径 a の無限に長い円柱状導線に電流 I が一様な密度で流れているとき，導線の内外に生ずる磁界をアンペアの法則を用いて求めよ．

1・7　巻き数 N のコイルに $\phi=\phi_0\sin\omega t$ の変動磁束が鎖交するとき，コイルに生ずる起電力をファラデーの法則を用いて求めよ．

1・8　図1.10の回路において，導線の中は伝導電流，コンデンサの中は変位電流を考えることによって，回路全体で電流連続の法則が成り立っていることを示せ．

1・9　異方性誘電体の誘電率テンソルが次のように書かれているとき，座標系 (x, y, z)

$$\begin{bmatrix} D_x \\ D_y \\ D_z \end{bmatrix} = \varepsilon_0 \begin{bmatrix} 7/4 & \sqrt{3}/4 & 0 \\ \sqrt{3}/4 & 7/4 & 0 \\ 0 & 0 & 1 \end{bmatrix} \begin{bmatrix} E_x \\ E_y \\ E_z \end{bmatrix} \tag{1.62}$$

を z 軸を回転軸として反時計回りの方向に θ だけ回転した座標系 (x', y', z) における誘電率テンソルを求めよ．誘電率テンソルが対角化される θ を求めよ．

2 平　面　波

マクスウェルの方程式の最も簡単な場合の解について学び，電磁波の基本的な考え方と基礎事項を習得する．

2.1 マクスウェルの方程式の簡単な場合の解

われわれの取り扱う空間はほとんどの場合に均質，線形，等方である．そのような空間の代表例として真空がある．真空は誘電率 ε_0，透磁率 μ_0 をもち，導電率はゼロである．大気も電磁波的には真空とあまり変わらない．この真空中に波源も散乱体も何もないとき，この空間を**自由空間**という．自由空間中の電磁波が空間座標に関して x だけに依存する場合を取り上げよう．こうすれば解析が簡単になるうえ，大気中の電磁波伝搬を近似しているので，その基本特性を知ることができる．$\partial/\partial y=\partial/\partial z=0$ であり，マクスウェルの方程式を解く問題は 1 次元問題となる．

式 (1.27)，(1.28) から次の 6 個の方程式が得られる．

$$\frac{\partial H_x}{\partial t}=0 \tag{2.1}$$

$$-\frac{\partial E_z}{\partial x}+\mu_0\frac{\partial H_y}{\partial t}=0 \tag{2.2}$$

$$\frac{\partial E_y}{\partial x}+\mu_0\frac{\partial H_z}{\partial t}=0 \tag{2.3}$$

$$-\varepsilon_0 \frac{\partial E_x}{\partial t} = 0 \tag{2.4}$$

$$-\frac{\partial H_z}{\partial x} - \varepsilon_0 \frac{\partial E_y}{\partial t} = 0 \tag{2.5}$$

$$\frac{\partial H_y}{\partial x} - \varepsilon_0 \frac{\partial E_z}{\partial t} = 0 \tag{2.6}$$

時間的に変化する電磁界のみを対象とするので，式 (2.1) と (2.4) から $H_x = E_x = 0$ となる．すなわち，電界と磁界は変化する方向（x 方向）に垂直な成分だけをもつ．x 方向に垂直な電磁界の方程式は（E_y, H_z）の組，式 (2.3) と (2.5)，と（E_z, H_y）の組，式 (2.2) と (2.6)，に分離されている．これらの方程式において，E_y または E_z を V に，H_z または $-H_y$ を I に置き換えれば，両者はともに次の方程式に書き直すことができる．

$$\frac{\partial V}{\partial x} + \mu_0 \frac{\partial I}{\partial t} = 0 \tag{2.7}$$

$$\frac{\partial I}{\partial x} + \varepsilon_0 \frac{\partial V}{\partial t} = 0 \tag{2.8}$$

回路理論において分布定数回路をすでに学んだ諸君は，上の 2 式が伝送線路方程式に同形であることに気づくであろう．ただし，上に定義した V と I はそれぞれ V/m，A/m の次元をもつ．また，μ_0 と ε_0 は分布インダクタンス L と分布容量 C に相当し，それぞれ H/m，F/m の次元をもつ．式 (2.7) と (2.8) から V あるいは I に関する方程式を求めると，

$$\left(\frac{\partial^2}{\partial x^2} - \frac{1}{c^2}\frac{\partial^2}{\partial t^2}\right)\begin{pmatrix} V \\ I \end{pmatrix} = 0 \tag{2.9}$$

$$c = \frac{1}{\sqrt{\mu_0 \varepsilon_0}} \tag{2.10}$$

式 (2.9) は波動方程式とよばれ，その解は任意の 2 回微分可能な関数 F を用いて次のように与えられる．

$$\begin{pmatrix} V \\ I \end{pmatrix} = F(x \pm ct) \tag{2.11}$$

図 2.1 に示すように，$F(x \pm ct)$ のグラフは $F(x)$ のグラフを $\mp x$ 方向に ct

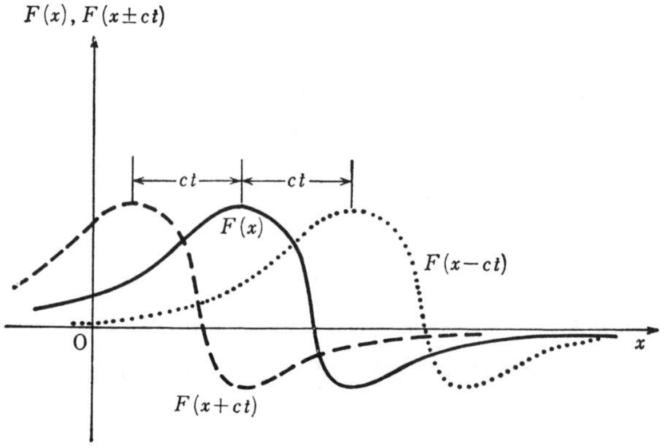

図 2·1　波動方程式の解の空間分布

だけ平行移動したものである．すなわち，式 (2.9) の解は時間 t の推移に対し空間的に ct だけ移動する波動を与える．このとき，c は移動距離とその移動に要した時間の比であるので波動の伝搬速度に等しい．このようにしてマクスウェルの方程式の解から電界と磁界が振動しながら速度 $c=1/\sqrt{\mu_0\varepsilon_0}$ で伝わること，すなわち電磁波という波動が存在するらしいことがわかった．

次に，ともに式 (2.11) で与えられる V と I の間の関係をしらべてみよう．

$$V = F(x \pm ct) \tag{2.12}$$

とし，これを式 (2.7) に代入すれば

$$F'(x \pm ct) + \mu_0 \frac{\partial I(x,t)}{\partial t} = 0 \tag{2.13}$$

$$\mu_0 I(x,t) + G(x) = -\int^t F'(x \pm ct)\,\mathrm{d}t = \mp\frac{1}{c}F(x \pm ct)$$

ここに，$G(x)$ は x だけの任意の関数である．したがって

$$I(x,t) = \mp\frac{1}{c\mu_0}F(x \pm ct) - \frac{1}{\mu_0}G(x) \tag{2.14}$$

式 (2.12) と (2.14) を (2.8) に代入すれば，

$$\mp\frac{F'(x \pm ct)}{c\mu_0} - \frac{G'(x)}{\mu_0} \pm \varepsilon_0 c\, F'(x \pm ct) = 0$$

式 (2.10) の関係を使うと $F'(x\pm ct)$ の項は打ち消し合い，

$$G'(x)=0$$

したがって，$G(x)$ は定数でなければならない．われわれはマクスウェルの方程式において $\partial/\partial t=0$ の項を除いてきた．$G(x)$ は $\partial/\partial t=\partial/\partial x=0$ となる意味のない項であるので除いておこう．$G(x)=0$ とすれば式 (2.14) から

$$I(x,t)=\mp\frac{F(x\pm ct)}{\eta_0} \tag{2.15}$$

$$\eta_0=c\mu_0=\sqrt{\frac{\mu_0}{\varepsilon_0}}\simeq 120\pi\quad〔\Omega〕 \tag{2.16}$$

式 (2.15) に示されているように，V と I は一定値 η_0 の比をなし，符号は $+x$ 方向に伝わる波動，$F(x-ct)$ に対しては正，$-x$ 方向に伝わる波動，$F(x+ct)$，に対しては負になる．この $\eta_0\simeq 120\pi$〔Ω〕を真空の特性インピーダンス，あるいは界インピーダンスという．

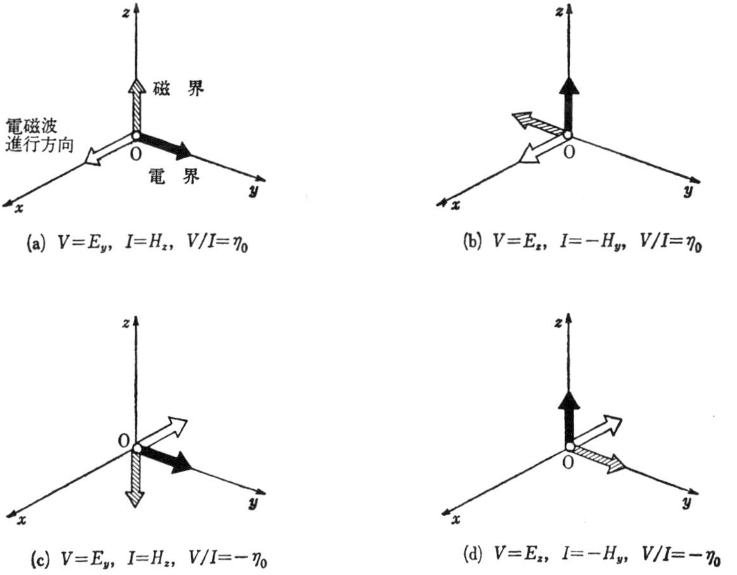

図 2.2　平面波の電界，磁界と進行方向の関係

V と I をもとの電界と磁界にもどし，$\pm x$ 方向に伝わる電磁波の電界，磁界と進行方向の関係を図示すれば図 2.2 (a)〜(d) のようになる．これらの図を比較すれば，次のことに気づくであろう．

（1）　電界，磁界，電磁波の進行方向の三者は互いに直交する．

（2）　電界から磁界の方に回転したとき，右ねじの進む向きは電磁波の進む向きに一致する．

(1) は電磁波が横波であることを示している．縦波である音波と違う点である．台風のためにテレビ受信用のアンテナが垂直に 90° 回転したら，アンテナは電波を受け入れることができなくなり，テレビは映らなくなる．しかし，ラジオを聞くのに姿勢を変えて音波に対するアンテナの働きをする耳の角度を変えても同じように聞える．これは横波と縦波の違いによる．

この節で解析した電磁波は進行方向に垂直な面，yz 面，の上では変化せず一様である．すなわち，y と z に関して無限に広がった面にわたって一様な電界と磁界が存在し，これらが一群をなして $\pm x$ 方向に伝わるような電磁波である．このような波を平面波という．平面波は y と z に関して無限に広がった波源によって生み出されるものである．しかし，次に述べるような円筒波，あるいは球面波の波源から十分遠い点では局部的に平面波であると近似することができる．円筒波は一つの軸に沿って存在する一様な波源によって生み出され，円筒面の上に一様に分布する電界と磁界が一群となって軸から遠ざかる方

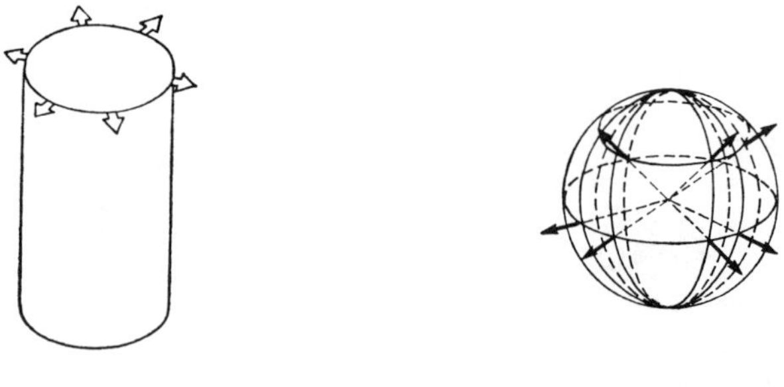

(a)　円筒波　　　(b)　球面波

図 2·3　円筒波と球面波

向に放射状に伝わる波動である．球面波は一点に集中した波源によって生み出され，球面上に一様に分布する電界と磁界が一群となって点から遠ざかる方向に放射状に伝わる波動である．これらを図 2.3 に示す．実際の波源は常に有限な領域内に分布し，これから生み出される波動は波源から遠く離れた点では球面波に見なすことができる．

2.2 ポインティング・ベクトル

図 2.3 に示されたように，電磁波の電界 $\boldsymbol{E}$，磁界 $\boldsymbol{H}$，伝搬方向の三者は互いに垂直であり，$\boldsymbol{E}$ から $\boldsymbol{H}$ の方向の回転により右ねじの進む方向と伝搬方向が一致する．この向きは $\boldsymbol{E}\times\boldsymbol{H}$ の向きに一致するが．実は伝えられる電力の大きさも $|\boldsymbol{E}\times\boldsymbol{H}|$ に比例するのである．

次の量を考えよう．

$$S_x = E_y H_z \tag{2.17}$$

この量を x で偏微分し，式 (2.3) と (2.5) を用いれば，

$$\frac{\partial S_x}{\partial x} = \frac{\partial E_y}{\partial x}H_z + E_y\frac{\partial H_z}{\partial x} = -\frac{\partial w}{\partial t} \tag{2.18}$$

$$w = \frac{1}{2}\varepsilon_0 E_y{}^2 + \frac{1}{2}\mu_0 H_z{}^2 \tag{2.19}$$

w は静電磁界（$\partial/\partial t=0$ が成り立つ電磁界）においてはエネルギー密度に等しかった．$\partial/\partial t\neq 0$ の場合にもエネルギー密度は式 (2.19) で与えられることが導かれるのだが，その証明は後回しにして，式 (2.19) がエネルギー密度であるならば式 (2.18) はどんな意味をもっているかを考えよう．x の微小変化，Δx，に対する S_x の変化量を ΔS_x とすれば式 (2.18) から

$$\Delta S_x = -\frac{\partial}{\partial t}(w\Delta x) \tag{2.20}$$

図 2.4 を見よう．$w\Delta x$ は $\Delta x\times 1\times 1$ の直方体の中にある電磁気的エネルギーに等しい．$\boldsymbol{E}$ と $\boldsymbol{H}$ は時間的に振動するので $w\Delta x$ も時間的に変動するのは当

然として，その原因は何にあるのだろうか？　式 (2.20) によれば，$w\Delta x$ の減少率が ΔS_x に等しい．そこで，単位時間にエネルギー S_x が $x=x$ の面から流入し，エネルギー $(S_x+\Delta S_x)$ が $x=x+\Delta x$ の面から流出すると考えられないだろうか？　こう考えるのは自由であり，またすべての点でつじつまが合う．したがって，われわれは S_x に方向をつけ，次のベクトルが単位面積あたり，単位時間に移動するエネルギー，すなわち単位面積あたりの電力密度を与えるものと考える．

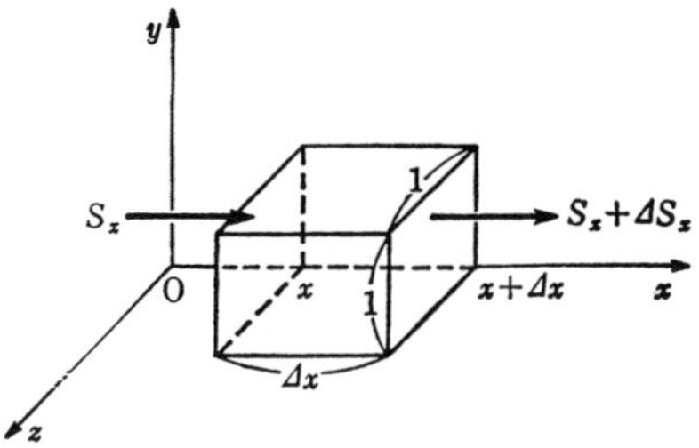

図 2.4　$\Delta x\times1\times1$ の直方体への平面波電力の流出入

$$\boldsymbol{S}=\boldsymbol{E}\times\boldsymbol{H} \tag{2.21}$$

$\boldsymbol{S}$ を**ポインティング・ベクトル**とよぶ．

式 (2.19) の w が $\partial/\partial t\neq0$ のときにも電磁気的エネルギー密度を与えることと，式 (2.21) の $\boldsymbol{S}$ がいつも単位面積あたりの電力密度を与えることは，波源を含むマクスウェルの方程式によって証明することができる．式 (1.28) の $\boldsymbol{i}$ を何らかの手段によって空間に供給された外部電流 $\boldsymbol{i}_{\mathrm{ext}}$ と伝導電流 $\sigma\boldsymbol{E}$ の和だとし，$\boldsymbol{i}_{\mathrm{ext}}$ が $\boldsymbol{E}$ と $\boldsymbol{H}$ を励振するものと考えよう．波源 $\boldsymbol{i}_{\mathrm{ext}}$ から空間に送り出される電力は電界が電流に与える負の電力として計算される．電荷 q が $\boldsymbol{E}$ により力 $q\boldsymbol{E}$ を受け，速度 $\boldsymbol{v}$ で動いているとき，$P=q\boldsymbol{E}\cdot\boldsymbol{v}$ の電力を電界から受ける．$\boldsymbol{i}_{\mathrm{ext}}=q\boldsymbol{v}$ であるから，波源 $\boldsymbol{i}_{\mathrm{ext}}$ の放射する電力は

$$p_{\mathrm{r}}=-\boldsymbol{i}_{\mathrm{ext}}\cdot\boldsymbol{E} \tag{2.22}$$

式 (2.21) の両辺の発散を求め，式 (1.27)，(1.28) を用いると

$$\begin{aligned}\nabla\cdot\boldsymbol{S}&=\nabla\times\boldsymbol{E}\cdot\boldsymbol{H}-\boldsymbol{E}\cdot\nabla\times\boldsymbol{H}\\&=-\frac{\partial}{\partial t}\left(\frac{1}{2}\mu H^2+\frac{1}{2}\varepsilon E^2\right)-\sigma E^2+p_{\mathrm{r}}\end{aligned} \tag{2.23}$$

図 2.5 のように $\boldsymbol{i}_{\mathrm{ext}}$ をその中に含むような任意の領域 V と，その表面 S を考え，$\boldsymbol{S}$ に対してガウスの定理を適用すれば波源分布が放射する全電力 P_{r} は次

式を満足することが導かれる.

$$P_r = \iiint_V p_r \mathrm{d}V = \iint_S \boldsymbol{S}\cdot\hat{\boldsymbol{n}}\,\mathrm{d}S + \frac{\partial}{\partial t}\iiint_V \left(\frac{1}{2}\mu H^2 + \frac{1}{2}\varepsilon E^2\right)\mathrm{d}V + \iiint_V \sigma E^2\,\mathrm{d}V \tag{2.24}$$

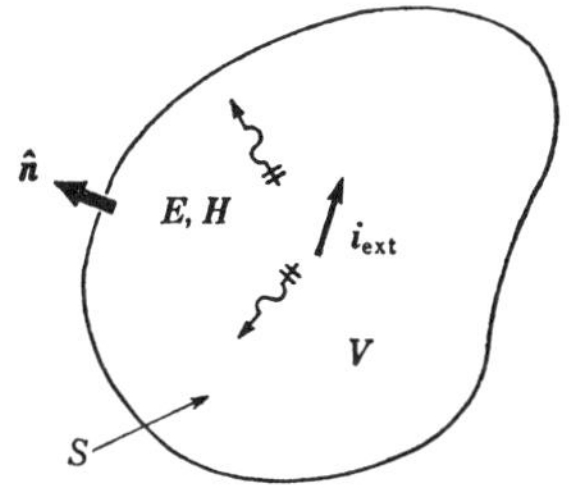

図 2·5　波源分布をその中に含む領域とその表面S

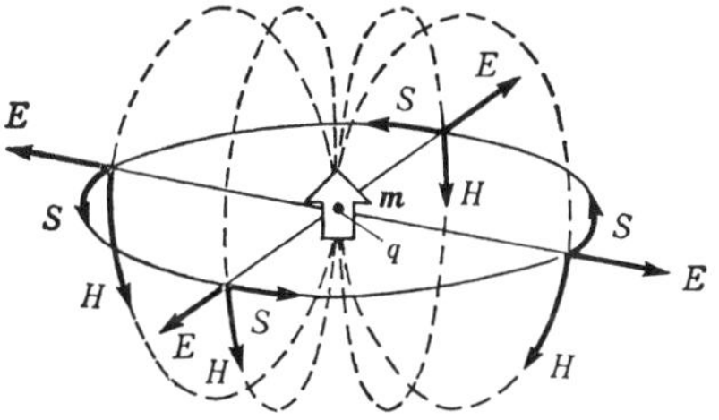

図 2·6　電荷qと磁気モーメント$\boldsymbol{m}$がつくる電磁界とポインティング・ベクトル

V内で放射された電力の一部は内部で熱エネルギーとして失われ，一部はSを通してVの外に出て行き，残りはV内に蓄えられて，V内の電磁気的エネルギーを増大させるだろう．熱エネルギーとして失われる電力は式(2.24)右辺の第3項に等しいから，第1項は面Sを通して外に出て行く電力と見なし，第2項をV内のエネルギーの増加率と見なすことができる．第1項は面積分を，第2項は体積積分の時間変化率を表わしているからうまくつじつまがあうのである．このようにして，式(2.21)の$\boldsymbol{S}$が面を通過する電力密度を表わし，式(2.19)のwが$\partial/\partial t \neq 0$のときにも電磁気的エネルギー密度に等しいと考えられる．そして，この考えによっていろいろの計算を行なうと測定される結果とよく合う．ただし，$\boldsymbol{S}$は式(2.24)のように閉曲面の上で面積分されたとき物理的意味があるのであって，空間内の点における$\boldsymbol{S}$が常に有意義な結果を与えるものではない．たとえば電荷qと磁気モーメント$\boldsymbol{m}$とが並んでいる場合を考えると，図2.6のように$\boldsymbol{S}$は磁気モーメントの向きを回転軸とするループ状に分布する．この結果にもとづいて各点では$\boldsymbol{S}$の向きに電力の移動が起こっていると考えられるだろうか？　こう考えてもかまわないが，何ら有意義な物理的結果は生まれないであろう．この空間にいかなる閉曲面を考えて面積分を実行しても，その値はゼロになるからである．

2.3 調和振動電磁界の複素表現

これまで電磁界の時間変化は任意でよいとしてきたが，電磁波工学においても回路理論の場合と同様に，正弦的変化が重要である．そこで E_y が角周波数 ω を用いて次のように表わされる場合を考えよう．ここに空間座標 x は 0 とする．

$$E_y(t) = E_0 \cos\omega t \tag{2.25}$$

空間的変化も同時に考えるには，$\omega t \to (\omega/c)(x \pm ct)$ の置き換えを行ない，前節の一般解における F を cos にすればよい．すなわち，

$$E_y(x, t) = E_0 \cos(k_0 x \pm \omega t) = E_0 \cos(\omega t \pm k_0 x) \tag{2.26}$$

$$k_0 = \frac{\omega}{c} = \omega\sqrt{\mu_0 \varepsilon_0} \tag{2.27}$$

角周波数 ω は周波数 f の 2π 倍である．$t \to t + 1/f$ としても式 (2.26) は変わらないので，$T = 1/f$ は**周期**とよばれる．また $x \to x + 2\pi/k_0$ としても変わらない．この空間的周期，$\lambda = 2\pi/k_0$，を**波長**とよぶ．周波数と波長の関係は

$$\lambda = \frac{2\pi}{k_0} = \frac{2\pi c}{\omega} = \frac{2\pi c}{2\pi f} = \frac{c}{f} \tag{2.28}$$

すなわち，λ と f は逆比例する．k_0 は距離に対する位相変化の割合を与える定数であるので**位相定数**とよぶ．1 波長あたり 2π rad の位相変化があるから，

$$k_0 = \frac{2\pi}{\lambda} \tag{2.29}$$

と λ を用いて表わすことができる．

回路理論では式 (2.26) のような実数表現のかわりに次のような複素（数）

表現をよく用いた.

$$E_y = E_0 \exp[\mathrm{j}(\omega t \pm k_0 x)] \tag{2.30}$$

式 (2.30) の実部が実際に存在する E_y, すなわち式 (2.26) に等しい. 電磁界の一つの成分の時間変化が $\exp(\mathrm{j}\omega t)$ と表わされるとき, 他のすべての成分の時間変化も同様に表わされる. この共通因子を略して書くことを約束すれば,

$$E_y = E_0 \exp(\pm \mathrm{j}k_0 x) \tag{2.31}$$

式 (2.31) は一つの複素数であり, x の変化に伴って位相が変化する. 図 2.7 に示すように, x の増加に伴って $+x$ 方向に伝わる波の位相は減少し, $-x$ 方向に伝わる波の位相は増加する. すなわち, 波源から遠ざかると位相は遅れ (減り), 波源に近づくと位相は進む (増す). 図 2.7 に示したような複素ベクトルを普通のベクトル (vector) と区別して**フェーザ** (phasor) とよぶ. 平面波は位相一定の面 (これを等位相面という) が平面である波であるということができる.

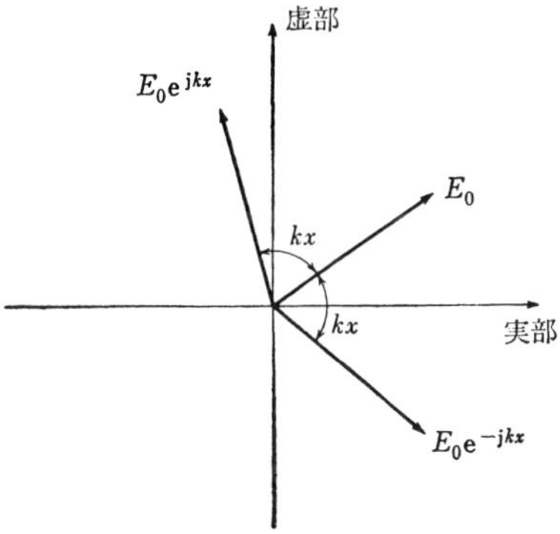

図 2.7 フェーザ

式 (2.31) の複素表現に対して, t と x の両方を含む表現を瞬時値表現という. 瞬時値表現は複素表現に $\exp(\mathrm{j}\omega t)$ を掛け, 全体の実部をとれば得られる. 両方の表現に対して同じ文字を用いたが, その内容と用いられ方によってどちらの表現であるかは区別できるだろう. 今後は特に断わらない限り複素表現を表わすものとする.

このような複素表現を用いるとき, マクスウェルの方程式は時間微分, $\partial/\partial t$, がすべて $\mathrm{j}\omega$ で置き換えられ, 次のようになる.

$$\nabla \times \boldsymbol{E} + \mathrm{j}\omega \boldsymbol{B} = 0 \tag{2.32}$$

$$\nabla \times \boldsymbol{H} - \mathrm{j}\omega \boldsymbol{D} = \boldsymbol{i} \tag{2.33}$$

$$\nabla \cdot \boldsymbol{B} = 0 \tag{2.34}$$

$$\nabla \cdot \boldsymbol{D} = \rho \tag{2.35}$$

電流と電荷が存在しない自由空間では $\boldsymbol{E}$ と $\boldsymbol{H}$ に関して次の方程式が成り立つ．

$$✡\boldsymbol{E} + k_0{}^2\boldsymbol{E} = 0 \tag{2.36}$$

$$✡\boldsymbol{H} + k_0{}^2\boldsymbol{H} = 0 \tag{2.37}$$

$$✡ = -\nabla\times\nabla\times + \nabla\nabla\cdot \tag{2.38}$$

✡はベクトル・ラプラシアンとよばれる微分演算子で，直角座標ではラプラシアン

$$\nabla^2 = \nabla\cdot\nabla \tag{2.39}$$

を用いて，

$$✡\boldsymbol{A} = \boldsymbol{x}\nabla^2 A_x + \boldsymbol{y}\nabla^2 A_y + \boldsymbol{z}\nabla^2 A_z \tag{2.40}$$

したがって，単に

$$\nabla\times\nabla\times\boldsymbol{A} = \nabla\nabla\boldsymbol{A} - \nabla^2\boldsymbol{A} \tag{2.41}$$

のように書くこともある．（実はこの方がふつうに行なわれている．）しかし，直角座標以外の座標系で $\nabla\times\nabla\times\boldsymbol{A}$ を計算すると，式 (2.41) における $\nabla^2\boldsymbol{A}$ は $\boldsymbol{A}$ の 3 成分に対してラプラシアンを作用させた結果をそれぞれの成分とするベクトルにはならない．そこで，

$$✡\boldsymbol{A} = \nabla\nabla\cdot\boldsymbol{A} - \nabla\times\nabla\times\boldsymbol{A} \tag{2.42}$$

によってベクトル・ラプラシアンを定義するのである．

直角座標では式 (2.36) と (2.37) は

$$(\nabla^2 + k_0{}^2)\begin{pmatrix}\boldsymbol{E}\\ \boldsymbol{H}\end{pmatrix} = 0 \tag{2.43}$$

となる．これは**ヘルムホルツ** (Helmholtz) **の方程式**とよばれる．

波動方程式 (2.9) を複素表現によって書き直すと，

$$\left(\frac{\mathrm{d}^2}{\mathrm{d}x^2} + k_0{}^2\right)\begin{pmatrix}V\\ I\end{pmatrix} = 0 \tag{2.44}$$

これは 1 次元のヘルムホルツの方程式であり，すでに検討した次の解をもつ．

$$\begin{pmatrix}V\\ I\end{pmatrix} = \exp(\pm \mathrm{j}k_0 x) \tag{2.45}$$

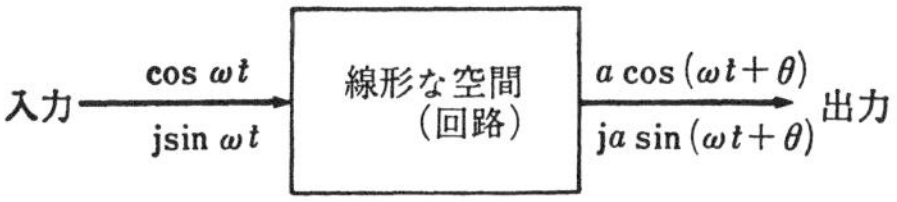

図 2.8 線形な空間(回路)における入力と出力の関係

複素数が電気工学でよく用いられるのはなぜだろうか? これは一度考えてみる価値のある問題である. 将来, 量子力学を学ぶとき同じ様に複素数を用いることを知るであろうが, 電気工学と量子力学における複素数の用いられ方には根本的な差がある. 現在の量子力学の体系は複素数を用いないでは記述できないのに対し, 電気工学は複素数を必ずしも用いないでもすむが, 便利だから用いるのである. 電気工学において空間あるいは回路が線形であり, 場あるいは回路の変数について重ね合せができるとき, 実数の変数をこれに対になる虚部を加えた複素変数にして計算するのである. 図2.8のように線形な空間の出力と入力の振幅比が a, 位相差が θ のとき, 入力 $\cos\omega t$ に対しては出力は $a\cos(\omega t+\theta)$ になり, 入力 $\sin\omega t$ に対しては出力は $a\sin(\omega t+\theta)$ になる. ここで, 入力を $\cos\omega t+\mathrm{j}\sin\omega t=\exp(\mathrm{j}\omega t)$ と複素数にしたとき, 空間あるいは回路が線形ならば, 出力は $a\cos(\omega t+\theta)+\mathrm{j}a\sin(\omega t+\theta)=a\exp[\mathrm{j}(\omega t+\theta)]$ となり, 出力と入力の比は t に関係しない複素定数, $a\exp(\mathrm{j}\theta)$, となる. この出力対入力比は回路では伝達関数とよばれるが, これを求めることはもとの実数表現された方程式を解くより, かなり楽である.

ところで, 空間が線形であっても, 場の変数の非線形な演算に対しては, 複素表現は有効ではない. ポインティング・ベクトルの計算はこの例である. S_x は複素表現の E_y と H_z を用いて次のように書かれる.

$$
\begin{aligned}
S_x &= \mathrm{Re}(E_y \mathrm{e}^{\mathrm{j}\omega t})\mathrm{Re}(H_z \mathrm{e}^{\mathrm{j}\omega t}) \\
&= \frac{1}{2}(E_y \mathrm{e}^{\mathrm{j}\omega t}+E_y{}^* \mathrm{e}^{-\mathrm{j}\omega t})\frac{1}{2}(H_z \mathrm{e}^{\mathrm{j}\omega t}+H_z{}^* \mathrm{e}^{-\mathrm{j}\omega t}) \\
&= \frac{1}{2}\mathrm{Re}(E_y H_z{}^*)+\frac{1}{2}\mathrm{Re}(E_y H_z)\cos 2\omega t-\frac{1}{2}\mathrm{Im}(E_y H_z)\sin 2\omega t
\end{aligned}
\tag{2.46}
$$

ここで，Re, Im はそれぞれ実部，虚部をとる，という意味である．式 (2.46) 右辺の第 1 項は S_x の時間平均値，第 2 項，第 3 項は S_x の振動成分を表わしており，それぞれの大きさは複素表現された $\boldsymbol{E}_y$ と H_z の計算から求められることになる．S_x のこれら三つの成分の中で工学的意義が最も大きいのは時間平均値である．この大きさを与えるもとになる複素数のベクトルを複素ポインティング・ベクトルといい，次のように書く．

$$\boldsymbol{S}_c = \frac{1}{2}\boldsymbol{E}\times\boldsymbol{H}^* \tag{2.47}$$

$$S_{c,x} = \frac{1}{2}E_y H_z^* \tag{2.48}$$

$\boldsymbol{S}_c$ と $\boldsymbol{S}$ の関係は，

$$\mathrm{Re}[\boldsymbol{S}_c] = \frac{1}{T}\int_0^T \boldsymbol{S}\,\mathrm{d}t = \bar{\boldsymbol{S}} \tag{2.49}$$

このように，重ね合せができない場ベクトルの非線形演算に対しても，工夫によって場ベクトルの複素表現が有効となりうる．

工学においては，式 (2.47) の 1/2 の項が必要ないように，$\boldsymbol{E}$ と $\boldsymbol{H}$ の大きさをあらかじめ $1/\sqrt{2}$ 倍しておく．このような表現を実効値による表現といい，式 (2.47) までの表現を**尖頭値**（波高値）による表現という．**実効値**による複素表現から瞬時値表現を得るには，$\sqrt{2}\exp(\jmath\omega t)$ を掛けて実部をとればよい．

2.4 電磁波の分類

マクスウェルの方程式に従う電磁波という名の波動はその周波数，あるいは同じことであるが波長の違いによって種々のふるまいをし，表 2.1 のように分類される．

電波と光，光とX線，X線と γ 線の境界はそのふるまいからは明確に分類できないが，電波については電波法という法律によって“3 000 GHz (3 THz) 以

周波数	3×10³ Hz 3 kHz	30	300	3×10⁶ Hz 3 MHz	30	300	3×10⁹ Hz 3 GHz	30	300	3×10¹² Hz 3 THz		3×10^{14}		3×10^{16}		3×10^{18}	3×10^{20} Hz
波　長	100	10	1 km	100	10	1 m	10 cm	1 cm	1 mm	100	10	1 μm	1 000	100	10	1 Å	

呼　称	ミリアメートル波	キロメートル波	ヘクトメートル波	デカメートル波	メートル波	デシメートル波	センチメートル波	ミリメートル波	デシミリメートル波	赤外線	可視光	紫外線
記　号	VLF	LF	MF	HF	VHF	UHF	SHF	EHF		遠赤外 中間赤外 近赤外		
バンド数	4	5	6	7	8	9	10	11		光		
慣用区分　波長区分		長波	中波	中短波　短波	超短波	極超短波	(ミリ波)		(サブミリ波)			
慣用区分　マイクロ波周波数バンド名		100 kHz	1.5	6 MHz		P　L	S　X	K　Q				

マイクロ波周波数バンド境界：225　390　1 550 MHz　5.2　11　33　55 GHz

X線（レントゲン線）

γ線

電　波

VLF : Very Low Frequency
LF : Low Frequency
MF : Medium Frequency
HF : High Frequency
VHF : Very High Frequency
UHF : Ultra High Frequency
SHF : Super High Frequency
EHF : Extremely High Frequency

表 2.1 電磁波の分類

下の電磁波”と定められている．

周波数と波長の関係は式 (2.28) で与えられる．真空中の電磁波の伝搬速度 c は測定によって求められるものであって，

$$c = 2.9979 \times 10^8 \ \mathrm{m/s} \tag{2.50}$$

$c=3\times10^8$ m/s としてもほとんど正しい．この速度は 1 秒間に地球を約 7.5 周する速度であり，光速とよばれる．国際単位系 (SI) では，

$$\mu_0 = 4\pi \times 10^{-7} \ \mathrm{H/m} \tag{2.51}$$

と定めているので，ε_0 の値は次のようになる．

$$\varepsilon_0 = \frac{10^7}{2.9979^2 \times 10^{16} \times 4\pi} = 8.8543 \times 10^{-12} \ \mathrm{F/m} \tag{2.52}$$

電磁波はその周波数によっても，波長によっても，その分類上の位置を指定できるのだが，電波については周波数によって，光については波長によって区別するのが普通である．しかし，電波の周波数が与えられたとき，ただちにその波長がいえることが望ましい．たとえば VHF テレビの 1ch の周波数は 100MHz であり，その波長は 3m である．これを式 (2.28) によっていちいち計算するようではいけない．半波長の長さがテレビ受信に用いられる八木-宇田アンテナの素子の長さにだいたい等しいことを憶えておけば 3m か 30m かと迷うようなことはない．UHF テレビの 35ch の周波数は 600MHz であり，その波長は 50cm である．どの周波数でもよいから，一つの周波数とその波長を記憶しておけば，これを基準として任意の周波数に対してもただちに波長が求められるようになる．

無線通信初期の頃は MF を中心として，これより高いものは HF，低いものは LF とすれば十分だったのであろう．現在ではマイクロ波通信が主流となり，さらに光通信の時代がこようとしている．HF より高い周波数をその上に形容詞をつけて区別している．マイクロ波の周波数を区分する慣用のバンド名は第二次世界大戦のときアメリカ軍が秘密裏に用いていたもので，L バンド，X バンド，などのようにいい，今日では民需用にも広く用いられている．しかし，その周波数範囲は使用者によって少しずつ異なるようである．

2.5 偏　　波

$+x$ 方向に進む平面波の電界は y 成分と z 成分をもちうるので，一般に次のようにフェーザを用いて表わすことができる．

$$\boldsymbol{E} = (\hat{\boldsymbol{y}}A+\hat{\boldsymbol{z}}B)\mathrm{e}^{-\mathrm{j}kx} \tag{2.53}$$

この複素表現に対する瞬時値表現は

$$\begin{aligned}\boldsymbol{E}(x,t) &= \mathrm{Re}[(\hat{\boldsymbol{y}}A+\hat{\boldsymbol{z}}B)\mathrm{e}^{\mathrm{j}(\omega t-kx)}] \\ &= \hat{\boldsymbol{y}}a\cos(\omega t-kx+\alpha)+\hat{\boldsymbol{z}}b\cos(\omega t-kx+\beta)\end{aligned} \tag{2.54}$$

ここに，

$$A = a\,\mathrm{e}^{\mathrm{j}\alpha} \qquad (a=|A|,\ \alpha=\angle A) \tag{2.55}$$

$$B = b\,\mathrm{e}^{\mathrm{j}\beta} \qquad (b=|B|,\ \beta=\angle B) \tag{2.56}$$

式 (2.54) を y 成分と z 成分に分解すると，

$$E_y(x,t) = a\cos(\omega t-kx)\cos\alpha-a\sin(\omega t-kx)\sin\alpha \tag{2.57}$$

$$E_z(x,t) = b\cos(\omega t-kx)\cos\beta-b\sin(\omega t-kx)\sin\beta \tag{2.58}$$

上の 2 式から $(\omega t-kx)$ を消去すると次式が得られる．

$$\left(\frac{E_y}{a}\right)^2-2\cos(\alpha-\beta)\left(\frac{E_y}{a}\right)\left(\frac{E_z}{b}\right)+\left(\frac{E_z}{b}\right)^2 = \sin^2(\beta-\alpha) \tag{2.59}$$

式 (2.59) は yz 面内の点 (E_y, E_z) が t あるいは x の変化とともに動く軌跡の方程式である．式 (2.59) はやや複雑であるので次の二つの特別な場合を考えよう．

(1)　$\alpha=\beta$ のとき（電界の y 成分と z 成分が同相のとき）

$$\frac{E_y}{a} = \frac{E_z}{b} \tag{2.60}$$

式 (2.60) は直線の方程式であり，点 (E_y, E_z) の軌跡は図 2.9 に示すような $E_y : E_z=a : b$ の直線上の $-a<E_y<a$ の範囲の線分である．すなわち，電界はこの直線の方向だけに偏る．このようなとき，この電磁波は**直線偏波**という．直線の傾きが水平のとき**水平偏波**，大地に対して垂直のとき**垂直偏波**とい

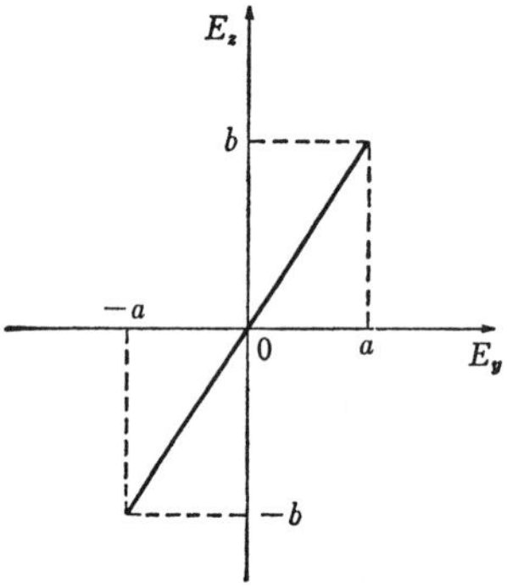

図 2.9　直線偏波

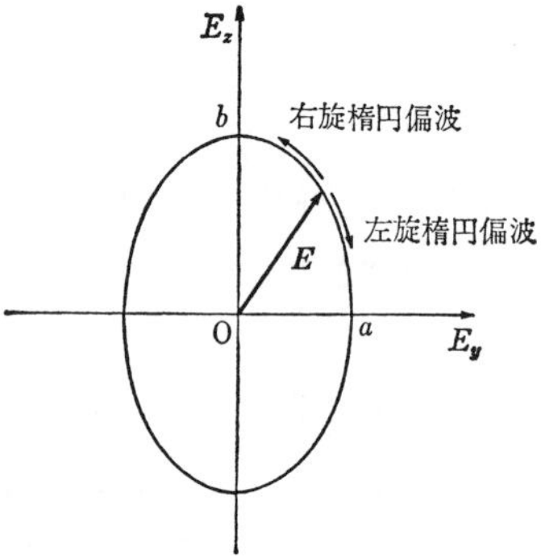

図 2.10　楕円偏波

う．中波ラジオ放送波は垂直偏波，テレビ放送波はふつう水平偏波である．

（2）　$\alpha-\beta=\pm\pi/2$ のとき

$$\left(\frac{E_y}{a}\right)^2+\left(\frac{E_z}{b}\right)^2=1 \tag{2.61}$$

式 (2.61) は図 2.10 に示すように二つの軸の長さが a と b の楕円の方程式である．このようなとき，電磁波は**楕円偏波**であるという．長軸の短軸に対する比を軸比 (axial ratio) という．$(\omega t-kz)$ の増加とともに $\boldsymbol{E}$ が y 軸から z 軸の方に向って，すなわち図 2.10 において反時計回りの方向に回転するとき**右旋楕円偏波**という．これは電磁波が進行する方向（x 方向）に向って右回りに回転するときである．これと逆のとき，**左旋楕円偏波**であるという．この楕円は $a=b$ のとき円になるので，$a=b$ かつ $\alpha-\beta=\pm\pi/2$ のとき**円偏波**であるという．$\alpha-\beta=\pi/2$ のとき右旋円偏波，$\alpha-\beta=-\pi/2$ のとき左旋円偏波である．

次の 2 種の円偏波フェーザを考えよう．

$$\boldsymbol{R}=(\hat{y}-\mathrm{j}\hat{z})\mathrm{e}^{-\mathrm{j}kx} \tag{2.62}$$

$$\boldsymbol{L}=(\hat{y}+\mathrm{j}\hat{z})\mathrm{e}^{-\mathrm{j}kx} \tag{2.63}$$

$\boldsymbol{R}$ は単位振幅の右旋円偏波，$\boldsymbol{L}$ は単位振幅の左旋円偏波に対応するフェーザである．一般に，式 (2.53) のように与えられたフェーザは $\boldsymbol{L}$ と $\boldsymbol{R}$ の 1 次結合によって表わすことができる．すなわち，

$$\boldsymbol{E} = (\hat{\boldsymbol{y}}A + \hat{\boldsymbol{z}}B)\mathrm{e}^{-\mathrm{j}kx} = r\boldsymbol{R} + l\boldsymbol{L} \tag{2.64}$$

このとき，

$$r = \frac{1}{2}(A + \mathrm{j}B) \tag{2.65}$$

$$l = \frac{1}{2}(A - \mathrm{j}B) \tag{2.66}$$

このように，一般の場合は右旋円偏波と左旋円偏波の重ね合せで表わすことができる．そして，この場合の軌跡は式 (2.59) によって与えられたのであるから楕円偏波である．この楕円偏波の軸比と回転の向きは r と l により容易に決めることができる．r と l が図 2.11 に示すような組合せであったとしよう．このとき，$(\omega t - kx)$ の増加に対して右旋円偏波は ①→②→③→④ の順に回転し，左旋円偏波は ①′→②′→③′→④′ の順に回転する．そして①と①′，③と③′の位置に各偏波成分の電界ベクトルがきたときには，二つのベクトルは逆方向になるので合成ベクトルの大きさは最小になり，②と②′および④と④′のときには二つのベクトルは同方向になるので合成ベクトルの大きさは最大になる．したがって，軸比は次式で与えられる．

$$軸比 = \frac{|r| + |l|}{||r| - |l||} \tag{2.67}$$

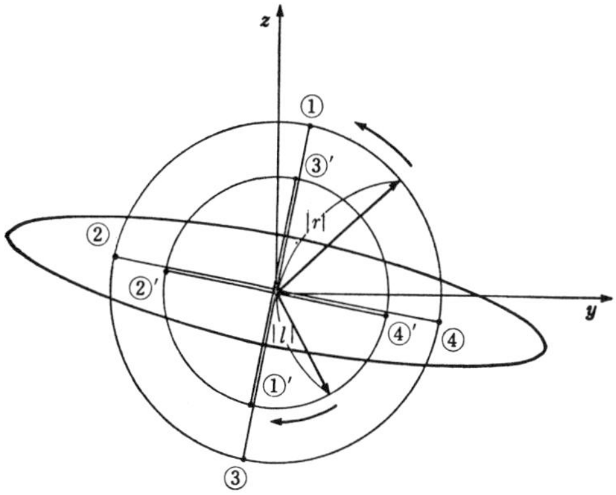

図 2.11　二つの円偏波の合成に等しい楕円偏波

そして，回転の方向は $|r|$ と $|l|$ の大きい方の向きに一致する．図 2.11 の場合には $|r|>|l|$ であるので右旋楕円偏波になる．

2.6　位相速度と群速度

これまで波の速度といってきたものは，位相定数 k によって次のように表わされるものであった．

$$v=\frac{\omega}{k} \tag{2.68}$$

一つの角周波数 ω だけをもつ正弦振動波（これを単色波という）は伝搬速度としてこの v だけを考えれば十分である．真空中では $k=k_0$，$v=c$ となる．この速度で走る点 $(x=vt+x_0)$ の位相 $(\omega t-kx)$ が $t=0$ における初期値 $(-kx_0)$ をもちつづけるので，この速度を**位相速度**とよび，v_{p} と書き表わす．

単色でない実際の波動に対してはもう少し詳しく考えておかなければならない．式 (2.68) から明らかなように，k が ω と比例関係にあれば v_{p} は ω に依存しない定数となり，各周波数成分が等しい速度で伝搬するので，全体の波動は形を崩さず，一群となってこの速度で伝搬する．k が ω と比例関係にない複雑な場合には各周波数成分は異なる速度で伝搬するので，全体の波動は伝搬するにしたがって分布波形が崩れて行く．このようなとき，波の**分散**があるという．分散があるとき，$\partial v_{\mathrm{p}}/\partial\omega\neq 0$ であって，

$$\frac{\partial v_{\mathrm{p}}}{\partial\omega}<0 \text{ のとき} \qquad \textbf{正常分散}$$

$$\frac{\partial v_{\mathrm{p}}}{\partial\omega}>0 \text{ のとき} \qquad \textbf{異常分散}$$

であるという．波形の崩れる様子は図 2.12 のようであり，全体の波形の中心は v_{p} と異なる速度 v_{g} で移動する．この v_{g} を**群速度**という．v_{g} はどのようにして計算されるのだろうか？

単色でない波が角周波数 ω_0 を中心として，狭い帯域の周波数成分をもつと

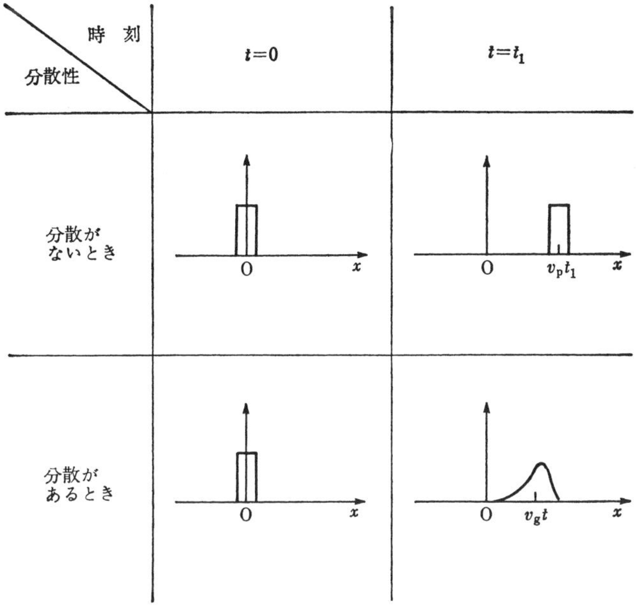

図 2.12 波形の崩れる様子

すれば，ある周波数成分の位相は

$$\phi(\omega)=\omega t-kx=(\omega_0 t-k(\omega_0)x)+(\omega-\omega_0)(t-k'x) \qquad (2.69)$$

$$k'=\left(\frac{\partial k}{\partial \omega}\right)_{\omega_0} \qquad (2.70)$$

と近似できる．式 (2.69) 右辺の第 1 項は ω に依存しないので，周波数に広がりのあるための効果は第 2 項が受けもつ．各周波数成分の波の大きさは $G(\omega-\omega_0)$ のように表わされるから，全体の波は次のように複素表現される．

$$\begin{aligned}F(x,t)&=\exp[\mathrm{j}(\omega_0 t-k(\omega_0)x)]\int_{-\infty}^{\infty}G(\omega-\omega_0)\\&\quad\cdot\exp[\mathrm{j}(\omega-\omega_0)(t-k'x)]\mathrm{d}\omega\\&=\exp[\mathrm{j}(\omega_0 t-k(\omega_0)x)]g(t-k'x)\end{aligned} \qquad (2.71)$$

$$g(t)=\frac{1}{2\pi}\int_{-\infty}^{\infty}G(\omega)\mathrm{e}^{\mathrm{j}\omega t}\mathrm{d}\omega \qquad (2.72)$$

g は G のフーリエ変換という．今の場合には g は実関数と考えてよい．このとき，波の瞬時値表現は式 (2.71) の実部に等しいので，

$$f(x,t) = \cos[\omega_0 t - k(\omega_0)x]g(t-k'x) \tag{2.73}$$

このように，周波数の広がりが狭いとき，波動は2項の積に分解される．一つは中心周波数成分だけの単色波に等価で，$v_{p0}=\omega_0/k(\omega_0)$ で伝搬する．他の一つは $1/k'$ の速度で伝搬する波動と等価である．全体の波動，$f(x,t)$，の中で $g(t-k'x)$ の果たす役割は何だろうか？　この点を次のような具体的な場合を例にとって考察してみよう．簡単のために，$\omega=\omega_0\pm\Delta\omega$ $(\Delta\omega/\omega_0\ll 1)$ の二つの周波数成分のみがあり，これらが等しい振幅で共存しているとすれば，この波は次のように表わすことができる．

$$\begin{aligned} f(x,t) &= \cos[(\omega_0-\Delta\omega)t-(k(\omega_0)-k'\Delta\omega)x] \\ &\quad +\cos[(\omega_0+\Delta\omega)t-(k(\omega_0)+k'\Delta\omega)x] \\ &= 2\cos(\omega_0 t-k_0 x)\cdot\cos[\Delta\omega(t-k'x)] \end{aligned} \tag{2.74}$$

式 (2.74) と (2.73) を比較すると，この場合の $g(t-k'x)$ は

$$g(t-k'x) = 2\cos[\Delta\omega(t-k'x)] \tag{2.75}$$

に等しいことになる．式 (2.74) の $f(x,t)$ の分布波形を図 2.13 に示す．$f(x,t)$ の中で式 (2.75) は包絡線を表わすことがわかるだろう．$g(t-k'x)$ は全体の波動の輪郭を表わすといってもよい．こう考えると，式 (2.73) の $g(t-k'x)$ は図 2.12 のような分布波形そのものであることがわかる．$g(t-k'x)$ の伝搬速度は $1/k'$ であり，これは群速度にほかならない．すなわち，

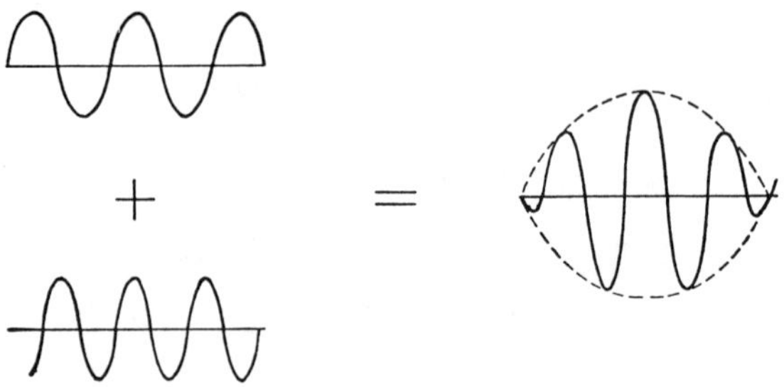

図 2.13　周波数がわずかに異なった二つの正弦波の合成

$$v_g = \frac{1}{\left(\dfrac{\partial k}{\partial \omega}\right)_{\omega_0}} \tag{2.76}$$

実際の重要な場合として,

$$k^2 = k_0{}^2 - k_1{}^2, \qquad k_0{}^2 = \left(\frac{\omega}{c}\right)^2 \tag{2.77}$$

の関係が成り立つ場合がある. k_1 は定数である. このとき, 式 (2.77) の両辺を ω で偏微分すれば,

$$2k\frac{\partial k}{\partial \omega} = 2\frac{\omega}{c^2}$$

$$\therefore \quad \frac{\omega}{k}\cdot\frac{1}{\dfrac{\partial k}{\partial \omega}} = c^2$$

すなわち,

$$v_p v_g = c^2 \tag{2.78}$$

このような場合には位相速度は群速度に反比例し, v_p が光速よりも大きいとき v_g は光速より小さくなる.

問　　題

2.1 真空中の電磁界の $x=0$ における時間変化が次式で与えられるとき, 任意の (x, t) に対する表示を求めよ.

$$E_y = E_0 \exp(-at^2) \tag{2.79}$$

$$H_z = \sqrt{\frac{\varepsilon_0}{\mu_0}}E_y \tag{2.80}$$

2.2 真空中の平面波について, ポインティング・ベクトルの大きさ S, 電磁気的エネルギー密度 w, 伝搬速度 c の間に,

$$S = wc \tag{2.81}$$

の関係があることを証明せよ.

2.3 電界が次式のように複素表現される平面波が自由空間中を伝搬している.

$$\boldsymbol{E} = \left[\hat{\boldsymbol{x}} + \hat{\boldsymbol{y}}\sqrt{2}\exp\left(\mathrm{j}\frac{\pi}{4}\right)\right]\exp(-\mathrm{j}k_0 z) \tag{2.82}$$

（a）　磁界 $\boldsymbol{H}$ を求めよ．

（b）　電界と磁界の瞬時値表現を求めよ．

（c）　この楕円偏波の軸比を求めよ．

2.4　図 2.14 に示すように，間隔が d の平行導体板の間に導電率 σ，半径 a の円柱抵抗体が垂直に狭まれるように置かれ，直流電圧 V が印加されている．

（a）　$0\leq z\leq d$ の領域に存在する電磁界の成分は E_z と H_φ である．E_z と H_φ を $0\leq\rho\leq a$ の領域と $\rho>a$ の領域とに対して求めよ．

（b）　ポインティング・ベクトルを用いて，この抵抗体に消費される電力を求めよ．

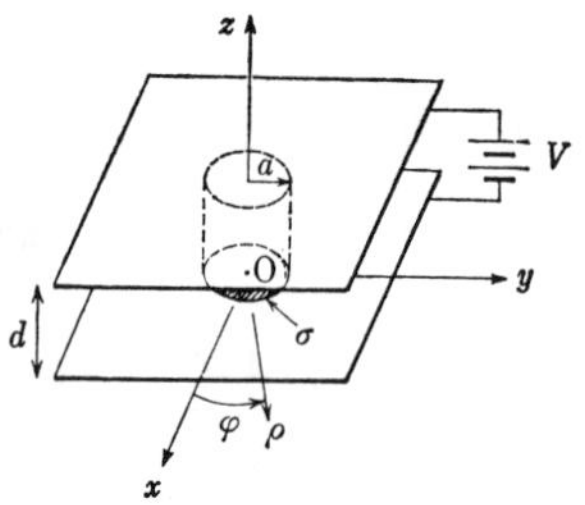

図 2.14　平行板電極にはさまれた円柱抵抗体

2.5　図 2.5 の系に対して，複素表現のマクスウェルの方程式を用いて次の関係式が成り立つことを示せ．そして，複素ポインティング・ベクトルの虚部の与える意味について考えよ．

$$\iiint_V -\frac{1}{2}\boldsymbol{E}\cdot\boldsymbol{j}_{\rm ext}{}^*\,\mathrm{d}V = \iint_S \boldsymbol{S}_{\rm c}\cdot\hat{\boldsymbol{n}}\,\mathrm{d}S + \iiint_V \frac{1}{2}\sigma E^2\,\mathrm{d}V - \mathrm{j}\omega\iiint_V\left(\frac{1}{2}\boldsymbol{E}\cdot\boldsymbol{D}^* - \frac{1}{2}\boldsymbol{B}\cdot\boldsymbol{H}^*\right)\mathrm{d}V \tag{2.83}$$

2.6　誘電率が $\varepsilon(\omega)=\varepsilon_0(1-\omega_{\rm p}{}^2/\omega^2)$ と表わされる分散性媒質中を伝搬する平面波の群速度と位相速度の積は一定となることを証明せよ．ただし，透磁率に関して非分散であるとする．

2.7　真空中の磁界が球座標 $(r,\ \theta,\ \varphi)$ によって次のように表わされている．

$$H_r = H_\theta = 0 \tag{2.84}$$

$$H_\varphi = H_0\frac{1}{k_0 r}\left(1+\frac{1}{\mathrm{j}k_0 r}\right)\sin\theta\exp(-\mathrm{j}k_0 r) \tag{2.85}$$

（a）　電界を求めよ．

（b）　$\boldsymbol{E}+\boldsymbol{r}\times\sqrt{\mu_0/\varepsilon_0}\,\boldsymbol{H}$ を計算し，これは $r\to\infty$ のとき r^{-2} のオーダーであることを示せ．

（c）　磁界の瞬時値表現を求めよ．

（d）　波源からの放射電力を $k_0 r\gg 1$ の球面上でポインティング・ベクトルを積分することにより求めよ．

3 平面波の反射と屈折

電磁波の境界値問題の中で最も簡単な平面波の反射と屈折の問題を取り扱う．2章で勉強した平面波が2種媒質の平面状境界に入射するとき，どのように反射・屈折が起こるだろうか？ 1.5節で学んだ境界条件を応用して解析する．

3.1 完全導体面による反射

図3.1のように，$x=0$ を境として $x>0$ を自由空間，$x<0$ を $\sigma=\infty$ の完全導体であるとする．$x>0$ の領域から境界面に向って平面波が入射する場合の境界値問題を解いてみる．入射波の方向と境界面の法線方向のなす角 θ_i を入射角といい，これら二つの方向を含む平面を入射面という．入射方向の座標を u とすれば，電界，磁界と u 軸の関係は図2.2 (a)，(b) における

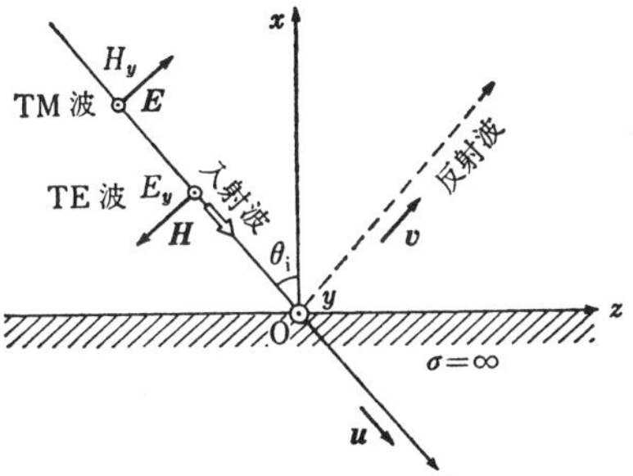

図 3.1 完全導体面による平面波の反射

x 軸を u 軸にかえたような関係である．すなわち，電界と磁界は u 軸に垂直であり，図2.2 (a) と (b) に相当する二つの場合に分けて考えることができる．この場合，電界あるいは磁界が入射面に平行か，垂直か，によって分類する．電界が入射面に垂直な y 成分のみをもつ平面波成分を **TE 波** (Transverse

Electric Wave)，磁界が入射面に垂直な y 成分のみをもつ平面波成分を **TM 波** (Transverse Magnetic Wave) という*.

まず入射波が TE 波である場合を解析しよう．入射波の電界と磁界は次のように表わされる．

$$\boldsymbol{E}^{\mathrm{i}} = \hat{\boldsymbol{y}}E^{\mathrm{i}}\exp(-\mathrm{j}k_0u) \tag{3.1}$$

$$\boldsymbol{H}^{\mathrm{i}} = \hat{\boldsymbol{u}}\times\hat{\boldsymbol{y}}\frac{E^{\mathrm{i}}}{\eta_0}\exp(-\mathrm{j}k_0u) \tag{3.2}$$

$$u = -x\cos\theta_{\mathrm{i}}+z\sin\theta_{\mathrm{i}} \tag{3.3}$$

ここに $\hat{\boldsymbol{u}}$ は入射波の進む方向の単位ベクトルである．入射波の電界と磁界には上添字 i をつける．$x=0$ では式 (1.43) が満たされなければならないが，$\boldsymbol{E}^{\mathrm{i}}$ だけではこれは成り立たない．完全導体の表面に表面電流が誘起され，この電流が二次波を放射し，入射波電界と二次波電界の和が式 (1.43) を成立させる．二次波は $x>0$ の方に返されて行く波であるので反射波という．反射波を求めるには，まず表面電流を求め，次に表面電流の放射する電磁波を計算しなければならないと考えるかも知れない．こういう考え方は間違いではなく，反射体の形状が今の場合のように単純でない場合にはその通りである．しかし，幸いにして平面状境界による反射の問題はもっと簡単な方法で求めることができる．まず反射波を未知定数を含む形で表現し，次に境界条件 (1.43) により未知定数を決め，最後に必要ならば式 (1.42) によって表面電流を求める．

式 (2.43) と $\partial/\partial y=0$ により E_y の満たす方程式は

$$\left(\frac{\partial^2}{\partial x^2}+\frac{\partial^2}{\partial z^2}+k_0{}^2\right)E_y = 0 \tag{3.4}$$

これは2次元のヘルムホルツの方程式であり，変数分離の方法で解くのが良い．

$$E_y(x, z) = X(x)Z(z) \tag{3.5}$$

と分解できるとして，式 (3.4) を変形すれば

---

* Transverse とは“横方向の”という意味で，Longitudinal (軸方向の) の反意語として用いる．この場合に境界面に垂直な x 方向を基準とし，x 軸に関して横方向の意味で用いてある．このような呼び方のほかに，電界ベクトルが入射面に対して平行であるか垂直であるかの区別によって，TE 波を**直交偏波**，TM 波を**平行偏波**とよぶことが行なわれている．

$$\frac{\frac{\mathrm{d}^2X}{\mathrm{d}x^2}}{X}+\frac{\frac{\mathrm{d}^2Z}{\mathrm{d}z^2}}{Z}+k_0{}^2=0 \tag{3.6}$$

上の第1項はxだけの関数，第2項はzだけの関数，第3項は定数である．これら3項の和が任意の$(z,\ x)$に対してゼロでなければならない．図3.2のようにzを一定に保って点を移動したとき，第1項だけが変化しうるが，式(3.6)の他の2項が一定であって全体の和も一定のゼロであるのだから，第1項はxによっても変わらない．すなわち定数でなければならない．同様にして第2項も定数でなければならない．したがって

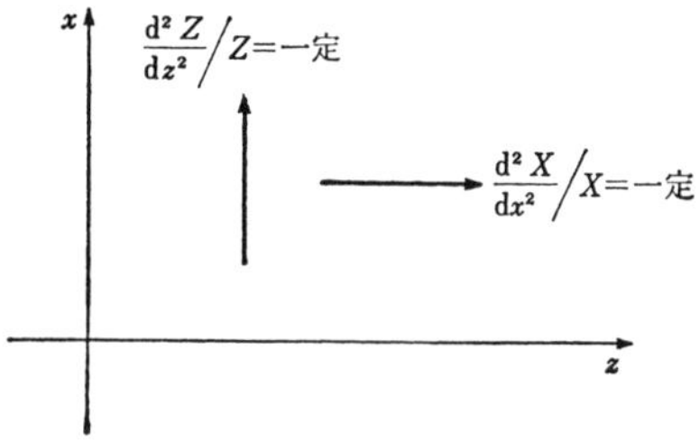

図 3.2　zx 面上の点の移動

$$\frac{\mathrm{d}^2X}{\mathrm{d}x^2}+k_x{}^2X=0 \tag{3.7}$$

$$\frac{\mathrm{d}^2Z}{\mathrm{d}z^2}+k_z{}^2Z=0 \tag{3.8}$$

$$k_x{}^2+k_z{}^2=k_0{}^2 \tag{3.9}$$

このように式(3.4)は二つの常微分方程式に分離された．k_xとk_zを**分離定数**という．式(3.1)の入射波電界も式(3.5)の形に分離でき，このときには

$$X^{\mathrm{i}}=\exp(\mathrm{j}k_0\cos\theta_{\mathrm{i}}x) \tag{3.10}$$

$$Z^{\mathrm{i}}=\exp(-\mathrm{j}k_0\sin\theta_{\mathrm{i}}z) \tag{3.11}$$

$$k_x{}^{\mathrm{i}}=k_0\cos\theta_{\mathrm{i}} \tag{3.12}$$

$$k_z{}^{\mathrm{i}}=k_0\sin\theta_{\mathrm{i}} \tag{3.13}$$

である．反射波に対しても同形の解が得られないだろうか？　ためしに，次の解を仮定しよう．反射波には添字rをつけて区別する．

$$E_y{}^{\mathrm{r}}=E^{\mathrm{r}}\exp(-\mathrm{j}k_0\cos\theta_{\mathrm{r}}x)\exp(-\mathrm{j}k_0\sin\theta_{\mathrm{r}}z) \tag{3.14}$$

反射波は$x=0$の境界面から$x>0$の領域に向かう波であるので，xを含む指数は入射波とは異符号となる．式(3.14)が式(3.4)を満たすことは明らかで

ある．定数 E^{r} と θ_{r} が未知であり，これらを境界条件が満たされるように決めることができるならば，われわれの希望通り反射波の解が得られることになる．境界条件 (1.43) により，

$$E^{\mathrm{i}}\exp(-\mathrm{j}k_0\sin\theta_{\mathrm{i}}z)+E^{\mathrm{r}}\exp(-\mathrm{j}k_0\sin\theta_{\mathrm{r}}z)=0 \tag{3.15}$$

これが z の $(-\infty,\ \infty)$ の範囲に対して常に成り立つ必要がある．このためには

$$E^{\mathrm{i}}+E^{\mathrm{r}}=0 \tag{3.16}$$

$$\theta_{\mathrm{i}}=\theta_{\mathrm{r}} \tag{3.17}$$

が成り立たなければならない．逆に，上の2式が成り立てば式 (3.15) は満足される．式 (3.17) の条件は境界面の上で入射波と反射波の位相が常に等しいことを要求するもので，位相整合の条件という．以上のようにして，反射波電界は次のように決定された．

$$\boldsymbol{E}^{\mathrm{r}}=-E^{\mathrm{i}}\hat{\boldsymbol{y}}\exp[\mathrm{j}(-k_0\cos\theta_{\mathrm{i}}x-k_0\sin\theta_{\mathrm{i}}z)] \tag{3.18}$$

反射波は式 (3.18) の電界をもち，反射角 $\theta_{\mathrm{r}}=\theta_{\mathrm{i}}$ の方向に進む平面波である．反射波の磁界を求めるにはマクスウェルの方程式，$\nabla\times\boldsymbol{E}^{\mathrm{r}}=-\mathrm{j}\omega\mu_0\boldsymbol{H}^{\mathrm{r}}$，を用いてもよいが，ポインティング・ベクトルが $\hat{\boldsymbol{v}}=\hat{\boldsymbol{x}}\cos\theta_{\mathrm{i}}+\hat{\boldsymbol{z}}\sin\theta_{\mathrm{i}}$ の方向を向き，電界と磁界の大きさの比が η_0 であることを用いた方が簡単である．こうして，

$$\boldsymbol{H}^{\mathrm{r}}=-\frac{E^{\mathrm{i}}}{\eta_0}\hat{\boldsymbol{v}}\times\hat{\boldsymbol{y}}\exp[\mathrm{j}(-k_0\cos\theta_{\mathrm{i}}x-k_0\sin\theta_{\mathrm{i}}z)] \tag{3.19}$$

$x>0$ における総合の電磁界は次のようになる．

$$\boldsymbol{E}=\hat{\boldsymbol{y}}2\mathrm{j}E^{\mathrm{i}}\sin(k_0\cos\theta_{\mathrm{i}}x)\exp(-\mathrm{j}k_0\sin\theta_{\mathrm{i}}z) \tag{3.20}$$

$$\boldsymbol{H}=-\frac{2E^{\mathrm{i}}}{\eta_0}[\hat{\boldsymbol{x}}\mathrm{j}\sin\theta_{\mathrm{i}}\sin(k_0\cos\theta_{\mathrm{i}}x)+\hat{\boldsymbol{z}}\cos\theta_{\mathrm{i}}\cos(k_0\cos\theta_{\mathrm{i}}x)]$$
$$\cdot\exp(-\mathrm{j}k_0\sin\theta_{\mathrm{i}}z) \tag{3.21}$$

x を一定に保ち，z の変化だけに着目すると，位相定数が $k_0\sin\theta_{\mathrm{i}}$ の平面波と同形である．z を一定に保ち，x の変化だけに着目すると，総合電磁界の分布は図3.3のようになり，極大点と零点の位置は時間に関係なく固定されてい

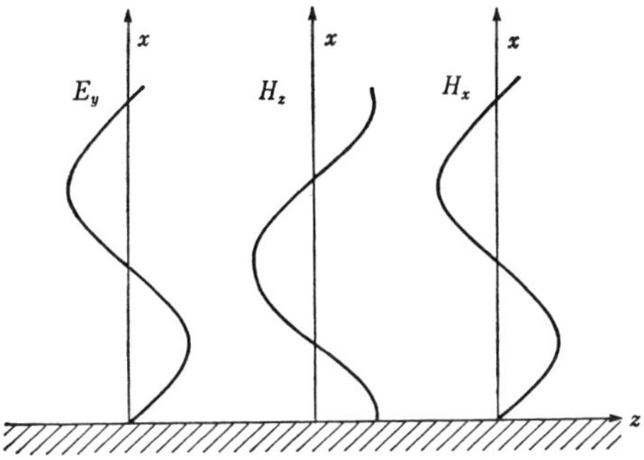

図 3.3 総合電磁界の x 方向の変化

る．このような分布の波を**定在波**という．これに対して，もとの入射波や，この場合の z 方向への分布のような振幅が一定で位相が距離に比例して遅れる波を**進行波**という．図 3.3 に示すように，定在波の波長は $\lambda\sec\theta_i$ となり，$\theta_i=0$ の場合には自由空間波長に等しく，$\theta_i\neq0$ の場合には λ より長くなる．

テレビ放送波に対して大地は完全導体のようにふるまい，地上の電磁界の分布は図 3.3 のようになる．テレビ放送波は水平偏波が普通であり，したがってこの場合の TE 波に相当する．水平電界は地表の近くでは地上高に比例して大きくなるので，受信アンテナは高いところに置くほど良い．高さに対する図 3.3 のような電磁界の分布図を**ハイト・パターン**という．

TM 波入射の場合も同様に解析することができる（問題 3.4）．入射電磁界を

$$\boldsymbol{E}^{\mathrm{i}} = \eta_0 H^{\mathrm{i}}\,\hat{\boldsymbol{y}}\times\hat{\boldsymbol{u}}\exp[\mathrm{j}(k_0\cos\theta_i x - k_0\sin\theta_i z)] \tag{3.22}$$

$$\boldsymbol{H}^{\mathrm{i}} = H^{\mathrm{i}}\,\hat{\boldsymbol{y}}\exp[\mathrm{j}(k_0\cos\theta_i x - k_0\sin\theta_i z)] \tag{3.23}$$

と表わせば，反射電磁界は

$$\boldsymbol{H}^{\mathrm{r}} = H^{\mathrm{i}}\,\hat{\boldsymbol{y}}\exp[\mathrm{j}(-k_0\cos\theta_i x - k_0\sin\theta_i z)] \tag{3.24}$$

$$\boldsymbol{E}^{\mathrm{r}} = \eta_0 H^{\mathrm{i}}\,\hat{\boldsymbol{y}}\times\hat{\boldsymbol{v}}\exp[\mathrm{j}(-k_0\cos\theta_i x - k_0\sin\theta_i z)] \tag{3.25}$$

総合電磁界は，

$$\boldsymbol{E} = 2\eta_0 H^{\mathrm{i}}[\hat{\boldsymbol{x}}\sin\theta_i\cos(k_0\cos\theta_i x) - \mathrm{j}\hat{\boldsymbol{z}}\cos\theta_i\sin(k_0\cos\theta_i x)] \cdot\exp(-\mathrm{j}k_0\sin\theta_i z) \tag{3.26}$$

$$\boldsymbol{H} = 2H^{\mathrm{i}}\,\hat{\boldsymbol{y}}\cos(k_0\cos\theta_i x)\exp(-\mathrm{j}k_0\sin\theta_i z) \tag{3.27}$$

3.2 2種媒質の平面境界における反射と屈折

$x=0$ の面を境界面とし，$x>0$ の領域を透磁率 μ_1，誘電率 ε_1 の媒質が，$x<0$ の領域を透磁率 μ_2，誘電率 ε_2 の媒質が占めている場合を考えよう．図3.4のように $x>0$ から入射角 θ_i で境界面に向かう入射波は，一部が $x>0$ の領域に反射され，一部が $x<0$ の領域に透過して行く．これは水面において光の反射と透過が起こるのと同じである．完全導体面による反射と同様に，反射波と透過波は平面波となり，次の位相整合の条件を満たすような反射角 θ_r，透過角 θ_t をもって進行する．

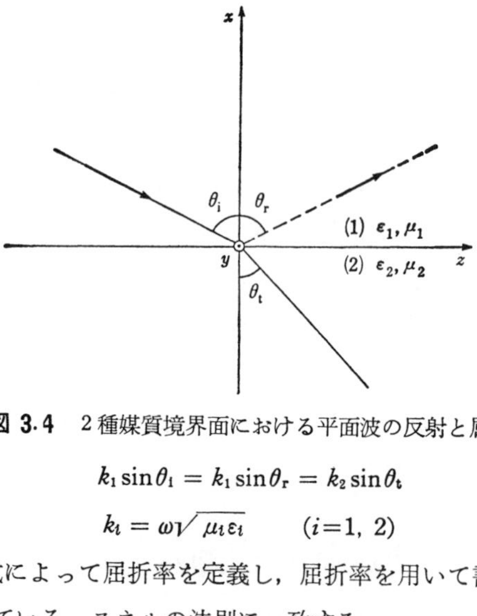

図 3.4　2種媒質境界面における平面波の反射と屈折

$$k_1 \sin\theta_i = k_1 \sin\theta_r = k_2 \sin\theta_t \tag{3.28}$$

$$k_i = \omega\sqrt{\mu_i \varepsilon_i} \qquad (i=1,\ 2) \tag{3.29}$$

式 (3.28) は次式によって屈折率を定義し，屈折率を用いて書き直すと光の屈折に関して知っている，スネルの法則に一致する．

$$n_i = \frac{k_i}{k_0} = \sqrt{\frac{\mu_i \varepsilon_i}{\mu_0 \varepsilon_0}} \tag{3.30}$$

すなわち，式 (3.28) と (3.29) から

$$\theta_r = \theta_i \tag{3.31}$$

$$n_1 \sin\theta_{\mathrm{i}} = n_2 \sin\theta_{\mathrm{t}} \tag{3.32}$$

まず TE 入射波の場合について解析しよう．入射波（$\boldsymbol{E}^{\mathrm{i}}$, $\boldsymbol{H}^{\mathrm{i}}$），反射波($\boldsymbol{E}^{\mathrm{r}}$, $\boldsymbol{H}^{\mathrm{r}}$)，透過波（$\boldsymbol{E}^{\mathrm{t}}$, $\boldsymbol{H}^{\mathrm{t}}$）は次のように表わされる．なお，透過波には添字 t をつけて区別するものとする．

$$\boldsymbol{E}^{\mathrm{i}} = \hat{\boldsymbol{y}} E^{\mathrm{i}} \exp[\mathrm{j}(k_1 \cos\theta_{\mathrm{i}} x - k_1 \sin\theta_{\mathrm{i}} z)] \tag{3.33}$$

$$\boldsymbol{H}^{\mathrm{i}} = \frac{E^{\mathrm{i}}}{\eta_1}(-\hat{\boldsymbol{x}} \sin\theta_{\mathrm{i}} - \hat{\boldsymbol{z}} \cos\theta_{\mathrm{i}}) \exp[\mathrm{j}(k_1 \cos\theta_{\mathrm{i}} x - k_1 \sin\theta_{\mathrm{i}} z)] \tag{3.34}$$

$$\boldsymbol{E}^{\mathrm{r}} = \hat{\boldsymbol{y}} R E^{\mathrm{i}} \exp[-\mathrm{j}(k_1 \cos\theta_{\mathrm{i}} x + k_1 \sin\theta_{\mathrm{i}} z)] \tag{3.35}$$

$$\boldsymbol{H}^{\mathrm{r}} = \frac{R E^{\mathrm{i}}}{\eta_1}(-\hat{\boldsymbol{x}} \sin\theta_{\mathrm{i}} + \hat{\boldsymbol{z}} \cos\theta_{\mathrm{i}}) \exp[-\mathrm{j}(k_1 \cos\theta_{\mathrm{i}} x + k_1 \sin\theta_{\mathrm{i}} z)] \tag{3.36}$$

$$\boldsymbol{E}^{\mathrm{t}} = \hat{\boldsymbol{y}} T E^{\mathrm{i}} \exp[\mathrm{j}(k_2 \cos\theta_{\mathrm{t}} x - k_2 \sin\theta_{\mathrm{t}} z)] \tag{3.37}$$

$$\boldsymbol{H}^{\mathrm{t}} = \frac{T E^{\mathrm{i}}}{\eta_2}(-\hat{\boldsymbol{x}} \sin\theta_{\mathrm{t}} - \hat{\boldsymbol{z}} \cos\theta_{\mathrm{t}}) \exp[\mathrm{j}(k_2 \cos\theta_{\mathrm{t}} x - k_2 \sin\theta_{\mathrm{t}} z)] \tag{3.38}$$

$$\eta_i = \sqrt{\frac{\mu_i}{\varepsilon_i}} \qquad (i=1,\ 2) \tag{3.39}$$

R と T はこれから求める定数であり，それぞれ反射係数，透過係数とよばれる．

境界条件 (1.37) と (1.38) から

$$\frac{1-R}{\eta_1}\cos\theta_{\mathrm{i}} = \frac{T}{\eta_2}\cos\theta_{\mathrm{t}} \tag{3.40}$$

$$1+R = T \tag{3.41}$$

ここで，表面電流は存在しないので $\boldsymbol{i}_{\mathrm{s}}=0$ とした．上の2式を R と T に関する連立方程式として解くことができる．結果に TE 入射波に対するものであることを上添字 TE をつけて明示すれば，

$$R^{\mathrm{TE}} = \frac{\eta_2 \sec\theta_{\mathrm{t}} - \eta_1 \sec\theta_{\mathrm{i}}}{\eta_2 \sec\theta_{\mathrm{t}} + \eta_1 \sec\theta_{\mathrm{i}}} \tag{3.42}$$

$$T^{\mathrm{TE}} = \frac{2\eta_2 \sec\theta_{\mathrm{t}}}{\eta_2 \sec\theta_{\mathrm{t}} + \eta_1 \sec\theta_{\mathrm{i}}} \tag{3.43}$$

なお，θ_{t} はスネルの公式 (3.32) によって θ_{i} と関係づけられている．

同様にして，TM 入射波の場合の反射係数と透過係数を求めることができる（問題 3.5）．この場合には電界の z 成分どうしの比としてこれらの係数を定義すれば，

$$R^{\mathrm{TM}} = \frac{\eta_2 \cos\theta_{\mathrm{t}} - \eta_1 \cos\theta_{\mathrm{i}}}{\eta_2 \cos\theta_{\mathrm{t}} + \eta_1 \cos\theta_{\mathrm{i}}} \tag{3.44}$$

$$T^{\mathrm{TM}} = \frac{2\eta_2 \cos\theta_{\mathrm{t}}}{\eta_2 \cos\theta_{\mathrm{t}} + \eta_1 \cos\theta_{\mathrm{i}}} \tag{3.45}$$

以上の公式を用いると，大地による電波の反射は大地を 3.1 節におけるように完全導体に近似することなく，有限の導電率 σ とある値の誘電率をもった媒質にみなすことによって，より精確な計算を行なうことができる．大地の透磁率は μ_0 に等しく，誘電率は ε_0 の 10〜20 倍くらい，σ は 10^{-2}〜10^{-4} S/m であるといわれている．大地の中に流れる変位電流と伝導電流の和を複素数の変位電流で表わし，次式の関係で複素誘電率を定義すれば，角周波数 ω と入射角 θ_{i} に対して式 (3.42) と (3.44) から反射係数が求まる．

$$\mathrm{j}\omega\dot{\varepsilon}_2 = \mathrm{j}\omega\varepsilon_2 + \sigma \qquad \left(\dot{\varepsilon}_2 = \varepsilon_2 - \mathrm{j}\frac{\sigma}{\omega}\right) \tag{3.46}$$

$\varepsilon_2 = 10\,\varepsilon_0$，$\sigma = 5\times10^{-3}$ S/m とし，媒質 (1) を真空として反射係数の入射角に対する関係を求めると図 3.5 のようになる．パラメータは周波数である．この結果から，θ_{i} が 90° に近づき入射方向が水平方向に近くなると $R^{\mathrm{TE}} \to -1$，$R^{\mathrm{TM}} \to 1$ となることがわかる．また

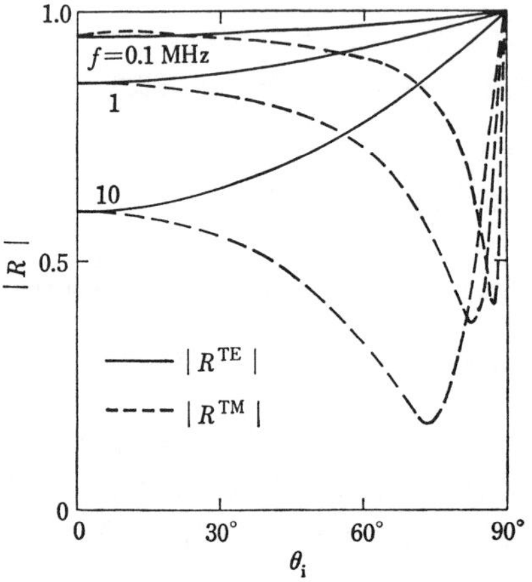

$\varepsilon_2 = 10\varepsilon_0$，$\sigma = 5\times10^{-3}$ S/m

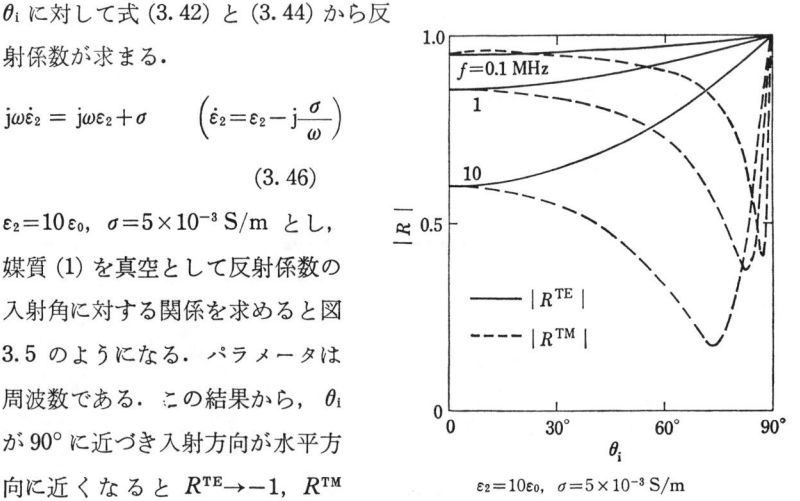

図 3.5 反射係数の入射角に対する変化

TM 入力波の場合，100 MHz 以上の周波数に対して $|R^{TM}|$ が $\theta_i=73°$ で 0 に近くなっている．式 (3.46) からわかるように，周波数が高いとき複素誘電率が実数に近づき，次節で学ぶ無反射の条件が満たされるからである．

3.3 ブルースター角

媒質（1）と媒質（2）の透磁率は μ_0，誘電率は実数であるとし，式 (3.44) から $R^{TM}=0$ の条件を求めると，

$$n_1\cos\theta_t = n_2\cos\theta_i \tag{3.47}$$

これに対し，スネルの法則は

$$n_1\sin\theta_i = n_2\sin\theta_t \tag{3.48}$$

上の 2 式を比較すると，$\cos\theta_t$ が $\sin\theta_i$ に等しく，$\sin\theta_t$ が $\cos\theta_i$ に等しいならば $R^{TM}=0$ となることがわかる．この条件は θ_t と θ_i が次式の関係にあるとき満たされる．

$$\theta_i+\theta_t = \frac{\pi}{2} \tag{3.49}$$

式 (3.49) を式 (3.47) に代入して，θ_i の満たすべき関係を求めると，

$$n_1\sin\theta_i = n_2\cos\theta_i$$

$$\therefore\quad \theta_i = \tan^{-1}\left(\frac{n_2}{n_1}\right) \tag{3.50}$$

このように，TM 入射波の反射係数がゼロとなる入射角を**ブルースター (Brewster) 角**という．ブルースター角 θ_B は $n_1 \gtreqless n_2$ のとき $\theta_B \lesseqgtr \pi/4$ となる．

TE 入射波に対しては反射係数がゼロとなることがあるだろうか？　大地反射の計算によればそのようなことはないように思われる．式 (3.42) において $R^{TE}=0$ とすれば，

$$n_1\cos\theta_i = n_2\cos\theta_t$$

この式と (3.32) から θ_t を消去すれば，

$$1 = \cos^2\theta_t + \sin^2\theta_t = \left(\frac{n_1}{n_2}\cos\theta_i\right)^2 + \left(\frac{n_1}{n_2}\sin\theta_i\right)^2 = \left(\frac{n_1}{n_2}\right)^2$$

となり，$n_1 = n_2$ が $R^{TE} = 0$ の必要条件であることがわかる．これは 2 種の媒質が実は誘電率も等しい同一媒質であることを意味する．したがって，$\varepsilon_1 \neq \varepsilon_2$ の 2 種媒質境界面に TE 波が入射したとき，反射係数がゼロとなることはない．

ブルースター角に等しい入射角で TE 波と TM 波が同時に入射したとき，図 3.6 に示すように，TE 波のみが反射される．入射波が水平偏波と垂直偏波の両方を含んでいても，反射波は水平偏波しか含まなくなる．このように，ブルースター角は反射波に偏りをもたせる角度であるので**偏光角**ともよばれる．

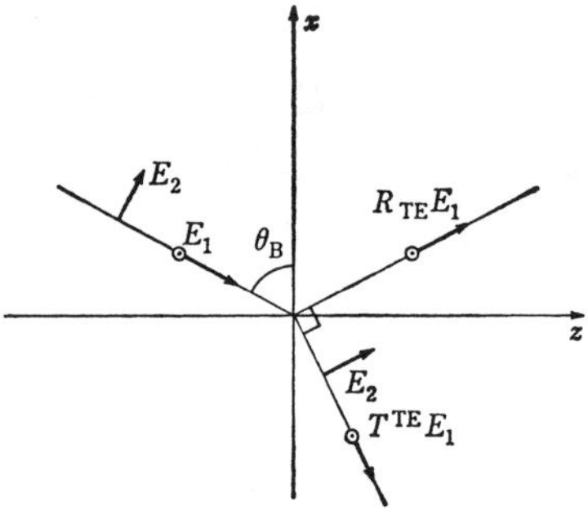

図 3.6　偏りのない電磁波がブルースター角で入射するときの反射波の偏り

ブルースター角は図 3.6 に示したように，反射波の進む方向と透過波の進む方向が直角をなすような入射角であると記憶するのがよい．$R^{TM} = 0$ となるが，$R^{TE} = 0$ となれない理由は，この直角になることと媒質 2 の中のダイポール・モーメントの放射指向性の関係から理解することができる．

3.4　完全反射とエバネッセント波

反射係数がゼロとなることの逆は反射係数が 1 になることである．もっと正確にいえば，反射係数の絶対値が 1 になることである．このような反射を**完全反射**という．完全反射は式 (3.42) と (3.44) から，$\cos\theta_t$ が純虚数になるときに生じることがわかる．それは，

$$\frac{A - jB}{A + jB}$$

の形の複素数の絶対値は 1 であるからである．スネルの法則から $\cos\theta_t$ を求めると，

$$\cos\theta_t = \sqrt{1-\left(\frac{n_1}{n_2}\sin\theta_i\right)^2} \tag{3.51}$$

これが純虚数になるときは，

$$\sin\theta_i > \frac{n_2}{n_1} \tag{3.52}$$

のときである．もし，$n_2>n_1$ であれば式 (3.52) の条件は満足されないので完全反射は起こらない．空気 ($n_1=1$) から水 ($n_2\simeq1.3$) に光が入射するとき完全反射は起こらないが，水から空気に入射するときには起こりうる．

$$\theta_c = \sin^{-1}\left(\frac{n_2}{n_1}\right) \tag{3.53}$$

とすれば，$\theta_i>\theta_c$ に対して完全反射が起こる．θ_c を**臨界角**という．

式 (3.52) が成り立つときの透過波の電磁界分布をしらべてみよう．TE 入射波の場合について考えると，式 (3.37) より

$$\boldsymbol{E}^t = \hat{\boldsymbol{y}}\,T^{TE}E^i\exp[\mathrm{j}(k_2\cos\theta_t x-k_2\sin\theta_t z)]$$

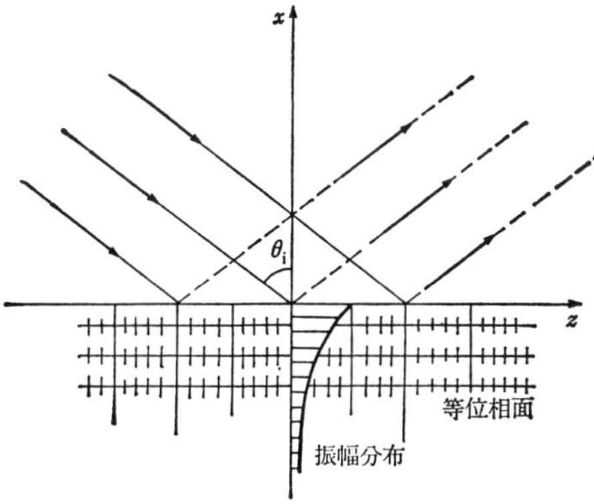

図 3.7 完全反射が生じる場合の入射波と透過波．透過波の等位相面は z 軸に垂直であり，$-x$ 方向には振幅が指数関数的に減少している．

$$= \hat{y} T^{\mathrm{TE}} E^{\mathrm{i}} \exp\left\{ k_2 \left[\left(\frac{n_1}{n_2} \sin\theta_{\mathrm{i}} \right)^2 - 1 \right]^{-1/2} x \right\} \exp(-\mathrm{j} k_1 \sin\theta_{\mathrm{i}} z) \tag{3.54}$$

このように，透過波は $-x$ 方向に位相変化なく，指数関数的に減少する振幅分布となっている．z 方向には振幅一様であり，位相定数が $k_1 \sin\theta_{\mathrm{i}}$ の進行波となっている．つまり，図 3.7 に示したように，境界面の近くに電磁界がしみ込んでいるだけで $-x$ 方向には伝搬しない．指数関数的に減少する原因が損失にあるのではなく，完全反射されることにある．このような減衰する波を**エバネッセント波** (evanescent wave) といい，損失を受けて減衰する波 (attenuating wave) と区別している．

3.5 良導体による反射と透過

導電率 σ が非常に大きい良導体に平面波が入射した場合を考えよう．良導体の中では伝導電流に比して変位電流が無視できるので，

$$k_2{}^2 = -\mathrm{j}\omega\mu_0(\mathrm{j}\omega\varepsilon_2 + \sigma) \simeq -\mathrm{j}\omega\mu_0\sigma$$

したがって，

$$k_2 \simeq \sqrt{\frac{\omega\mu_0\sigma}{2}}(1-\mathrm{j}) \tag{3.55}$$

良導体中の透過波は式 (3.4) と同形の 2 次元のヘルムホルツの方程式が成り立つ．すなわち，

$$\left(\frac{\partial^2}{\partial x^2} + \frac{\partial^2}{\partial z^2} + k_2{}^2 \right) \psi(x, z) = 0 \tag{3.56}$$

ψ は TE 波入射のとき E_y を，TM 波入射のとき H_y を表わす．ψ は 3.1 節におけるように変数分離の方法で解けるが，このとき z の関数は $x>0$ の領域の z の関数に一致する進行波でなければならない．したがって，式 (3.56) の解は次の形に書ける．

$$\psi = A \exp[(\alpha + \mathrm{j}\beta) x] \exp(-\mathrm{j} k_1 \sin\theta_{\mathrm{i}} z) \tag{3.57}$$

ここに,

$$-(\alpha+\mathrm{j}\beta)^2+k_1{}^2\sin^2\theta_\mathrm{i}=k_2{}^2=-\mathrm{j}\omega\mu_0\sigma \tag{3.58}$$

σ が大きく，$\omega\mu_0\sigma \gg k_1{}^2$ であるので $k_1{}^2$ の項は無視でき,

$$\alpha+\mathrm{j}\beta=\sqrt{\mathrm{j}\omega\mu_0\sigma}=\sqrt{\frac{\omega\mu_0\sigma}{2}}(1+\mathrm{j}) \tag{3.59}$$

ゆえに,

$$\alpha=\beta=\sqrt{\frac{\omega\mu_0\sigma}{2}} \tag{3.60}$$

このとき，zx 面内の等位相線の方程式は式 (3.57) より

$$\beta x-k_1\sin\theta_\mathrm{i}z=\text{一定} \tag{3.61}$$

であるが，$\beta \gg k_1\sin\theta_\mathrm{i}$ であるので式 (3.61) は次の関係に近似できる.

$$\beta x=\text{一定} \tag{3.62}$$

すなわち，図 3.8 に示したように，等位相面はほとんど x 軸に垂直となり，透過波は境界面からほぼ垂直に入射して行く．このときの電界と磁界の比は

$$\eta_2=\sqrt{\frac{\mathrm{j}\omega\mu_0}{\mathrm{j}\omega\varepsilon_2+\sigma}}\simeq\sqrt{\frac{\mathrm{j}\omega\mu_0}{\sigma}}=\sqrt{\frac{\omega\mu_0}{2\sigma}}(1+\mathrm{j}) \tag{3.63}$$

この値は境界から $x<0$ の領域を見込んだ表面インピーダンスとよばれ，実部を表面抵抗 R_s，虚部を表面リアクタンス X_s とよぶ.

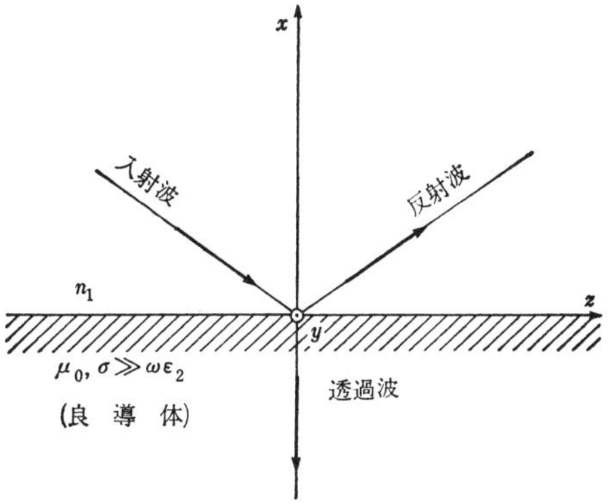

図 3.8 良導体による反射と透過

良導体の表面近くにしみ込む波の振幅は深さとともに $\exp(\alpha x)$ にしたがって減少する．α を減衰定数という．$x=0$ の値の 1/e 倍に小さくなる深さを**表皮の深さ** (skin depth) という，表皮の深さは式 (3.60) より

$$d=\frac{1}{\alpha}=\sqrt{\frac{2}{\omega\mu_0\sigma}} \tag{3.64}$$

銅やアルミニウムの表皮の深さはマイクロ波帯で 1 μm (10^{-6} m)，50 Hz の商用周波数帯で 1 cm 程度であり，マイクロ波帯では完全導体と考えてもほとんど差しつかえない．

問　　題

3.1　図 3.1 において $\theta_i=0$ とし，次の問に答えよ．

（a）　完全導体面に流れる面電流密度を入射磁界 $\boldsymbol{H}^i$ に対して求めよ．

（b）　入射磁界と表面電流の間のローレンツ力を計算することによって，電磁波の完全導体面におよぼす圧力を求めよ．

（c）　上の圧力は電磁波のもつ運動量によるものだと考えることができる．このように考えて，入射波のもつ運動量密度を求めよ．

3.2　完全導体面に電磁波が入射するとき，総合の電磁界のポインティング・ベクトルを求め，電力の流れが完全導体面に平行であることを示せ．

3.3　右旋円偏波が完全導体面に垂直に入射するとき，反射波の偏波はどうなるか？

3.4　式 (3.24) と (3.25) を導け．

3.5　式 (3.44) と (3.45) を導け．

3.6　図 3.9 のように屈折率の異なる媒質が円筒状に分布している．このとき，屈折の

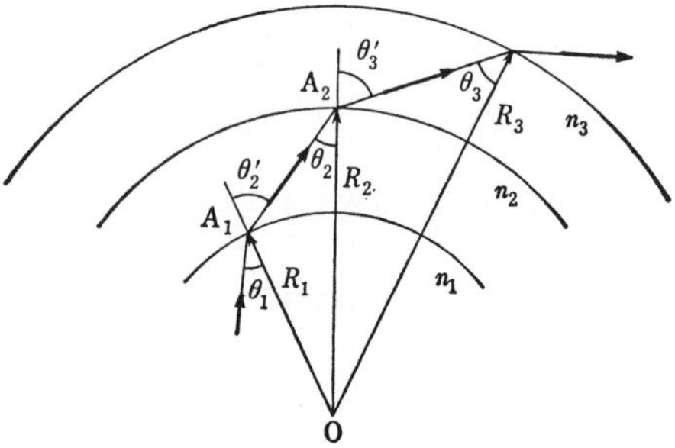

図 3.9　同心円筒状多層媒質における屈折

法則が次式で表わされることを平面境界に対するスネルの法則を応用して証明せよ．

$$n_1R_1\sin\theta_1 = n_2R_2\sin\theta_2 = \cdots \tag{3.65}$$

3.7　$n_1=2$，$n_2=3$ の 2 種媒質に対し，n_1 の媒質から入射するときのブルースター角，n_2 の媒質から入射するときのブルースター角と臨界角を求めよ．

3.8　銅の導電率は 5.8×10^7 S/m である．周波数 1 MHz，10 MHz，100 MHz における表皮の深さを求めよ．ただし，透磁率は $\mu_0=4\pi\times10^{-7}$ H/m に等しいものとする．

4 異方性媒質中の電磁波

真空ではない媒質中の電磁波伝搬は，媒質が均質で等方性であれば真空中の電磁波伝搬と同じように扱うことができる．それは屈折率の違いを考えるだけでよい．しかし，結晶の中の光の伝搬は多くの結晶が異方性であるので，やや複雑である．また等方性媒質に電界や磁界を印加したり，応力を加えると異方性を示すこともある．これらの効果を利用した電波と光のデバイスがつくられている．この章ではこのような異方性媒質中の電磁波伝搬の基礎を学ぶ．

4.1 結晶中の光の伝搬

光は眼に見える電磁波であり，屈折の法則など，肉眼を通して理解できる現象が多い．光が電磁波として認識されるよりずっと以前から光の伝搬に関する研究は行なわれていた．1669年にデンマーク人 E. Berthelsen (ベルテルセン) は透明な方解石 ($CaCO_3$) を通して物を見ると二重に見えることを発見し，これに興味をもったオランダ人 C. Huygens (ホイヘンス) は1678年に水晶によっても同じ現象が起こることを見いだした．以来，結晶光学という学問がイギリスの D. Brewster (ブルースター)，フランスの A. J. Fresnel (フレネル) らによって育てられ，今日では鉱物の結晶鑑定のためにも光学的性質の観測が役立てられている．

結晶はその構造の対称性によって7群に大別される．これらを結晶の7晶系という．結晶の光学的性質は3種に大別され，7晶系のうち，等軸晶系は等方性，正方晶系，三方晶系，六方晶系は一軸性，斜方晶系，単斜晶系，三斜晶系は二軸性である．結晶の誘電率テンソルはこれらの場合に対称であって，

$$[\varepsilon]^{\mathrm{T}} = [\varepsilon] \qquad (\mathrm{T}\text{ は転置を意味する}) \tag{4.1}$$

したがって座標軸を適当に選ぶことによって誘電率テンソルを次のように対角化することができる．

$$[\varepsilon] = \begin{bmatrix} \varepsilon_1 & 0 & 0 \\ 0 & \varepsilon_2 & 0 \\ 0 & 0 & \varepsilon_3 \end{bmatrix} \tag{4.2}$$

このとき，等方ならば

$$\varepsilon_1 = \varepsilon_2 = \varepsilon_3 \tag{4.3}$$

一軸性ならば，

$$\varepsilon_1 = \varepsilon_2 \neq \varepsilon_3 \tag{4.4}$$

二軸性ならば，

$$\varepsilon_1 \neq \varepsilon_2, \qquad \varepsilon_2 \neq \varepsilon_3, \qquad \varepsilon_3 \neq \varepsilon_1 \tag{4.5}$$

式 (4.4) を満たす一軸性結晶に対して z 軸を光軸という．そして $\varepsilon_1 < \varepsilon_3$ のとき正結晶，$\varepsilon_1 > \varepsilon_3$ のとき負結晶であるという．方解石は負結晶，水晶は正結晶の例である．

これら異方性媒質を伝搬する平面波について考えてみよう．平面波の等位相面は一般に次の平面の方程式で表わすことができる．

$$lx + my + nz = \text{一定} \tag{4.6}$$

あるいは，

$$\hat{\boldsymbol{u}} \cdot \boldsymbol{r} = \text{一定} \tag{4.7}$$

$$\hat{\boldsymbol{u}} = \frac{l\hat{\boldsymbol{x}} + m\hat{\boldsymbol{y}} + n\hat{\boldsymbol{z}}}{\sqrt{l^2 + m^2 + n^2}} \tag{4.8}$$

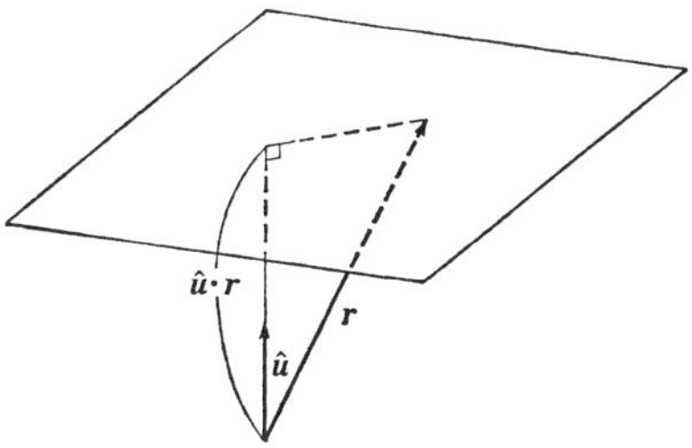

図 4.1 平面波の等位相面

式 (4.7) は図 4.1 に示すような，単位ベクトル $\hat{\boldsymbol{u}}$ に垂直で，原点からの垂直距離が $\hat{\boldsymbol{u}} \cdot \boldsymbol{r}$ に等しい平面を表わ

す．したがって，位相定数を k とすれば電界，磁界，電束はそれぞれ

$$\boldsymbol{E} = \boldsymbol{E}_0 \exp(-\mathrm{j}k\hat{\boldsymbol{u}}\cdot\boldsymbol{r}) = \boldsymbol{E}_0 \exp(-\mathrm{j}\boldsymbol{k}\cdot\boldsymbol{r}) \tag{4.9}$$

$$\boldsymbol{H} = \boldsymbol{H}_0 \exp(-\mathrm{j}\boldsymbol{k}\cdot\boldsymbol{r}) \tag{4.10}$$

$$\boldsymbol{D} = \boldsymbol{D}_0 \exp(-\mathrm{j}\boldsymbol{k}\cdot\boldsymbol{r}) \tag{4.11}$$

$$\boldsymbol{k} = k\hat{\boldsymbol{u}} \tag{4.12}$$

のように表わすことができる．$\boldsymbol{k}$ をベクトル位相定数とよぶ．

式 (4.9)～(4.11) の各ベクトルに対して，

$$\nabla = -\mathrm{j}\boldsymbol{k} \tag{4.13}$$

が成り立つので，マクスウェルの方程式は次のように書くことができる（問題 4.1)．

$$\boldsymbol{k}\times\boldsymbol{E} = \omega\mu_0\boldsymbol{H} \tag{4.14}$$

$$-\boldsymbol{k}\times\boldsymbol{H} = \omega\boldsymbol{D} \tag{4.15}$$

上の両式から $\boldsymbol{D}$, $\boldsymbol{H}$, $\boldsymbol{k}$ の三つのベクトルは互いに直交することがわかる．異方性があるとき，図 4.2 に示したように $\boldsymbol{E}$ と $\boldsymbol{D}$ は同一方向を向かず，したがってポインティング・ベクトルは $\boldsymbol{k}$ の方向を向かない．すなわち，位相速度の方向とエネルギー速度の方向とは一致しない．

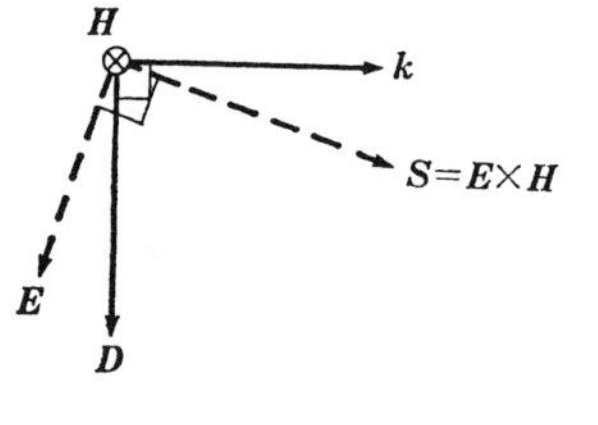

図 4.2　異方性媒質中の $\boldsymbol{k}$, $\boldsymbol{D}$, $\boldsymbol{E}$, $\boldsymbol{H}$ の関係

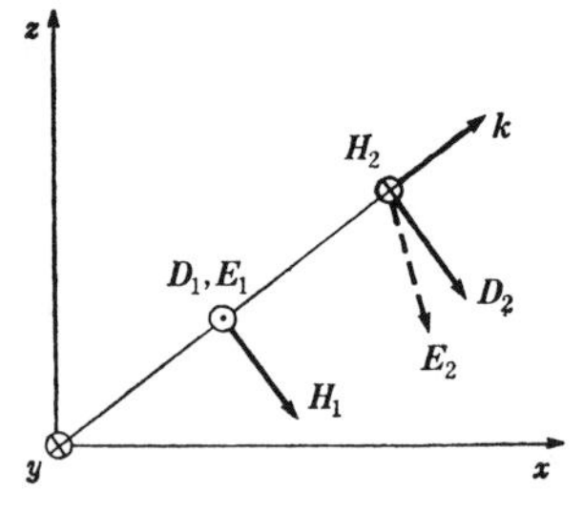

図 4.3

以上を予備知識として，一軸性結晶中の光の伝搬を考えよう．z 軸（光軸）を中心として回転対称であるので，$\boldsymbol{k}$ は zx 平面上にあるとしても一般性を失わない．$\boldsymbol{k}$ に直交する $\boldsymbol{D}$ と $\boldsymbol{H}$ は図 4.3 に示したような ($\boldsymbol{D}_1$, $\boldsymbol{H}_1$) の組と ($\boldsymbol{D}_2$,

$\boldsymbol{H}_2$) の組に分解することができる．この場合の zx 平面のように光軸と $\boldsymbol{k}$ を含む面を主面という．($\boldsymbol{D}_1$, $\boldsymbol{H}_1$) の組では $\boldsymbol{D}$ が主面に垂直であり，z 成分をもたない．このとき電界も z 成分をもたないので

$$\boldsymbol{E}_1 = \frac{1}{\varepsilon_1}\boldsymbol{D}_1 \tag{4.16}$$

すなわち，$\boldsymbol{E}_1$ と $\boldsymbol{D}_1$ は同一方向を向き，したがって ($\boldsymbol{E}_1$, $\boldsymbol{D}_1$, $\boldsymbol{H}_1$) の平面波は等方性媒質中のように伝搬する．この波を**正常波**といい，この波の屈折率は $\boldsymbol{k}$ の方向によらず一定で．

$$n_o = \sqrt{\frac{\varepsilon_1}{\varepsilon_0}} \tag{4.17}$$

$\boldsymbol{D}$ が主面の上にある ($\boldsymbol{D}_2$, $\boldsymbol{H}_2$) の組について，式 (4.14) と (4.15) から $\boldsymbol{H}_2$ を消去すると，

$$-\boldsymbol{k}(\boldsymbol{k}\cdot\boldsymbol{E}_2) + k^2\boldsymbol{E}_2 = \omega^2\mu_0[\varepsilon]\boldsymbol{E}_2 \tag{4.18}$$

さらに $\boldsymbol{E}_2$ を消去して $\boldsymbol{k}=k_x\hat{x}+k_z\hat{z}$ の満たす方程式を求めると次のようになる（問題 4.2)．

$$\frac{k_x{}^2}{n_e{}^2}+\frac{k_z{}^2}{n_o{}^2} = k_0{}^2 \tag{4.19}$$

$$n_e = \sqrt{\frac{\varepsilon_3}{\varepsilon_0}} \tag{4.20}$$

式 (4.19) を満たす点 (k_z, k_x) の zx 面上の軌跡は楕円となる．z 軸を中心と

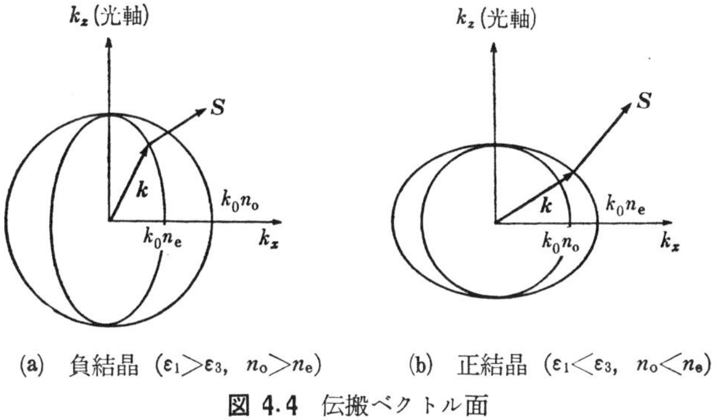

(a)　負結晶 ($\varepsilon_1 > \varepsilon_3$, $n_o > n_e$)　　(b)　正結晶 ($\varepsilon_1 < \varepsilon_3$, $n_o < n_e$)

図 4.4　伝搬ベクトル面

して回転対称であるので，3次元的な $\boldsymbol{k}$ の軌跡は回転楕円面になる．これを**伝搬ベクトル面**という．図 4.4 は伝搬ベクトル面の zx 面による切断線を示し，この図から $\boldsymbol{k}$ の方向によって $|\boldsymbol{k}|$ が異なることがわかる．このような ($\boldsymbol{E}_2$, $\boldsymbol{D}_2$, $\boldsymbol{H}_2$) の波を**異常波**という．正常波の $\boldsymbol{k}$ の軌跡は同図中に示した円となる．(a) は負結晶の場合，(b) は正結晶の場合である．

異常波のポインティング・ベクトルの方向は $\boldsymbol{k}$ の方向とは一致しなかった．その方向は図 4.4 の楕円に垂直な方向となる．これは電界が楕円の接線方向を向くからである．これは次のように示すことができる．まず，式 (4.18) と (4.19) から次式を導くことができる (問題 4.3)．

$$\frac{E_{2z}}{E_{2x}} = -\frac{n_o{}^2 k_x}{n_e{}^2 k_z} \tag{4.21}$$

次に，式 (4.19) の両辺を k_x で微分すれば，

$$\frac{\mathrm{d}k_z}{\mathrm{d}k_x} = -\frac{n_o{}^2 k_x}{n_e{}^2 k_z} \tag{4.22}$$

式 (4.21) と (4.22) から

$$\frac{E_{2z}}{E_{2x}} = \frac{\mathrm{d}k_z}{\mathrm{d}k_x} \tag{4.23}$$

証明終り．

次に方解石を通して見た像が二重になる理由を説明しよう．図 4.5 のように物体からの光線が一軸性結晶の表面に垂直に入射したとする．表面における位相整合の境界条件から等位相面は結晶の中でも表面に平行であるが，光軸が図のように表面に垂直でない場合には正常波と異常波とに対して $\boldsymbol{k}$ の大きさが異なる．エネルギーの進む方向は正常波はまっすぐであり，異常波は楕円に垂直な方向に屈折する．そして結晶の出口の面では厚みに比例した距離だけずれる．これを肉眼で見るとき，出力光の入口の方への延長上に像が見えるので物体が二つ並んでいるかのように見える．この現象を**複屈折**という．

異方性媒質を応用したデバイスの一つに 1/4 波長板がある．これは図 4.6 のように，正常波と異常波の位相の差が出口で $\pi/2$ となるようにしたものであ

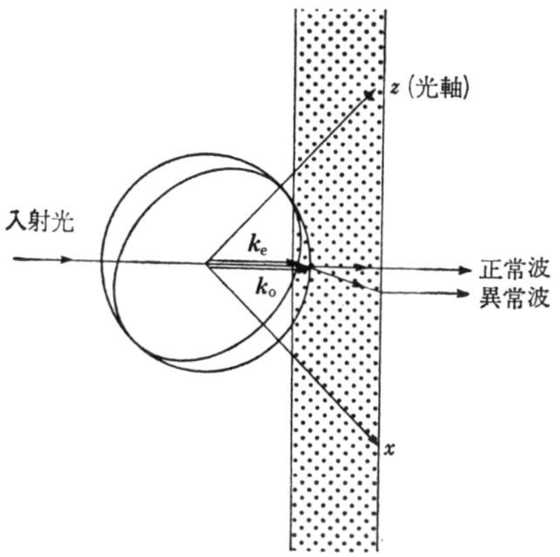

図 4.5 一軸性負性結晶による複屈折

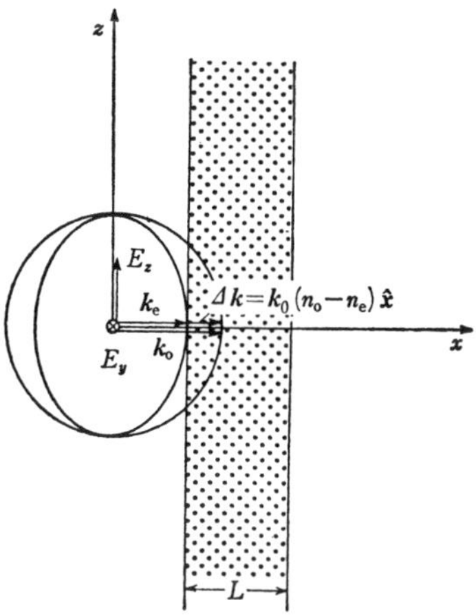

図 4.6 1/4 波長板

る．すなわち，

$$|\Delta \boldsymbol{k}|L = |n_e - n_o|k_0 L = \frac{\pi}{2} \tag{4.24}$$

このとき，入射光の偏りを z 軸（光軸）から 45° 傾けておき，E_y と E_z の大きさを等しくしておけば，出力波の電界は

$$\boldsymbol{E} = E_0(\hat{\boldsymbol{y}} + \mathrm{j}\hat{\boldsymbol{z}}) \tag{4.25}$$

のように，z 成分が y 成分よりも 90° 位相が進む．これは (2.63) の左旋円偏波に一致する．すなわち，1/4 波長板に直線偏波を入射させると透過波は円偏波になる．直線偏波を 2 段の 1/4 波長板に通せば，出力波は再び直線偏波になるが，その偏り方向はもとの方向に対して直角である．

4.2 電気光学効果

ガラスや二硫化炭素，ニトロベンゼンのような等方性物質に静電界を印加すると複屈折性を示すことがある．この現象は 1875 年にイギリスの J. Kerr (カー) により発見され，**カー効果**とよばれる．カー効果は図 4.4 の二つの屈折

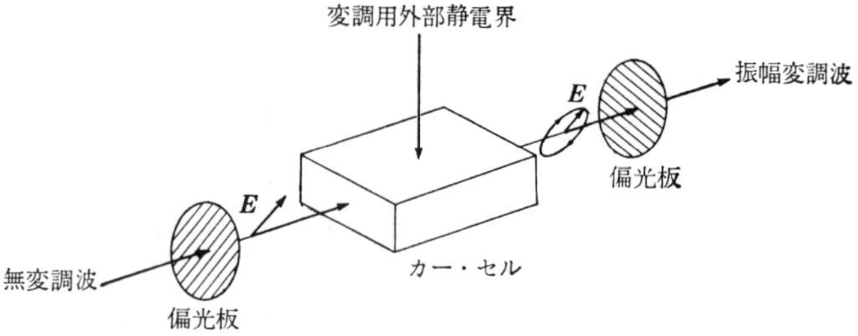

図 4.7　光の変調系

率の差が

$$n_o - n_e = B\lambda E^2 \tag{4.26}$$

ように外部電界の大きさEの2乗に比例するものである．Bは物質と温度によって定まる定数であり，**カーの定数**という．λは真空中の波長である．二つの屈折率の差が電界Eに比例する物質もあり，この効果を**ポッケルス効果**という．カー効果とポッケルス効果を総称して**電気光学効果**という．電気光学効果の複屈折性は外部静電界によって制御できるので，光の変調，スイッチングなどに応用することができる．たとえば，図4.7の装置は光の変調器を2枚の偏光板とカー効果を示すカー・セルによって組み立てたものである．1枚目の偏光板を通って出た波は直接偏波であり，外部静電界を印加しないときカー・セルの出力波は入力波と同じ向きに偏った直線偏波である．2枚目の偏光板を1枚目のものが90°回転した角度関係にしておけば，最終の出力波の振幅はゼロとなる．外部電界を増加して行くと，カー・セルの出力波の偏りは直線から楕円，円と変わって行き，もとの直線偏波の偏りと直交する偏りの成分が増して行く．したがって2枚の偏光板の出力は外部電界にほぼ比例して大きくなる．すなわち，外部電界を変調用電界として用い，振幅変調することができる．

4.3 プ ラ ズ マ

物質はその温度によって固体，液体，気体と姿を変えるが，さらに高温にすると電子とイオンに電離する．このような自由に運動する正負の荷電粒子が共存して電気的中性になっている物質の状態を**プラズマ**（plasma）という．地球を少し離れると電離層という電波を反射する層があるが，電離層はプラズマになっている．地球上のように温和な状態が安定に保たれている所は宇宙全体から見れば例外的な存在らしく，宇宙の大部分がプラズマ状態であるという．電離層には地磁気が存在するが，このように外部から磁界が印加されているプラズマを**磁化プラズマ**という．磁化プラズマは非対称な誘電率テンソルをもつ異方性媒質である．

磁化プラズマの中を電波が伝搬して行くとき，電波の高周波電界と高周波磁界および外部磁界によってプラズマ中の荷電粒子は加速される．電離層を想定すると，電子にくらべてイオンは重いのでほとんど動かず，電子の運動だけを考えれば十分である．電子が動くことによって電流が流れ，この電流が電波を放射する．この再放射された電波が電離層反射波として地上に返ってくるのである．

電子の質量を m，電荷を $-e$，速度を $\boldsymbol{v}$ とし，電波の電界を $\boldsymbol{E}$，磁束密度を $\boldsymbol{B}$，外部印加磁束密度を $\boldsymbol{B}_0$ とすれば，巨視的な電子の運動方程式は次のように書ける．

$$m\frac{\mathrm{d}\boldsymbol{v}}{\mathrm{d}t} = -e[\boldsymbol{E}+\boldsymbol{v}\times(\boldsymbol{B}+\boldsymbol{B}_0)]-m\boldsymbol{v}\omega_c \tag{4.27}$$

ここに，右辺第1項はローレンツ力，第2項は電子が他の荷電粒子と衝突することによって受ける力を表わし，ω_c を**衝突角周波数**（collision angular frequency）という．電波の高周波電界と高周波磁界による力の大きさを比較すると，

$$\frac{vB}{E} = \frac{v\mu_0\sqrt{\dfrac{\varepsilon_0}{\mu_0}}E}{E} = \frac{v}{c} \tag{4.28}$$

電子の運動速度 v は光速 c より十分小さいので，式 (4.27) において $\boldsymbol{B}$ を含む項を省略してもよい．

$$\boldsymbol{v} = \boldsymbol{V}\mathrm{e}^{\mathrm{j}\omega t} \tag{4.29}$$

と複素表現すれば，式 (4.27) から

$$\mathrm{j}\omega m\boldsymbol{V} = -e(\boldsymbol{E}+\boldsymbol{V}\times\boldsymbol{B}_0)-m\boldsymbol{V}\omega_\mathrm{c} \tag{4.30}$$

ここで，次のような二つの角周波数の次元をもつ量を導入する．

$$\omega' = \omega-\mathrm{j}\omega_\mathrm{c} \tag{4.31}$$

$$\boldsymbol{\omega}_\mathrm{g} = -\frac{e}{m}\boldsymbol{B}_0 \tag{4.32}$$

$\omega_\mathrm{g}=|\boldsymbol{\omega}_\mathrm{g}|$ を**サイクロトロン角周波数**という．ω' と $\boldsymbol{\omega}_\mathrm{g}$ によって式 (4.30) を次のように書き直すことができる．

$$\mathrm{j}\omega'\boldsymbol{V} = -\frac{e}{m}\boldsymbol{E}+\boldsymbol{V}\times\boldsymbol{\omega}_\mathrm{g} \tag{4.30$'$}$$

いま，式 (4.30′) を $\boldsymbol{\omega}_\mathrm{g}$ をパラメータとする $\boldsymbol{V}$ の方程式と考えて，$\boldsymbol{E}$ に対して解いたとする．式 (4.30′) を見ればただちにわかることであるが，$\boldsymbol{V}$ は $\boldsymbol{E}$ のスカラー倍とはならない．外部磁界が存在せず，$\boldsymbol{\omega}_\mathrm{g}=0$ ならば $\boldsymbol{V}$ は $\boldsymbol{E}$ のスカラー倍となる．$\boldsymbol{V}$ を $\boldsymbol{E}$ によって表現するには，次のように行列を用いればよい．

$$\begin{bmatrix} V_x \\ V_y \\ V_z \end{bmatrix} = \begin{bmatrix} \nu_{xx} & \nu_{xy} & \nu_{xz} \\ \nu_{yx} & \nu_{yy} & \nu_{yz} \\ \nu_{zx} & \nu_{zy} & \nu_{zz} \end{bmatrix} \begin{bmatrix} E_x \\ E_y \\ E_z \end{bmatrix} \tag{4.33}$$

この式はまた次のような 1 行のベクトルの式に書くことができる．

$$\begin{aligned} \boldsymbol{V} &= \hat{\boldsymbol{x}}V_x+\hat{\boldsymbol{y}}V_y+\hat{\boldsymbol{z}}V_z \\ &= \hat{\boldsymbol{x}}(\nu_{xx}\hat{\boldsymbol{x}}\cdot\boldsymbol{E}+\nu_{xy}\hat{\boldsymbol{y}}\cdot\boldsymbol{E}+\nu_{xz}\hat{\boldsymbol{z}}\cdot\boldsymbol{E}) \\ &\quad +\hat{\boldsymbol{y}}(\nu_{yx}\hat{\boldsymbol{x}}\cdot\boldsymbol{E}+\nu_{yy}\hat{\boldsymbol{y}}\cdot\boldsymbol{E}+\nu_{yz}\hat{\boldsymbol{z}}\cdot\boldsymbol{E}) \\ &\quad +\hat{\boldsymbol{z}}(\nu_{zx}\hat{\boldsymbol{x}}\cdot\boldsymbol{E}+\nu_{zy}\hat{\boldsymbol{y}}\cdot\boldsymbol{E}+\nu_{zz}\hat{\boldsymbol{z}}\cdot\boldsymbol{E}) \\ &= [\hat{\boldsymbol{x}}\nu_{xx}\hat{\boldsymbol{x}}+\hat{\boldsymbol{x}}\nu_{xy}\hat{\boldsymbol{y}}+\hat{\boldsymbol{x}}\nu_{xz}\hat{\boldsymbol{z}}+\hat{\boldsymbol{y}}\nu_{yx}\hat{\boldsymbol{x}}+\hat{\boldsymbol{y}}\nu_{yy}\hat{\boldsymbol{y}} \\ &\quad +\hat{\boldsymbol{y}}\nu_{yz}\hat{\boldsymbol{z}}+\hat{\boldsymbol{z}}\nu_{zx}\hat{\boldsymbol{x}}+\hat{\boldsymbol{z}}\nu_{zy}\hat{\boldsymbol{y}}+\hat{\boldsymbol{z}}\nu_{zz}\hat{\boldsymbol{z}}]\cdot\boldsymbol{E} \end{aligned} \tag{4.33$'$}$$

最後の式の括弧の中を**ダイアディック** (dyadic) という．ダイアディックはそれ自身だけでは物理量になれないが，式 (4.33′) のように右，あるいは左からベクトルを作用させ内積をとるとベクトルになる．式 (4.33′) のダイアディックを単に $\bar{\boldsymbol{\nu}}$ と書けば，

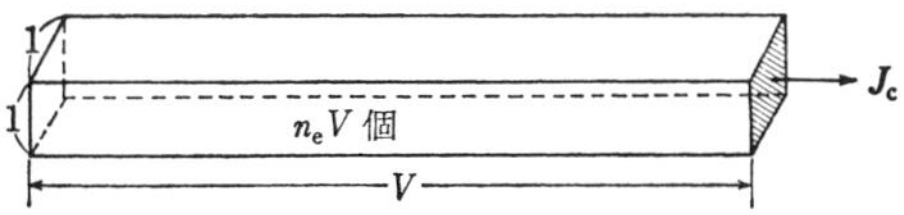

図 4.8 電子がVの速度で動くときの電荷の移動

$$\boldsymbol{V} = \bar{\boldsymbol{\nu}}\cdot\boldsymbol{E} \tag{4.33''}$$

電子密度を n_e とすれば，図 4.8 に示すように 1 秒間に単位面積を $n_e V$ 個の電子が通過することになる，この電子の運動による電流を $\boldsymbol{J}_c$ とすれば，

$$\boldsymbol{J}_c = -n_e e\boldsymbol{V} = -n_e e\bar{\boldsymbol{\nu}}\cdot\boldsymbol{E} \tag{4.34}$$

プラズマ中の電流は変位電流と $\boldsymbol{J}_c$ の和に等しいので，

$$\boldsymbol{J} = \mathrm{j}\omega\varepsilon_0\boldsymbol{E}+\boldsymbol{J}_c = \mathrm{j}\omega\left[\varepsilon_0\bar{\boldsymbol{I}}+\mathrm{j}\frac{n_e e}{\omega}\bar{\boldsymbol{\nu}}\right]\cdot\boldsymbol{E} \tag{4.35}$$

$$\bar{\boldsymbol{I}} = \hat{x}\hat{x}+\hat{y}\hat{y}+\hat{z}\hat{z} \tag{4.36}$$

ここに $\bar{\boldsymbol{I}}$ を単位ダイアディックという．式 (4.35) をすべて変位電流であると見なすと，プラズマは次のダイアディックで表わされる誘電率テンソルをもった誘電体であると考えられる．

$$\bar{\boldsymbol{\varepsilon}} = \varepsilon_0\bar{\boldsymbol{I}}+\mathrm{j}\frac{n_e e}{\omega}\bar{\boldsymbol{\nu}} \tag{4.37}$$

このように式 (4.30′) を $\boldsymbol{V}$ について解き，$\bar{\boldsymbol{\nu}}$ を求めることによって，プラズマの誘電率テンソルを求めることができる．

さて，式 (4.30′) はどのように解いたらよいだろうか？　ふつうはこれを x, y, z の 3 成分の式に分解し，3 元連立方程式として解くのであるが，結果を式 (4.33″) のようにまとめる仕事が残る．ここでは，式 (4.30′) をベクトル方程式のまま式 (4.33″) の形に解くことを考えよう．このやり方の方がダイアディック表現の良さを活用している．

式 (4.30′) の右から $\boldsymbol{\omega}_g$ を作用させ，外積と内積をとると，

$$\begin{aligned}\mathrm{j}\omega'\boldsymbol{V}\times\boldsymbol{\omega}_g &= -\frac{e}{m}\boldsymbol{E}\times\boldsymbol{\omega}_g+(\boldsymbol{V}\times\boldsymbol{\omega}_g)\times\boldsymbol{\omega}_g \\ &= \frac{e}{m}\boldsymbol{\omega}_g\times\boldsymbol{E}-\boldsymbol{\omega}_g{}^2\boldsymbol{V}+(\boldsymbol{V}\cdot\boldsymbol{\omega}_g)\boldsymbol{\omega}_g\end{aligned} \tag{4.38}$$

$$\mathrm{j}\omega' \boldsymbol{V}\cdot\boldsymbol{\omega}_{\mathrm{g}} = -\frac{e}{m}\boldsymbol{E}\cdot\boldsymbol{\omega}_{\mathrm{g}} \tag{4.39}$$

式 (4.39) を式 (4.38) に代入して整理すると次式が得られる．

$$\boldsymbol{V}\times\boldsymbol{\omega}_{\mathrm{g}} = -\frac{{\omega_{\mathrm{g}}}^2}{\mathrm{j}\omega'}\boldsymbol{V} - \frac{e}{\mathrm{j}\omega' m}\left(-\boldsymbol{\omega}_{\mathrm{g}}\times\boldsymbol{E} + \frac{\boldsymbol{\omega}_{\mathrm{g}}\boldsymbol{\omega}_{\mathrm{g}}\cdot\boldsymbol{E}}{\mathrm{j}\omega'}\right) \tag{4.40}$$

ところが，

$$\boldsymbol{\omega}_{\mathrm{g}}\times\boldsymbol{E} = \boldsymbol{\omega}_{\mathrm{g}}\times(\bar{\boldsymbol{I}}\cdot\boldsymbol{E}) = (\boldsymbol{\omega}_{\mathrm{g}}\times\bar{\boldsymbol{I}})\cdot\boldsymbol{E} \tag{4.41}$$

が成り立つ．ベクトルとダイアディックの外積はまたダイアディックである．したがって，式 (4.40) の右辺第 2 項をダイアディックと $\boldsymbol{E}$ の内積の形に書くことができる．すなわち，

$$\boldsymbol{V}\times\boldsymbol{\omega}_{\mathrm{g}} = -\frac{{\omega_{\mathrm{g}}}^2}{\mathrm{j}\omega'}\boldsymbol{V} - \frac{e}{\mathrm{j}\omega' m}\left[-(\boldsymbol{\omega}_{\mathrm{g}}\times\bar{\boldsymbol{I}}) + \frac{\boldsymbol{\omega}_{\mathrm{g}}\boldsymbol{\omega}_{\mathrm{g}}}{\mathrm{j}\omega'}\right]\cdot\boldsymbol{E} \tag{4.40$'$}$$

式 (4.40′) を式 (4.30′) に代入して整理すれば，

$$\frac{\omega'^2-{\omega_{\mathrm{g}}}^2}{\mathrm{j}\omega'}\boldsymbol{V} = \frac{e}{m}\boldsymbol{E} + \frac{e}{\mathrm{j}\omega' m}\left[-(\boldsymbol{\omega}_{\mathrm{g}}\times\bar{\boldsymbol{I}}) + \frac{\boldsymbol{\omega}_{\mathrm{g}}\boldsymbol{\omega}_{\mathrm{g}}}{\mathrm{j}\omega'}\right]\cdot\boldsymbol{E}$$

これから式 (4.33″) の $\bar{\boldsymbol{\nu}}$ は次のように表わすことができる．

$$\bar{\boldsymbol{\nu}} = \frac{e}{\mathrm{j}\omega' m(\omega'^2-{\omega_{\mathrm{g}}}^2)}\left[-\omega'^2\bar{\boldsymbol{I}} - \mathrm{j}\omega'(\boldsymbol{\omega}_{\mathrm{g}}\times\bar{\boldsymbol{I}}) + \boldsymbol{\omega}_{\mathrm{g}}\boldsymbol{\omega}_{\mathrm{g}}\right] \tag{4.42}$$

したがって式 (4.37) よりダイアディック誘電率は

$$\begin{aligned}\bar{\boldsymbol{\varepsilon}} &= \varepsilon_0\left[\bar{\boldsymbol{I}} + \frac{{\omega_{\mathrm{p}}}^2(-\omega'^2\bar{\boldsymbol{I}} - \mathrm{j}\omega'\boldsymbol{\omega}_{\mathrm{g}}\times\bar{\boldsymbol{I}} + \boldsymbol{\omega}_{\mathrm{g}}\boldsymbol{\omega}_{\mathrm{g}})}{\omega\omega'(\omega'^2-{\omega_{\mathrm{g}}}^2)}\right]\\ &= \varepsilon_0\left[\left(1-\frac{\omega'{\omega_{\mathrm{p}}}^2}{\omega(\omega'^2-{\omega_{\mathrm{g}}}^2)}\right)\bar{\boldsymbol{I}} + \frac{{\omega_{\mathrm{p}}}^2(-\mathrm{j}\omega'\boldsymbol{\omega}_{\mathrm{g}}\times\bar{\boldsymbol{I}} + \boldsymbol{\omega}_{\mathrm{g}}\boldsymbol{\omega}_{\mathrm{g}})}{\omega\omega'(\omega'^2-{\omega_{\mathrm{g}}}^2)}\right]\end{aligned} \tag{4.43}$$

ここに

$$\omega_{\mathrm{p}} = \sqrt{\frac{n_{\mathrm{e}}e^2}{m\varepsilon_0}} \qquad \text{（プラズマ角周波数）} \tag{4.44}$$

外部磁界が z 軸方向にある場合を考えよう．このとき

$$\boldsymbol{\omega}_{\mathrm{g}} = \hat{z}\omega_{\mathrm{g}} \tag{4.45}$$

式 (4.45) を式 (4.43) に代入して $\bar{\boldsymbol{\varepsilon}}$ を計算すると，

$$\bar{\boldsymbol{\varepsilon}} = \varepsilon_0\left(1-\frac{\omega'\omega_p^2}{\omega(\omega'^2-\omega_g^2)}\right)\bar{\boldsymbol{I}} + \varepsilon_0\frac{\omega_p^2[-j\omega'\omega_g(\hat{\boldsymbol{y}}\hat{\boldsymbol{x}}-\hat{\boldsymbol{x}}\hat{\boldsymbol{y}})+\omega_g^2\hat{\boldsymbol{z}}\hat{\boldsymbol{z}}]}{\omega\omega'(\omega'^2-\omega_g^2)} \tag{4.46}$$

これをテンソル形式に書き直すと次の形になる.

$$[\varepsilon] = \begin{bmatrix} \varepsilon_1 & j\delta & 0 \\ -j\delta & \varepsilon_1 & 0 \\ 0 & 0 & \varepsilon_3 \end{bmatrix} \tag{4.47}$$

$$\varepsilon_1 = \varepsilon_0\left[1-\frac{\omega'\omega_p^2}{\omega(\omega'^2-\omega_g^2)}\right] \tag{4.48}$$

$$\delta = \frac{\varepsilon_0\omega_p^2\omega_g}{\omega(\omega'^2-\omega_g^2)} \tag{4.49}$$

$$\varepsilon_3 = \varepsilon_0\left(1-\frac{\omega_p^2}{\omega\omega'}\right) \tag{4.50}$$

ω' は $\omega_c=0$ のとき実数 ω に等しい. これは衝突がなく, 損失のないときである. このとき, 式 (4.47) から明らかなように, $[\varepsilon]$ の転置は $[\varepsilon]$ の複素共役に等しい. このような $[\varepsilon]$ をエルミートであるという.

4.4 フェライト

磁心などに用いられる強磁性体のフェライトはマイクロ波帯の非可逆回路用材料としてもよく用いられる. フェライトに外部から直流磁界をかけると, プラズマの誘電率がそうであったように, フェライトの透磁率が非対称テンソルとなる. このように, 外部磁界を印加すると異方性を示す媒質をジャイロトロピック (gyrotropic) な媒質という.

フェライト中の磁気モーメント $\boldsymbol{M}$ は近似的に次の方程式に従う.

$$\frac{d\boldsymbol{M}}{dt} = \gamma\mu_0\boldsymbol{M}\times\boldsymbol{H} \tag{4.51}$$

ここに, γ は**磁気回転比** (gyrotropic ratio) とよばれる定数であり,

$$\gamma \simeq -1.759 \times 10^{11} \text{ rad/T} \tag{4.52}$$

高周波磁界より十分大きな外部直流磁界が z 方向に印加されている場合を考え，式 (4.51) の一次微少量に関する方程式を求めると，

$$\mathrm{j}\omega \boldsymbol{M} = \gamma\mu_0(M_0\hat{z} \times \boldsymbol{H} + H_0\boldsymbol{M} \times \hat{z}) \tag{4.53}$$

ここに M_0 と H_0 はそれぞれ外部より印加された直流の磁気モーメントと磁界である．式 (4.53) を $\boldsymbol{M}$ に関する方程式と考え，$\boldsymbol{H}$ に対して $\boldsymbol{M}$ を解くと（問題 4.5），

$$M_x = M_0 \frac{\gamma^2\mu_0{}^2 H_0 H_x - \mathrm{j}\omega\gamma\mu_0 H_y}{\gamma^2\mu_0{}^2 H_0{}^2 - \omega^2} \tag{4.54}$$

$$M_y = M_0 \frac{\mathrm{j}\omega\gamma\mu_0 H_x + \gamma^2\mu_0{}^2 H_0 H_y}{\gamma^2\mu_0{}^2 H_0{}^2 - \omega^2} \tag{4.55}$$

$$M_z = 0 \tag{4.56}$$

高周波磁場に対して

$$\boldsymbol{B} = \mu_0(\boldsymbol{H} + \boldsymbol{M}) = [\mu]\boldsymbol{H} \tag{4.57}$$

の関係によってテンソル透磁率 $[\mu]$ を定義すると，

$$[\mu] = \mu_0 \begin{bmatrix} \mu & -\mathrm{j}\kappa & 0 \\ \mathrm{j}\kappa & \mu & 0 \\ 0 & 0 & 1 \end{bmatrix} \tag{4.58}$$

$$\mu = 1 + \frac{\gamma^2\mu_0{}^2 H_0 M_0}{\gamma^2\mu_0{}^2 H_0{}^2 - \omega^2} \tag{4.59}$$

$$\kappa = \frac{\gamma\mu_0 M_0 \omega}{\gamma^2\mu_0{}^2 H_0{}^2 - \omega^2} \tag{4.60}$$

式 (4.58) は式 (4.47) とよく似ている．$[\mu]$ はエルミートである．

テンソル透磁率が式 (4.58) で与えられ，誘電率が ε_0 に等しい媒質中の電磁波伝搬を考えよう．外部磁界に平行な z 軸に沿って伝搬し，x と y の方向には電磁界が変化しないものとすれば，

$$\nabla = \mp \mathrm{j}\beta\hat{z} \tag{4.61}$$

とおけるから，マクスウェルの方程式 (2.32)，(2.33) は次のようになる．

$$\mp \mathrm{j}\beta\hat{z}\times\boldsymbol{E}+\mathrm{j}\omega[\mu]\boldsymbol{H}=0 \tag{4.62}$$

$$\mp \mathrm{j}\beta\hat{z}\times\boldsymbol{H}-\mathrm{j}\omega\varepsilon_0\boldsymbol{E}=0 \tag{4.63}$$

式 (4.62) から $H_z=0$ がただちに導かれる．また，上の2式から $\boldsymbol{E}$ を消去すれば，

$$\begin{bmatrix} \mu & -\mathrm{j}\kappa \\ \mathrm{j}\kappa & \mu \end{bmatrix}\begin{bmatrix} H_x \\ H_y \end{bmatrix}=\lambda\begin{bmatrix} H_x \\ H_y \end{bmatrix} \tag{4.64}$$

$$\lambda=\frac{\beta^2}{k_0{}^2} \qquad (k_0{}^2=\omega^2\mu_0\varepsilon_0) \tag{4.65}$$

式 (4.46) は行列 $\begin{bmatrix} \mu & -\mathrm{j}\kappa \\ \mathrm{j}\kappa & \mu \end{bmatrix}$ がベクトル $\begin{bmatrix} H_x \\ H_y \end{bmatrix}$ に作用すると λ というスカラーに等価になることを意味する．このような λ をもとの行列の固有値といい，その固有値に対応するベクトルを固有ベクトルという．また式 (4.64) を固有値方程式という．固有値は式 (4.64) がゼロ・ベクトル以外の意味のある解をもつための条件から，次の方程式によって定められる．この方程式を**永年方程式**という．

$$\begin{vmatrix} \mu-\lambda & -\mathrm{j}\kappa \\ \mathrm{j}\kappa & \mu-\lambda \end{vmatrix}=0 \tag{4.66}$$

式 (4.66) を解くと，

$$\lambda=\mu\pm\kappa \tag{4.67}$$

$\lambda^+=\mu-\kappa$，$\lambda^-=\mu+\kappa$ とおいて，それぞれの固有値に対する固有ベクトルの関係を求めると，

$\lambda=\lambda^+$ に対して　　　$-\mathrm{j}H_x=H_y$

$\lambda=\lambda^-$ に対して　　　$-\mathrm{j}H_x=-H_y$

固有ベクトルの振幅は任意であるので，固有ベクトルを次のように定めておく．

$\lambda=\lambda^+$ に対して　　　$\boldsymbol{H}=H^+(\hat{\boldsymbol{x}}-\mathrm{j}\hat{\boldsymbol{y}})$ 　　(4.68)

$\lambda=\lambda^-$ に対して　　　$\boldsymbol{H}=H^-(\hat{\boldsymbol{x}}+\mathrm{j}\hat{\boldsymbol{y}})$ 　　(4.69)

また式 (4.65) から位相定数は,

$$\lambda=\lambda^{+} \text{ に対して} \qquad \beta^{+}=k_0\sqrt{\mu-\kappa} \tag{4.70}$$

$$\lambda=\lambda^{-} \text{ に対して} \qquad \beta^{-}=k_0\sqrt{\mu+\kappa} \tag{4.71}$$

なお, 磁気回転比 γ は負の数であるので κ は $\omega<|\gamma|\mu_0H_0$ のとき負である. 式 (4.68), (4.69) の固有ベクトルは 2.5 節に述べた円偏波である. $+z$ 方向に伝搬するとき ($\nabla=-\mathrm{j}\beta\hat{z}$ のとき), 位相定数が β^{+} の波は右旋円偏波, β^{-} の波は左旋円偏波である. 逆に, $-z$ 方向に伝搬するとき ($\nabla=\mathrm{j}\beta\hat{z}$ のとき), 位相定数が β^{+} の波は左旋円偏波, β^{-} の波は右旋円偏波である. この関係を図 4.9 (a)～(d) に示す.

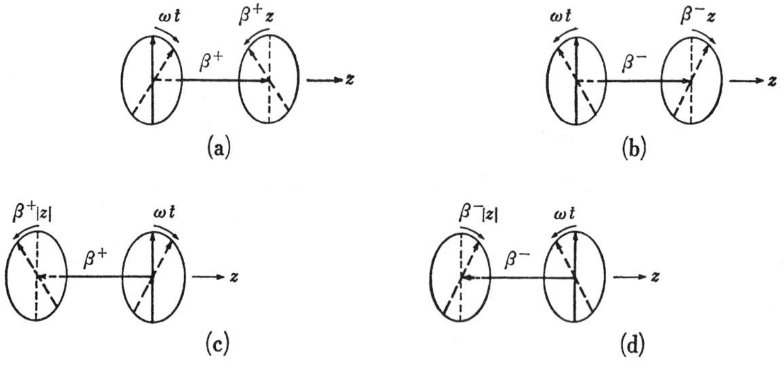

図 4.9　固有ベクトルの空間と時間の変化に対する回転

いま $z=0$ の面上に磁界が x 方向に偏った直線偏波があるとする. すなわち,

$$\boldsymbol{H}=H\hat{\boldsymbol{x}} \tag{4.72}$$

これを二つの固有ベクトルで展開すれば,

$$\boldsymbol{H}=\frac{H}{2}(\hat{\boldsymbol{x}}-\mathrm{j}\hat{\boldsymbol{y}})+\frac{H}{2}(\hat{\boldsymbol{x}}+\mathrm{j}\hat{\boldsymbol{y}}) \tag{4.73}$$

このような磁界をもつ電磁波が $\pm z$ 方向に伝搬するとき, 上のように分解された各固有ベクトルの成分は図 4.9 に示したように回転する. この回転は $+z$ 方向に伝搬するときも, $-z$ 方向に伝搬するときも同じ向きである点に注意しよう. 伝搬方向に L だけ離れた点において, 磁界は $x=0$ における方向から二つの円偏波成分の回転角，$\beta^{\pm}L$，の平均値だけ回転した方向を向く．すなわち，x 軸から y 軸の方に次の角だけ回転している．この関係を図 4.10 に示す．

$$\theta = \frac{\beta^{-} - \beta^{+}}{2} L$$

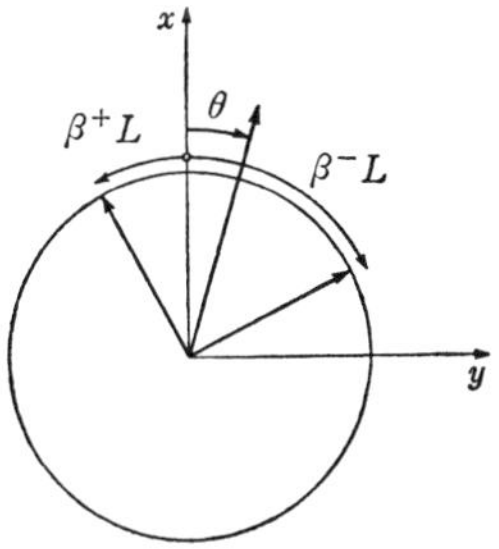

図 4.10 ファラデー回転

電磁波の伝搬方向によらず回転の向きが同じことは，フェライトのテンソル透磁率のもつ非可逆性の一つの結果である．この効果を**ファラデー効果**といい，ファラデー効果による偏りの回転を**ファラデー回転**という．磁化プラズマの中でもファラデー回転が現われる．

ファラデー効果が非可逆性の結果であることは図 4.11 (a)，(b) を見ればよく理解できるものと思う．(a) は A から B，C と $+z$ 方向に伝搬するときの

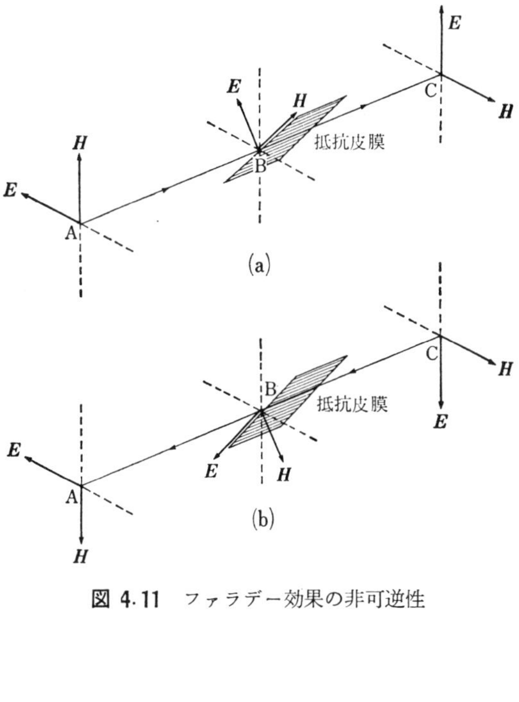

図 4.11 ファラデー効果の非可逆性

電界と磁界の偏りの空間的変化を描いたもので，A→B と B→C においてともに 45° の回転があるものとする．(b) は C から B，A と $-z$ 方向に伝搬するときの電界と磁界の偏りの空間的変化を描いたものであり，磁界は (a) の場合と同じ向きに回転する．電界の偏りの方向はポインティング・ベクトルが (a) では $+z$ 方向を，(b) では $-z$ 方向を向くように定まるので図のようになり，中間の B においては (a) と (b) で直交する向きになる．そこで，B の付近に図のような抵抗皮膜を置いておくと $+z$ 方向に伝搬する波の電界は抵抗皮膜に垂直であるので損失を受けず，$-z$ 方向に伝搬する波の電界は抵抗皮膜に電流を誘起し，伝搬電力の一部を熱エネルギーとして失う．つまり，電磁波の進行方向によって伝搬損失を変えることができる．この原理を進めて，一方向には非常に少ない損失で伝搬させ，逆方向には数十 dB の大きな損失を与えて伝搬させない高周波伝送線路がつくられている．このような高周波回路を**アイソレータ**という．

問　　題

4.1　式 (4.13) を導き，式 (4.14)，(4.15) を証明せよ．

4.2　式 (4.19) を導け．

4.3　式 (4.21)，(4.22) を導け．

4.4　図 4.5 において，入射光の伝搬方向と光軸のなす角を θ，複屈折媒質中での正常波と異常波の伝搬方向のなす角を α とすると，次の関係があることを証明せよ．

$$\tan\alpha = \frac{(\varepsilon_1 - \varepsilon_3)\tan\theta}{\varepsilon_3 + \varepsilon_1 \tan^2\theta} \tag{4.74}$$

4.5　式 (4.54)，(4.55) を導け．

4.6　式 (4.53) を $\boldsymbol{M}$ に関するベクトル方程式として解き，プラズマに対する取扱いと同様にして，ダイアディックによって透磁率を表現せよ．

5 スカラー・ポテンシャルとベクトル・ポテンシャル

これまでマクスウェルの方程式を簡単な場合について扱い，その解として得られる平面波のいろいろな性質について学んだ．後にアンテナなど，電磁波の放射を取り扱うためには波源を含むマクスウェルの方程式の解法を知らなければならない．この章では，この目的のために用いられる種々のポテンシャル関数について学ぶ．これらは伝送線路など，波源を含まない導波構造の学習のためにも必要な基礎事項である．

5.1 時間変化のない場とポテンシャル関数

マクスウェルの方程式において $\partial/\partial t=0$ とすれば，静電界の方程式と静磁界の方程式が分離して得られる．すなわち，

$$\text{静電界}\quad \begin{cases} \nabla\times\boldsymbol{E}=0 & (5.1)\\ \nabla\cdot\boldsymbol{D}=\rho & (5.2)\end{cases}$$

$$\text{静磁界}\quad \begin{cases} \nabla\times\boldsymbol{H}=\boldsymbol{i} & (5.3)\\ \nabla\cdot\boldsymbol{B}=0 & (5.4)\end{cases}$$

問題を簡単にするために，媒質は均質であり，誘電率 ε と透磁率 μ によって特性づけられるとすれば，定数の ε と μ により $\boldsymbol{D}=\varepsilon\boldsymbol{E}$，$\boldsymbol{B}=\mu\boldsymbol{H}$ となる．したがって，式 (5.1) と (5.2) は $\boldsymbol{E}$ の回転と発散を定める方程式であり，式 (5.3) と (5.4) は $\boldsymbol{H}$ の回転と発散を定める方程式である．$\nabla\times\boldsymbol{E}=0$ であるので $\boldsymbol{E}$

はラメラー・ベクトルであり，$\nabla\cdot\boldsymbol{H}=0$ であるので $\boldsymbol{H}$ はソレノイダル・ベクトルである．

1858年に Helmholtz は彼の論文の中で，“あるベクトル $\boldsymbol{w}$ は，その回転と発散が空間の関数として与えられると，$\boldsymbol{w}$ は次のようにラメラー成分 $\boldsymbol{u}$ とソレノイダル成分 $\boldsymbol{v}$ の和に書ける” ことを明らかにした．これを**ヘルムホルツの定理**という．

$$\boldsymbol{w}=\boldsymbol{u}+\boldsymbol{v} \tag{5.5}$$

$$\boldsymbol{u}=-\nabla\iiint\frac{\nabla'\cdot\boldsymbol{w}}{4\pi|\boldsymbol{r}-\boldsymbol{r}'|}\mathrm{d}V' \tag{5.6}$$

$$\boldsymbol{v}=\nabla\times\iiint\frac{\nabla'\times\boldsymbol{w}}{4\pi|\boldsymbol{r}-\boldsymbol{r}'|}\mathrm{d}V' \tag{5.7}$$

ヘルムホルツの定理によって，静電界と静磁界を定める方程式は式 (5.1)～(5.4) で十分なことがわかる．そして，$\boldsymbol{E}$ と $\boldsymbol{H}$ の積分解は次式で与えられることが確かめられ，これらの結果は電磁気学で学んだ結果に一致している（問題 5.1）．

$$\boldsymbol{E}=-\nabla V \tag{5.8}$$

$$V=\iiint\frac{\rho}{4\pi\varepsilon|\boldsymbol{r}-\boldsymbol{r}'|}\mathrm{d}V' \tag{5.9}$$

$$\boldsymbol{H}=(1/\mu)\nabla\times\boldsymbol{A} \tag{5.10}$$

$$\boldsymbol{A}=\iiint\frac{\mu\boldsymbol{i}}{4\pi|\boldsymbol{r}-\boldsymbol{r}'|}\mathrm{d}V' \tag{5.11}$$

V は**スカラー・ポテンシャル**，$\boldsymbol{A}$ は**ベクトル・ポテンシャル**とよばれる．

5.2 電磁波に対する遅延ポテンシャル

マクスウェルの方程式の第1式 (2.32) の発散をとると，

$$\nabla\cdot(\nabla\times\boldsymbol{E})=\nabla\cdot(-\mathrm{j}\omega\boldsymbol{B})$$

左辺は式 (1.57) により恒等的にゼロである．したがって，

$$\nabla\cdot\boldsymbol{B}=0 \tag{5.12}$$

このように$\boldsymbol{B}$はソレノイダル・ベクトルであるので，ヘルムホルツの定理により次のように表現できる．

$$\boldsymbol{B} = \nabla \times \boldsymbol{A} \qquad \left(\boldsymbol{H} = \frac{1}{\mu}\nabla \times \boldsymbol{A}\right) \tag{5.13}$$

これをマクスウェルの方程式の第1式に代入すれば，

$$\nabla \times (\boldsymbol{E} + \mathrm{j}\omega\boldsymbol{A}) = 0 \tag{5.14}$$

$\boldsymbol{E} + \mathrm{j}\omega\boldsymbol{A}$ はラメラー・ベクトルであるので，ヘルムホルツの定理によって

$$\boldsymbol{E} + \mathrm{j}\omega\boldsymbol{A} = -\nabla V$$

のように表現できる．すなわち，

$$\boldsymbol{E} = -\mathrm{j}\omega\boldsymbol{A} - \nabla V \tag{5.15}$$

$\boldsymbol{A}$とVを決めるにはマクスウェルの方程式の第2式 (2.33) が必要である．式 (5.13) と (5.15) を式 (2.33) に代入すれば，

$$\frac{1}{\mu}\nabla \times \nabla \times \boldsymbol{A} - \mathrm{j}\omega\varepsilon(-\mathrm{j}\omega\boldsymbol{A} - \nabla V) = \boldsymbol{i}$$

あるいは，

$$\text{✡}\boldsymbol{A} + k^2\boldsymbol{A} - \nabla(\nabla\cdot\boldsymbol{A} + \mathrm{j}\omega\mu\varepsilon V) = -\mu\boldsymbol{i} \tag{5.16}$$

ヘルムホルツの定理により，$\boldsymbol{A}$は $\nabla \times \boldsymbol{A}$ と $\nabla\cdot\boldsymbol{A}$ の両方を定めたとき一意的に定まる．まだ今のところ $\nabla\cdot\boldsymbol{A}$ はいかなる物理量とも関連づけていない．そこで $\nabla\cdot\boldsymbol{A}$ をわれわれにとって最も都合の良いように決めることができる．式 (5.16) は次の関係式が成り立つとき最も簡単である．

$$\nabla\cdot\boldsymbol{A} + \mathrm{j}\omega\mu\varepsilon V = 0 \tag{5.17}$$

この関係式を**ローレンツ条件**という．この条件の下で定まる$\boldsymbol{A}$とVをローレンツ・ゲージにおけるベクトル・ポテンシャルとスカラー・ポテンシャルという．このとき，

$$\text{✡}\boldsymbol{A} + k^2\boldsymbol{A} = -\mu\boldsymbol{i} \tag{5.18}$$

この式の発散をとり，式 (5.17) を用いると

$$\nabla^2 V + k^2 V = \frac{\nabla\cdot\boldsymbol{i}}{\mathrm{j}\omega\varepsilon}$$

ところが，連続の方程式 (1.10) により $\boldsymbol{i}$ の発散は $-\mathrm{j}\omega\rho$ に等しいので，

$$\nabla^2 V + k^2 V = -\frac{\rho}{\varepsilon} \tag{5.19}$$

以上の結果をまとめると，時間変化のある場合のマクスウェルの方程式は，まず

$$\text{✡}\boldsymbol{A} + k^2\boldsymbol{A} = -\mu\boldsymbol{i} \tag{5.18}$$

$$\nabla^2 V + k^2 V = -\frac{\rho}{\varepsilon} \tag{5.19}$$

によって $\boldsymbol{A}$ と V を求め，次に

$$\boldsymbol{E} = -\mathrm{j}\omega\boldsymbol{A} - \nabla V \tag{5.15}$$

$$\boldsymbol{H} = \frac{1}{\mu}\nabla\times\boldsymbol{A} \tag{5.13}$$

の計算を行なえば解くことができる．

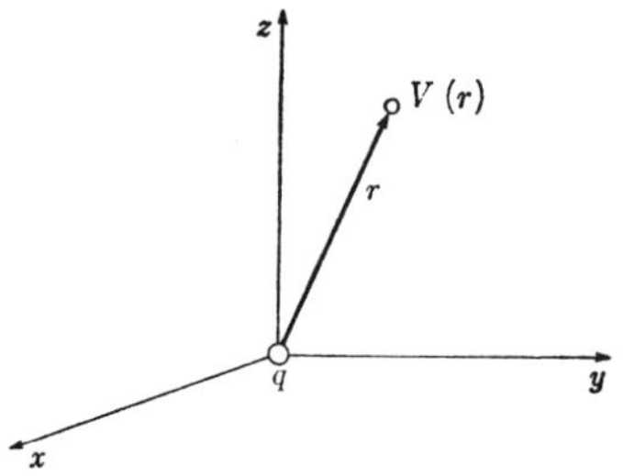

図 5.1　座標原点におかれた点電荷 q によるスカラー・ポテンシャル V

式 (5.18) と (5.19) の積分解はどのようにしたら求まるだろうか？　式 (5.18) を直角座標成分の式に分解すれば，それらは式 (5.19) と同形である．そこで，まず式 (5.19) について考えよう．これは $k^2\to 0$ とすれば時間のない場合 (静電界) のポアソンの方程式に一致する．図 5.1 のように座標原点に点電荷 q がある場合を考えると，$r \neq 0$ の各点では

$$\nabla^2 V + k^2 V = 0 \tag{5.20}$$

が成り立つ．これはヘルムホルツの方程式である．$k^2=0$ とすればラプラスの方程式，

$$\nabla^2 V = 0 \tag{5.21}$$

となり，その解は次式で与えられた．

$$V = \frac{c}{r} \tag{5.22}$$

このことをヒントにしてヘルムホルツの方程式の解を探ることにしよう．電荷のすぐ近くの点では電荷の影響が瞬間的に伝えられる．そこで，$r \to 0$ においては式 (5.20) の解も (5.22) の形に近いことが予想される．逆に $r \to \infty$ ではどうなるだろうか？　この場合には波源から十分遠ざかっているので，局部的には平面波的な分布になっているものと考えられる．すなわち，

$$V \simeq V_0 \mathrm{e}^{-\mathrm{j}kr} \tag{5.23}$$

$r \to 0$ では式 (5.22) になり，$r \to \infty$ では式 (5.23) となる V はどんな r の関数であろうか？　大胆に，次の形の解を仮定してみよう．

$$V = \frac{c_1 \mathrm{e}^{-\mathrm{j}kr}}{r} \tag{5.24}$$

式 (5.24) を (5.20) に代入して，これが成り立てばわれわれの予想が当ったことになる．実際に計算してみると，予想通りであることがわかる (問題 5.2)．こうして，やや好運ではあったが，式 (5.20) の解が式 (5.24) の形であることがわかった．残る仕事は c_1 を決めることだけである．$k \to 0$ の場合の式 (5.24) と点電荷の場合の式 (5.9) とは一致しなければならない．したがって，

$$c_1 = \frac{q}{4\pi\varepsilon} \tag{5.25}$$

式 (5.24) と (5.25) により，

$$V = \frac{q\,\mathrm{e}^{-\mathrm{j}kr}}{4\pi\varepsilon r} \tag{5.26}$$

$r \to \infty$ のとき，式 (5.26) は平面波と同じ位相項をもつが，$1/r$ の振幅項をもつ．このような波を**球面波**という．

式 (5.19) の解は (5.26) を $\rho \mathrm{d}V'$ に対して重ね合わせればよいので，

$$V = \iiint \frac{\rho\,\mathrm{e}^{-\mathrm{j}k|\boldsymbol{r}-\boldsymbol{r}'|}}{4\pi\varepsilon|\boldsymbol{r}-\boldsymbol{r}'|}\mathrm{d}V' \tag{5.27}$$

ρ/ε を μi_x, μi_y, μi_z にすれば A_x, A_y, A_z の式に一致するので，これらの式をベクトル的に合成して，次式が得られる．

$$\boldsymbol{A} = \iiint \frac{\mu \boldsymbol{i}\,\mathrm{e}^{-\mathrm{j}k|\boldsymbol{r}-\boldsymbol{r}'|}}{4\pi|\boldsymbol{r}-\boldsymbol{r}'|}\mathrm{d}V' \tag{5.28}$$

V と $\boldsymbol{A}$ の瞬時値表現を求めると，

$$\mathrm{Re}(V\mathrm{e}^{\mathrm{j}\omega t}) = \iiint \frac{\rho\cos(\omega t - k|\boldsymbol{r}-\boldsymbol{r}'|)}{4\pi\varepsilon|\boldsymbol{r}-\boldsymbol{r}'|}\mathrm{d}V' \tag{5.29}$$

$$\mathrm{Re}(\boldsymbol{A}\mathrm{e}^{\mathrm{j}\omega t}) = \iiint \frac{\mu \boldsymbol{i}\cos(\omega t - k|\boldsymbol{r}-\boldsymbol{r}'|)}{4\pi|\boldsymbol{r}-\boldsymbol{r}'|}\mathrm{d}V' \tag{5.30}$$

$\boldsymbol{k}=0$ の場合の式と比較しながら上の2式の意味を考えると，波源 ρ と $\boldsymbol{i}$ の影響が $|\boldsymbol{r}-\boldsymbol{r}'|$ だけ離れた点には，

$$\Delta t = \frac{k|\boldsymbol{r}-\boldsymbol{r}'|}{\omega} = \frac{|\boldsymbol{r}-\boldsymbol{r}'|}{v}, \qquad v = \frac{1}{(\mu\varepsilon)^{1/2}} \tag{5.31}$$

だけ遅れて伝えられることがわかる．このために，式 (5.27) と (5.28) は**遅延ポテンシャル**とよばれる．

5.3 ヘルツ・ベクトル

ベクトル・ポテンシャルとスカラー・ポテンシャルはローレンツ条件により関係づけることができた．このことは，一つのポテンシャル関数だけによって電磁界を表わせることを示唆する．このようなポテンシャル関数の一つが**ヘルツ・ベクトル** $\boldsymbol{\Pi}$ である．これはベクトル・ポテンシャルと次の関係にあるものである．

$$\boldsymbol{A} = \mathrm{j}\omega\mu\varepsilon\boldsymbol{\Pi} \tag{5.32}$$

式 (5.17) と (5.32) から

$$V = -\nabla\cdot\boldsymbol{\Pi} \tag{5.33}$$

式 (5.32) と (5.33) を式 (5.13) と (5.15) に代入すれば，電磁界はヘルツ・ベクトルによって次のように表わされる．

$$\boldsymbol{E} = k^2\boldsymbol{\Pi} + \nabla\nabla\cdot\boldsymbol{\Pi} \tag{5.34}$$

$$\boldsymbol{H} = \mathrm{j}\omega\varepsilon\nabla\times\boldsymbol{\Pi} \tag{5.35}$$

波源が与えられたとき，波源から $\boldsymbol{\Pi}$ を求めるための方程式を導くこともできる（問題 5.5）が，ヘルツ・ベクトルは波源が存在しない自由空間の電磁界の解析によく用いられる．式 (5.32) より，$\boldsymbol{\Pi}$ が満たす方程式は $\boldsymbol{A}$ の満たす方程式と同形であることがわかる．したがって，自由空間では，

$$✡\boldsymbol{\Pi}+k^2\boldsymbol{\Pi}=0 \tag{5.36}$$

自由空間ではマクスウェルの二つの方程式は同形であり，電界と磁界，誘電率と透磁率を次のように入れ替えると互いに他の方程式に入れ替る（問題 5.3）．

$$\begin{cases} \boldsymbol{E}\to\boldsymbol{H} \\ \boldsymbol{H}\to-\boldsymbol{E} \\ \mu\leftrightarrow\varepsilon \end{cases} \tag{5.37}$$

この性質を電磁界の双対性（duality）という．したがって式 (5.34)，(5.35)，(5.36) のかわりに次の関係式で与えられる電界，磁界，ヘルツ・ベクトルの組もマクスウェルの方程式の解である．

$$\boldsymbol{H}=k^2\boldsymbol{\Pi}^*+\nabla\nabla\cdot\boldsymbol{\Pi}^* \tag{5.38}$$

$$\boldsymbol{E}=-\mathrm{j}\omega\mu\nabla\times\boldsymbol{\Pi}^* \tag{5.39}$$

$$✡\boldsymbol{\Pi}^*+k^2\boldsymbol{\Pi}^*=0 \tag{5.40}$$

$\boldsymbol{\Pi}$ を電気形のヘルツ・ベクトル，$\boldsymbol{\Pi}^*$ を磁気形のヘルツ・ベクトルという．$\boldsymbol{A}$ と V のかわりに $\boldsymbol{\Pi}$ を導入したのであったから，$\boldsymbol{\Pi}$ だけで電磁界を残すところなく完全に表現することができる．また同様にして $\boldsymbol{\Pi}^*$ だけでも電磁界を完全に表現できる．それなのに，$\boldsymbol{\Pi}$ の他に $\boldsymbol{\Pi}^*$ を導入するのは次の理由による．それは直角座標の一つの座標成分だけしかもたない $\boldsymbol{\Pi}$ と $\boldsymbol{\Pi}^*$ の両方を用いると，自由空間の電磁界は残すことなく完全に表わすことができるからである．ふつう，この成分を z 成分に選ぶ．このとき，

$$\boldsymbol{\Pi}=\hat{z}\psi \tag{5.41}$$

$$\boldsymbol{\Pi}^*=\hat{z}\psi^* \tag{5.42}$$

$$\boldsymbol{E}=k^2\hat{z}\psi+\nabla\frac{\partial\psi}{\partial z}+\mathrm{j}\omega\mu\hat{z}\times\nabla\psi^* \tag{5.43}$$

$$\boldsymbol{H} = -\mathrm{j}\omega\varepsilon\hat{z} \times \nabla\psi + k^2\hat{z}\psi^* + \nabla\frac{\partial\psi^*}{\partial z} \tag{5.44}$$

$$(\nabla^2 + k^2)\psi = 0 \tag{5.45}$$

$$(\nabla^2 + k^2)\psi^* = 0 \tag{5.46}$$

ベクトル微分演算子 ∇ を z 方向成分と，z 軸に垂直な方向の成分に分け，便宜的に次のように書くことにする．

$$\nabla = \nabla_t + \hat{z}\frac{\partial}{\partial z} \tag{5.47}$$

∇_t は横方向のベクトル微分演算子であり，たとえば直角座標と円筒座標では次式に等しい．

$$\nabla_t = \hat{\boldsymbol{x}}\frac{\partial}{\partial x} + \hat{\boldsymbol{y}}\frac{\partial}{\partial y} = \hat{\boldsymbol{\rho}}\frac{\partial}{\partial \rho} + \hat{\boldsymbol{\varphi}}\frac{1}{\rho}\frac{\partial}{\partial \varphi} \tag{5.48}$$

この記号を用いると式 (5.43)～(5.46) は次のように書くことができる．これらは伝送線路や散乱の問題の計算のために非常に便利な公式である．

$$\boldsymbol{E} = -\hat{z}\nabla_t{}^2\psi + \nabla_t\frac{\partial\psi}{\partial z} + \mathrm{j}\omega\mu\hat{z} \times \nabla_t\psi^* \tag{5.43'}$$

$$\boldsymbol{H} = -\mathrm{j}\omega\varepsilon\hat{z} \times \nabla_t\psi - \hat{z}\nabla_t{}^2\psi^* + \nabla_t\frac{\partial\psi^*}{\partial z} \tag{5.44'}$$

$$\left(\nabla_t{}^2 + \frac{\partial^2}{\partial z^2} + k^2\right)\psi = 0 \tag{5.45'}$$

$$\left(\nabla_t{}^2 + \frac{\partial^2}{\partial z^2} + k^2\right)\psi^* = 0 \tag{5.46'}$$

ψ による電磁界は $H_z=0$ であるので **TM 波** (Transverse Magnetic Wave)，ψ^* による電磁界は $E_z=0$ であるので **TE 波** (Transverse Electric Wave) という．また TM 波は **E 波**と，TE 波は **H 波**ということもある．

問　　題

5.1 ヘルムホルツの定理を用いて式 (5.1)～(5.4) から式 (5.8)～(5.11) を導け．

5.2　式 (5.24) の V がヘルムホルツの方程式を満たすことを示せ.

5.3　式 (5.37) によって交換された $\boldsymbol{E}$, $\boldsymbol{H}$ がマクスウェルの方程式を満たすことを確かめよ.

5.4　下の文の空欄を埋めることによって, 式 (5.18) と (5.19) の積分解が式 (5.27), (5.28) であることを証明せよ.

$\boxed{1}$座標系では式 (5.18) の各座標成分に分解された式は式 (5.19) と同形であるので, 式 (5.19) を V について積分する. 図 5.2 のように, $\boldsymbol{i}$, ρ をすべて含む閉曲面を S_o, $\boldsymbol{A}$ と V を求める観測点を $\mathrm{P}(x, y, z)$, P を中心とする半径 r_0 の小球面を S_i, S_o と S_i で囲まれた領域を R とする. R 内および S_o と S_i の上で, それらの導関数とともに連続な関数を u, v とすれば,

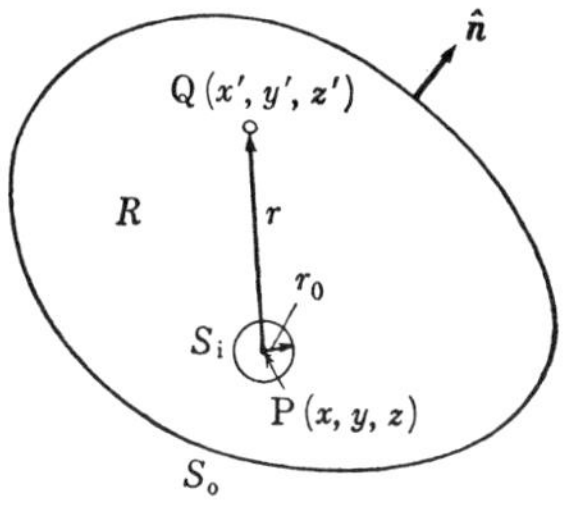

図 5.2

$$\nabla\cdot(u\nabla v - v\nabla u) = u\nabla^2 v - \boxed{2}$$

であるから, ガウスの定理を適用して次式を示すことができる.

$$\iint_{S_i\cup S_o}(u\nabla v - v\nabla u)\cdot\hat{\boldsymbol{n}}\,\mathrm{d}S = \int_R (u\nabla^2 v - v\nabla^2 u)\,\mathrm{d}V \qquad (5.49)$$

式 (5.49) は**グリーンの定理**とよばれる. ここに $\hat{\boldsymbol{n}}$ は$\boxed{3}$の上で R の外方向の法線単位ベクトルである. ここで P から r の距離にある点 $\mathrm{Q}(x', y', z')$ を考え, 次のような r の関数 ϕ を導入する.

$$\phi = \frac{\mathrm{e}^{-\mathrm{j}kr}}{r} \qquad (5.50)$$

この関数は $r=0$ の点 P を除く領域で次のヘルムホルツの方程式を満足する.

$$\boxed{4} \qquad (5.51)$$

ここに, ∇' は Q の座標に作用するものとする. さて, グリーンの定理 (5.49) において $u=V$, $v=\phi$ とおき, 式 (5.19) と (5.51) を用いると次式が得られる.

$$\iint_{S_i\cup S_o}(V\nabla\phi - \phi\nabla V)\cdot\hat{\boldsymbol{n}}\,\mathrm{d}S = \iiint_R \boxed{5}\,\mathrm{d}V \qquad (5.52)$$

ところが S_i の上では次式が成り立つ.

$$\nabla\phi = -\boxed{6}\,\hat{\boldsymbol{r}}_0 \qquad (5.53)$$

ただし $\boldsymbol{r}_0$ は P から半径 r_0 の増大する方向の単位ベクトルである. $\hat{\boldsymbol{n}}$ と $\hat{\boldsymbol{r}}_0$ は

$$\hat{\boldsymbol{n}} = \boxed{7} \qquad (5.54)$$

の関係にある. したがって, $r_0\to 0$ の極限では

$$\lim_{r_0\to 0}\iint_{S_i}(V\nabla\phi - \phi\nabla V)\cdot\hat{\boldsymbol{n}}\,\mathrm{d}S = \lim_{r_0\to 0}4\pi r_0^2[\bar{V}\boxed{8} - (\overline{\nabla V\cdot\hat{\boldsymbol{n}}})\boxed{9}]$$

$$= \boxed{10} \tag{5.55}$$

ただし，$\bar{V}$，$(\overline{\nabla V\cdot\hat{\boldsymbol{n}}})$ はそれらの値の S_i の上での平均値である．式 (5.55) を (5.66) に代入すると次の結果が得られる．

$$V(x,y,z) = \boxed{11} \tag{5.56}$$

媒質が無損失のとき k は実数である．k に微小の虚部を含ませると式 (5.56) の体積積分はほとんど変わらないが，面積積分の方は S_o を無限遠方に考えることによって無限小となる．したがって，V は式 (5.56) の体積積分だけから与えられ，式 (5.27) が成り立つ．R を波源を含まないように選んであるとき，

$$V = \boxed{12} \tag{5.57}$$

が成り立つ．このときは S_o を無限遠方に選ぶことはできないので，式 (5.57) と上述の思考実験（k に微小の虚部を含ませること）とは矛盾しない．式 (5.57) は S_o 上の V と V の勾配によって S_o で囲まれた領域内の V は決定されることを示している．

5.5　次式によって分極ベクトル $\boldsymbol{P}$ を導入したとき，電気形ヘルツ・ベクトル $\boldsymbol{\Pi}$ の満たす方程式を求めよ．

$$\boldsymbol{i} = \mathrm{j}\omega\boldsymbol{P} \tag{5.58}$$

$$\rho = -\nabla\cdot\boldsymbol{P} \tag{5.59}$$

6 高周波用伝送線路

電磁波を用いた通信を行なうには回路と回路の間，あるいは回路とアンテナの間を伝送線路で結び，その間で電磁エネルギーが外にもれないように伝えなければならない．また超高周波用の回路は伝送線路を素材にして構成される．この章では高周波用伝送線路の基礎を学ぶ．

6.1 TEM 波 線 路

自由空間を平面波が z 方向に伝搬しているとする．図 6.1 (a) に示すように，電界の向きに y 軸をとれば磁界は $-x$ 方向を向く．いま，自由空間が突然次のように変えられたと考えよう．zx 面 ($y=0$ の面) が $\sigma=\infty$ の完全導体板になったとするのである．このとき，電界は完全導体板に垂直であるので

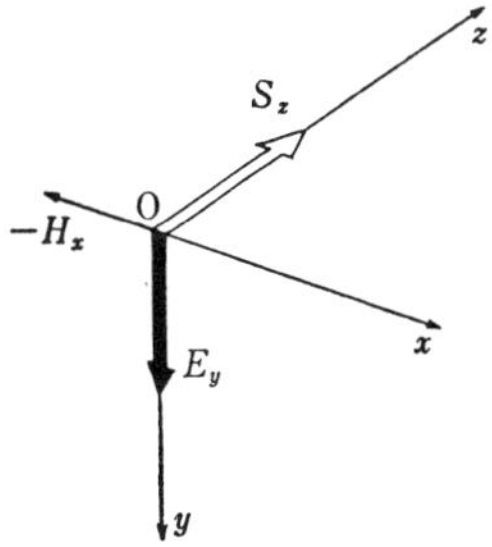

(a) 平面波

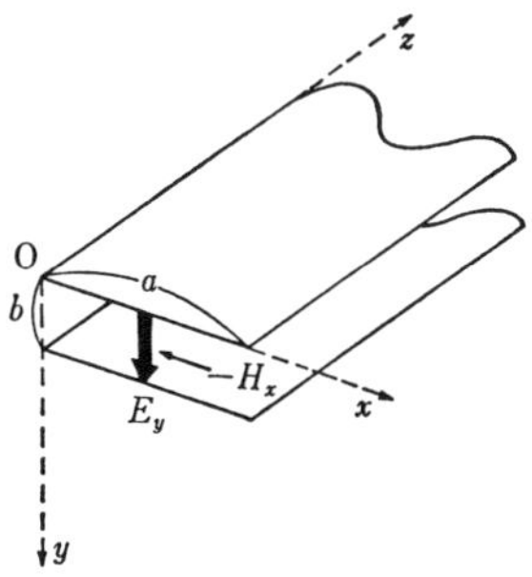

(b) 平行板線路

図 6·1 自由空間を z 方向に伝搬する平面波と平行板線路

$y=0$ における境界条件は平面波自体が満足している．したがって，この完全導体板の挿入によって平面波は乱されることなく，もと通りに伝搬を続けるであろう．そこで，さらに $y=b$ の平面が突然，第二の完全導体板に変わったとすると，この変化によっても平面波は乱されず，もとのまま存在する．ところが，２枚の完全導体板の挿入によって，$0<y<b$ の領域は $y<0$ と $y>b$ の領域から電磁的にしゃへいされ，別の波源をたとえば $y>b$ の領域に持ってきても $0<y<b$ の領域の電磁界は変わらない．このように考えると，２枚の平行な完全導体板によってはさまれた空間には平面波と同じ分布の電磁波が存在しうることがわかる．そして，図 6.1 (b) のように，x 方向に有限の幅 a で完全導体板を切っても，$b\ll a$ であれば，$0<y<b$，$0<y<a$ の領域の電磁界は外にもれないと考えられる．このような構造を**平行板線路**という．平行板線路の中の電磁界を平面波の電磁界で近似すれば，

$$\boldsymbol{E} = E_0\hat{\boldsymbol{y}}\exp(-\mathrm{j}k_0z) \tag{6.1}$$

$$\boldsymbol{H} = -\frac{E_0}{\eta_0}\hat{\boldsymbol{x}}\exp(-\mathrm{j}k_0z) \tag{6.2}$$

厳密には図 6.2 のように，電界は外にはみ出している．これを**縁端効果** (edge effect) という．$b\ll\lambda$，$b\ll a$ のとき縁端効果は小さい．

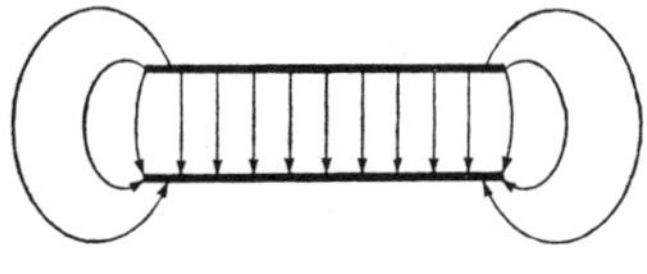

図 6.2　縁端効果

式 (6.1)，(6.2) によって与えられる電磁界は伝搬方向に対して垂直であるので，このような波を **TEM 波** (Transverse Electric and Magnetic Wave) という．平行板線路は TEM 波を伝送させる伝送線路の一種である．$y=0$ と $y=b$ の導体面には式 (1.42) の境界条件によって決まる面電流が流れている．

$$y=0 : \boldsymbol{i}_s = \hat{\boldsymbol{y}}\times\boldsymbol{H} = \hat{\boldsymbol{z}}\frac{E_0}{\eta_0}\exp(-\mathrm{j}k_0z) \tag{6.3}$$

$$y=b : \boldsymbol{i}_s = -\hat{\boldsymbol{y}}\times\boldsymbol{H} = -\hat{\boldsymbol{z}}\frac{E_0}{\eta_0}\exp(-\mathrm{j}k_0z) \tag{6.4}$$

この電流密度で幅 a にわたって一様に流れているのだから，全電流は

$$I = \frac{aE_0}{\eta_0}\exp(-\mathrm{j}k_0z) \tag{6.5}$$

となり，これが上の板を z 方向に，下の板を $-z$ 方向に流れている．一方，電界の積分によって電圧 V が定義でき，上の板と下の板の電位差は

$$V = E_0 b \exp(-\mathrm{j}k_0z) \tag{6.6}$$

V と I の比をこの伝送線路の**特性抵抗** R_c，といい，次のように計算される．

$$R_c = \frac{b}{a}\eta_0 \tag{6.7}$$

TEM 波線路としてよく用いられるものに，平行二線線路（レッヘル線路）と同軸線路がある．図 6.3 に示すように，**平行二線線路**は半径 a の小さい 2 本の導線を間隔 d で平行に置いたものであり，**同軸線路**は半径が a と b の 2 本の同心円筒導体面ではさまれた $a<\rho<b$ の領域を誘電率 ε の誘電体で充填したものである．TEM 波線路はいずれも完全導体が二つの部分に分離しており，両者の間に電位差がかけられるという共通の特徴がある．そして，電流は一つの導体上を z 方向に，他方を $-z$ 方向に，同相同大で流れる．同軸線路は電磁界の存在する領域が外界からしゃへいされているので，雑音を拾ったり，他の線路との間で漏話（cross talk）が生じることが少ない．

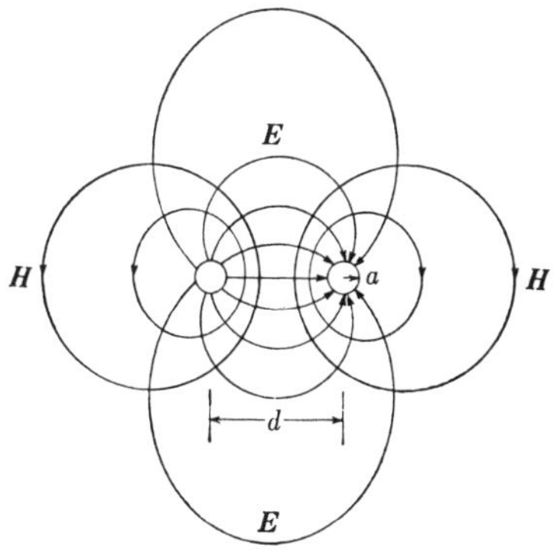

(a)　平行二線線路

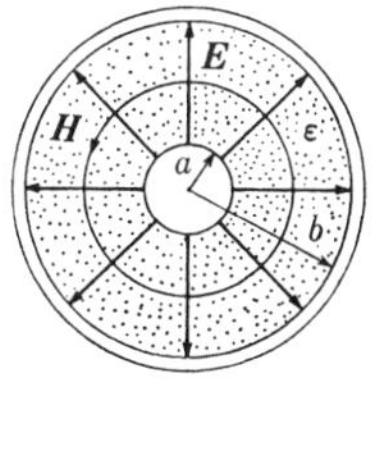

(b)　同軸線路

図 6.3

TEM 波線路は，6.3 節以降に述べる TE 波や TM 波を伝送させる線路におけるような波の分散がない．それは平面波と同じように，

$$k = \omega\sqrt{\mu\varepsilon}$$

であるので，

$$v_{\mathrm{p}} = \frac{\omega}{k} = \sqrt{\frac{1}{\mu\varepsilon}}$$

が ω に依存しない定数であるからである．

マイクロ波でよく用いられるマイクロストリップ線路は図 6.4 のような構造で，ε が ε_0 に等しいならば $a=w$，$b=2d$ の平行板線路に等価で TEM 波を伝送させる．

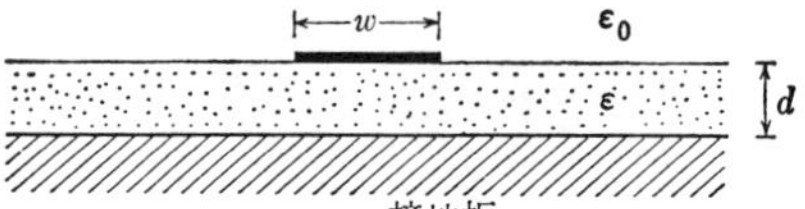

図 6.4　マイクロストリップ線路

ふつうは $\varepsilon \simeq (2\sim15)\varepsilon_0$ の誘電体を用いる．この場合には弱い E_z と H_z が存在するが，準 TEM 波線路として TEM 波の近似により解析される．

TEM 波線路に伝送される電磁界は 2 次元の静電界の解析により求められる．これを示すには，電流は z 方向にのみ流れるのでベクトル・ポテンシャルは z 成分だけであること，$\partial/\partial z = -\mathrm{j}k$ が成り立つこと，を応用するだけで十分である．まず，

$$\boldsymbol{A} = \hat{z}A(x, y)\mathrm{e}^{-\mathrm{j}kz} \tag{6.8}$$

とおけば，ローレンツ条件 (5.17) によって，

$$V = -\frac{-\mathrm{j}k}{\mathrm{j}\omega\mu\varepsilon}A\,\mathrm{e}^{-\mathrm{j}kz} = v_{\mathrm{p}}A\,\mathrm{e}^{-\mathrm{j}kz} \tag{6.9}$$

電磁界を式 (6.8) と (6.9) の $\boldsymbol{A}$ と V を用いて計算すると，

$$\boldsymbol{E} = -\mathrm{j}\omega\boldsymbol{A} - \nabla V = -\nabla_{\mathrm{t}}V = -v_{\mathrm{p}}\,\mathrm{e}^{-\mathrm{j}kz}\nabla_{\mathrm{t}}A \tag{6.10}$$

$$\boldsymbol{H} = \frac{1}{\mu}\nabla\times\boldsymbol{A} = \frac{1}{\mu}\nabla(A\mathrm{e}^{-\mathrm{j}kz})\times\hat{z} = \frac{\mathrm{e}^{-\mathrm{j}kz}}{\mu}\nabla_{\mathrm{t}}A\times\hat{z}$$

$$= \frac{1}{\eta}\hat{z}\times\boldsymbol{E} \quad \left(\eta = \sqrt{\frac{\mu}{\varepsilon}}\right) \tag{6.11}$$

このように，電磁界は一つのスカラー関数Vだけによって表わすことができる．Vの満たす方程式はヘルムホルツの方程式であったが，TEM 波に対して

$$\nabla^2 = \nabla_t{}^2 + \frac{\partial^2}{\partial z^2} = \nabla_t{}^2 - k^2$$

の関係が成り立つので，Vは次の方程式を満たす．

$$\nabla_t{}^2 V = 0 \tag{6.12}$$

これは2次元静電界の方程式（ラプラスの方程式）にほかならない．

同軸線路に式 (6.12) を適用すれば，$\partial/\partial\varphi=0$ より

$$\frac{1}{\rho}\frac{\partial}{\partial\rho}\left(\rho\frac{\partial V}{\partial\rho}\right) = 0 \tag{6.13}$$

これをρについて積分すれば，

$$\frac{\partial V}{\partial\rho} = \frac{c_1}{\rho}\mathrm{e}^{-\mathrm{j}kz} \qquad (c_1 \text{ は定数})$$

$$V = (c_1 \ln\rho + c_2)\mathrm{e}^{-\mathrm{j}kz} \qquad (c_2 \text{ は定数})$$

未知定数の c_1 と c_2 は $\rho=a$ と $\rho=b$ におけるVの値から決定される．内導体の電位を $V_0\exp(-\mathrm{j}kz)$，外導体の電位をゼロとすれば，

$$V = -V_0\frac{\ln\dfrac{\rho}{b}}{\ln\dfrac{b}{a}}\mathrm{e}^{-\mathrm{j}kz} \tag{6.14}$$

これから電磁界は，

$$\boldsymbol{E} = \hat{\boldsymbol{\rho}}\frac{V_0}{\ln\dfrac{b}{a}}\cdot\frac{\mathrm{e}^{-\mathrm{j}kz}}{\rho} \tag{6.15}$$

$$\boldsymbol{H} = \hat{\boldsymbol{\varphi}}\frac{V_0}{\eta\ln\dfrac{b}{a}}\cdot\frac{\mathrm{e}^{-\mathrm{j}kz}}{\rho} \tag{6.16}$$

内導体の上に流れる電流Iは，

$$I = 2\pi a H_\varphi(\rho=a) = \frac{2\pi V_0}{\eta\ln\dfrac{b}{a}}\mathrm{e}^{-\mathrm{j}kz} \tag{6.17}$$

特性抵抗は内導体の電位と電流の比に等しいので，

表 6.1　同軸線路の標準寸法と特性

形　名	内部導体		絶縁体		外部導体	仕上外径〔mm〕	特性インピーダンス〔Ω〕
	種類	外径〔mm〕	種類	外径〔mm〕			
3C-2V	単線	0.5	ポリエチレン	3.1	銅線編組	5.8	75
5C-2V	〃	0.8	〃	5.1	〃	7.8	
7C-2V	撚線	1.2	〃	7.3	〃	10.2	
5D-2V	単線	1.4	〃	4.8	〃	7.5	50
8D-2V	撚線	2.4	〃	7.9	〃	11.6	

$$R_c = \frac{\eta \ln \dfrac{b}{a}}{2\pi} \tag{6.18}$$

表 6.1 に同軸線路の標準寸法と特性を示す.

6.2　反射係数とスミス・チャート

無限に長い伝送線路の上の電圧と電流の比はその伝送線路に固有の値，特性抵抗になり，いたるところで一定である．このような波を**進行波** (traveling wave) という．実際の伝送線路にはアンテナなど，線路とは異なる回路が接

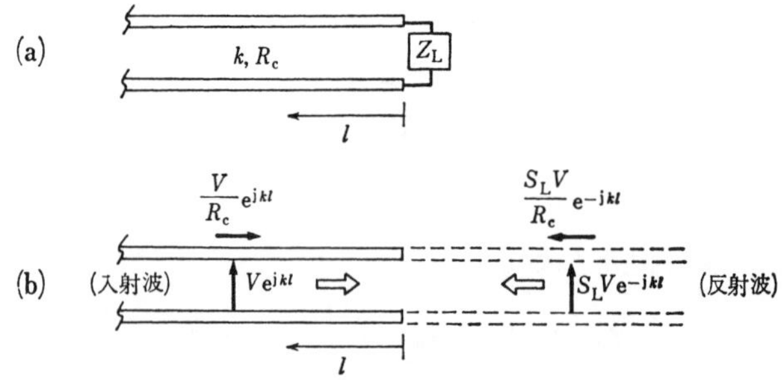

図 6.5

続される．これらの回路を一つの負荷インピーダンス Z_L によって置き換えると，その等価回路は図 6.5 (a) のようになる．$Z_L=R_c$ のとき，伝送線路はインピーダンス整合がとれているといい，電圧と電流は無限に長い伝送線路の上におけるのと同じ分布をする．$Z_L\neq R_c$ のとき，どのようになるだろうか？

いま，図 6.5 (b) のように負荷点から電源側に向かう座標 l を定め，$l<0$ の領域から進行して来る波を仮想しよう．この波が $l>0$ の領域まで続くと考えるのである．この波は電源から負荷に向かう波，これを入射波という，が負荷点で反射されてもどって来る波であるから反射波という．反射波の電圧の入射波の電圧に対する比を電圧反射係数，あるいは単に反射係数といい，$S(l)$ で表わす．負荷点における反射係数を S_L とすれば，負荷点から l の距離の点で入射波が kl だけ位相が進み，反射波が kl だけ位相が遅れているので，

$$S(l) = \frac{S_L V \mathrm{e}^{-\mathrm{j}kl}}{V \mathrm{e}^{\mathrm{j}kl}} = S_L \mathrm{e}^{-\mathrm{j}2kl} \tag{6.19}$$

S_L は負荷点における境界条件によって定められる．負荷点では電圧と電流の比が負荷インピーダンス Z_L に等しくなければならないので，

$$Z_L = \frac{V+S_L V}{\dfrac{V}{R_c}-S_L\dfrac{V}{R_c}} = R_c\frac{1+S_L}{1-S_L}$$

この式を S_L について解いて，

$$S_L = \frac{z_L-1}{z_L+1} \tag{6.20}$$

$$z_L = \frac{Z_L}{R_c} \tag{6.21}$$

z_L を**規格化負荷インピーダンス**という．インピーダンス整合のとれているとき，$z_L=1$ であるから $S_L=0$ となる．

$S_L\neq 0$ のとき，伝送線路上の電圧，電流はどのように分布しているだろうか？　図 6.5 (b) から明らかなように，

$$V(l) = V(\mathrm{e}^{\mathrm{j}kl}+S_L \mathrm{e}^{-\mathrm{j}kl}) \tag{6.22}$$

$$I(l) = \frac{V}{R_c}(\mathrm{e}^{\mathrm{j}kl}-S_L \mathrm{e}^{-\mathrm{j}kl}) \tag{6.23}$$

となり，それぞれの振幅は l とともに変化する．$z_L=0$，∞（短絡，開放）のとき $S_L=-1$，1 となり，電圧，電流は次のようになる．

$$z_L = 0 \ : \begin{cases} V(l) = 2jV\sin kl & (6.22') \\ I(l) = \dfrac{2V}{R_c}\cos kl & (6.23') \end{cases}$$

$$z_L = \infty \ : \begin{cases} V(l) = 2V\cos kl & (6.22'') \\ I(l) = \dfrac{2jV}{R_c}\sin kl & (6.23'') \end{cases}$$

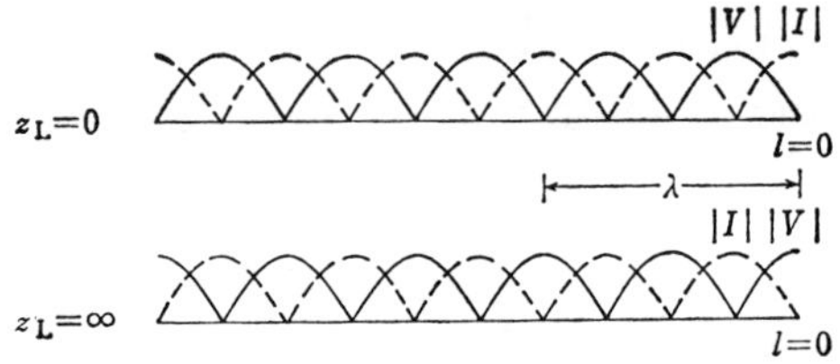

図 6.6　負荷点が短絡，開放されたときの定在波分布

この分布図を図 6.6 に示す．この図のように，V と I の極大点と極小点は線路上に半波長ごとに現われ，これらの点は移動しない．このような波を**定在波**という．z_L が 0 か∞でなくても，1 に等しくないならば，極小値はゼロにならないものの定在波となる．定在波の周期は波長ではなく，半波長であることに注意しよう．定在波の V と I の比は l とともに変わるので，線路上の任意の点でインピーダンスを定義すれば，これは l の関数：$Z(l)$ になる．規格化インピーダンス：$z(l)=Z(l)/R_c$ を式 (6.22) と (6.23) から計算し，式 (6.19) を用いれば

$$z(l) = \frac{1+S(l)}{1-S(l)} \qquad (6.24)$$

与えられた Z_L に対して $Z(l)$ を計算する必要が実用上，よく生じる．この問題を正面から取り組めば，まず式 (6.20) を (6.19) に代入して $S(l)$ を求め，次にこれを式 (6.24) に代入して $z(l)$ を求めることになり，計算式は次のようにかなり複雑なものになる．

$$z(l) = \frac{z_{\mathrm{L}}\cos kl + \mathrm{j}\sin kl}{\cos kl + \mathrm{j}z_{\mathrm{L}}\sin kl} \tag{6.25}$$

そこで，複雑な計算を必要としない図表を用いる方法が考えられた．これはインピーダンスと反射係数とは一対一に対応することと，インピーダンスの変換式 (6.25) が複雑なのに対し，反射係数の変換式 (6.19) は位相が l に比例して変わるだけである点に着目した方法である．反射係数を表わす複素平面（ガウス平面）の上にインピーダンスの実部と虚部とを等高線で目盛っておけば，反射係数の変換を幾何学的作図により行ない，その点のインピーダンスの値を読み取ることによって，式 (6.25) の計算が簡便に行なえる．

$$S = u + \mathrm{j}v \tag{6.26}$$

$$z = r + \mathrm{j}x \tag{6.27}$$

のように S と z を実部と虚部に分解し，式 (6.24) に代入すると次の方程式が得られる．

$$\left(u - \frac{r}{1+r}\right)^2 + v^2 = \left(\frac{1}{1+r}\right)^2 \tag{6.28}$$

$$(u-1)^2 + \left(v - \frac{1}{x}\right)^2 = \left(\frac{1}{x}\right)^2 \tag{6.29}$$

これらの式は，S の平面上に $r=$一定 と $x=$一定 の軌跡を描けば，これらはともに円になることを示している．図 6.7 のように，r と x の多くの等高線を描き，半径 1 の円の外側に l の変化による回転角の数値を記入した図を**スミス・チャート**という．精密なスミス・チャートを巻末の付録の A.4 節に入れてあるので利用されたい．

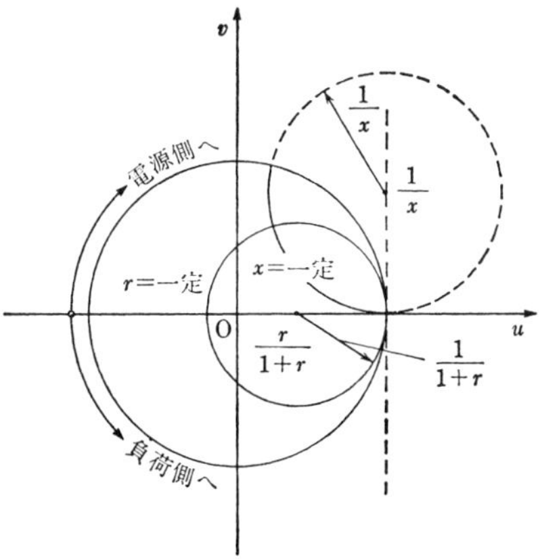

図 6.7 スミス・チャート．反射係数の複素数面上にインピーダンスの実部と虚部の等高線が描いてある．

スミス・チャートの便利さはインピーダンスを反射係数の世界で処理するところにあり，乗除算を対数の世界で行なう便利さに似ている．スミス・チャートは計算を簡便にするばかりでなく，インピーダンスの周波数に対する変化など，多くの情報を半径1の円の中にまとめて示すことができ，周波数特性など変化の全貌を得るのに有用である．スミス・チャートを用いて，Z_L から $Z(l)$ を求める過程をフロー・チャートにして示せば次のようになる．

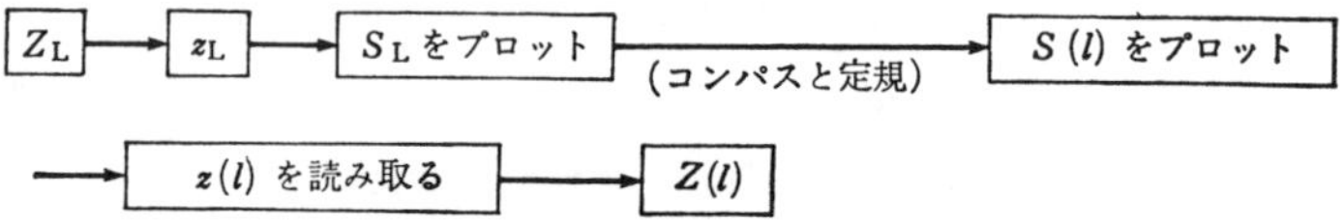

6.3 方形導波管

TEM 波線路は2本の導体を誘電体で平行に支えた構造であるが，1本の中空導体を伝送線路として用いれば誘電体を用いる必要はなくなる．図6.8の方形導波管は中空導体から成る伝送線路の最もポピュラーな例である．このような構造はTEM 波を伝送することはできない．なぜなら，TEM 波の電気力線は導体壁から出て導体壁に終らなければならないが，1本の導体上のすべての点は同電位にあり，このようなことは起こりえないからである．

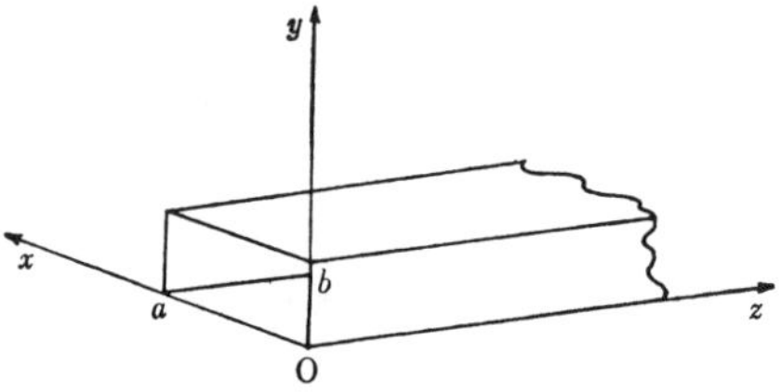

図 6.8　方形導波管

方形導波管内の電磁界の分布は3.1節に学んだ平面波の完全導体面による反射を基礎にして考えることができる．図6.9のように座標系を定め，入射角 θ の TE 入射波の場合を考えると，x 方向にはハイト・パターンに相当する定在波分布があり，$E_y=0$ の面が周期的に現われる．この面を $x=a$ とすれば，

$$k_0 a \cos\theta = n\pi \tag{6.30}$$

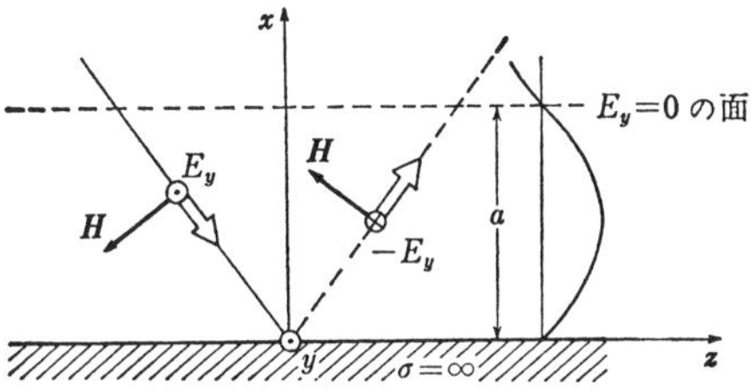

図 6.9 完全導体面による TE 平面波の反射とハイト・パターン

平行板線路の場合と同様に，$x=a$ の面が突然 $\sigma=\infty$ の完全導体面に変わったと考えても電磁界の境界条件は満足されている．そして，電界に垂直な面，$y=0$ と $y=b$ がやはり完全導体面になったとしても電磁界の境界条件は満足されている．このように考えると，図 6.9 の構造に存在する電磁界がそのまま図 6.8 の方形導波管の中の電磁界として存在できることがわかる．このような電磁界分布を求めると次のようになる．

$$E_y = E_0 \sin(k_0 \cos\theta x) \exp(-\mathrm{j} k_0 \sin\theta z) \tag{6.31}$$

$$\boldsymbol{H} = \frac{E_0}{\eta_0}[-\hat{x}\sin\theta\sin(k_0\cos\theta x) + \mathrm{j}\hat{z}\cos\theta\cos(k_0\cos\theta x)]\exp(-\mathrm{j}k_0\sin\theta z) \tag{6.32}$$

実際には，最初に導波管の寸法（$a\times b$）と角周波数 ω が与えられ，次に境界条件を満足するように θ が定まる．電磁エネルギーが伝送されるのは z 方向であるから，z 方向の位相定数を β とすれば，式 (6.30) より

$$\beta = \sqrt{k_0{}^2 - \left(\frac{n\pi}{a}\right)^2} = \sqrt{\left(\frac{\omega}{c}\right)^2 - \left(\frac{n\pi}{a}\right)^2} \tag{6.33}$$

β が実数になるためには周波数が次式で定まる値より高くなければならない．

$$f_c = \frac{nc}{2a} \tag{6.34}$$

$f<f_c$ のとき，β は純虚数となり，電磁波は z 方向に指数関数的に減衰するエバネッセント波となる．f_c を**遮断周波数**または**カットオフ周波数**（cutoff frequency）という．たとえば $a=3\,\mathrm{cm}$ のとき，$n=1$ に対して $f_c=5\,\mathrm{GHz}$ で

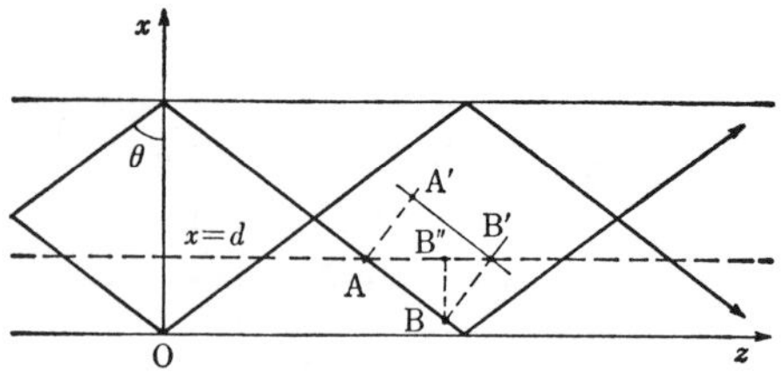

図 6·10　方形導波管の中の電磁波の伝搬

ある.

式 (6.33) から z 方向の位相速度と群速度を求めると (問題 6.4),

$$v_p = \frac{\omega}{\beta} = \frac{c}{\sqrt{1-\left(\frac{f_c}{f}\right)^2}} = c\,\mathrm{cosec}\,\theta \tag{6.35}$$

$$v_g = \frac{1}{\frac{\partial\beta}{\partial\omega}} = c\sqrt{1-\left(\frac{f_c}{f}\right)^2} = c\sin\theta \tag{6.36}$$

式 (6.35) の示すように位相速度は光速より大きい. これはなぜだろうか? 図 6.10 を見て, $x=d$ の面上を波がどのように伝わって行くかを考えよう. ある瞬間 A にいた波が, 次の瞬間に B′ に移るであろう. このとき, A にいた波は実際には B に移るのだから, A から B′ に移動するに要する時間は $\overline{\mathrm{AB}}/c$ である. だから $x=d$ の面上の見掛けの移動速度は $\overline{\mathrm{AB'}}/(\overline{\mathrm{AB}}/c)=c\overline{\mathrm{AB'}}/\overline{\mathrm{AB}}=c\,\mathrm{cosec}\,\theta$ となり, 式 (6.35) と一致する. このように, 位相速度は電磁界分布の変化から観測される見掛けの速度であり, 実体の移動する速度ではない. 電磁エネルギーや信号のような実体の移動する z 方向の速度は $c\overline{\mathrm{AB''}}/\overline{\mathrm{AB}} = c\sin\theta$ となり, 式 (6.36) と一致する.

式 (6.31) と (6.32) から電磁界の瞬時値表現を求めると,

$$e_y = \mathrm{Re}(E_y e^{j\omega t}) = E_0 \sin\frac{n\pi x}{a}\cos(\omega t-\beta z) \tag{6.37}$$

$$\boldsymbol{h} = \mathrm{Re}(\boldsymbol{H} e^{j\omega t}) = \frac{E_0}{\eta_0}\left[-\hat{\boldsymbol{x}}\sqrt{1-\left(\frac{f_c}{f}\right)^2}\sin\frac{n\pi x}{a}\cos(\omega t-\beta z)\right.$$
$$\left. -\hat{\boldsymbol{z}}\frac{f_c}{f}\cos\frac{n\pi x}{a}\sin(\omega t-\beta z)\right] \tag{6.38}$$

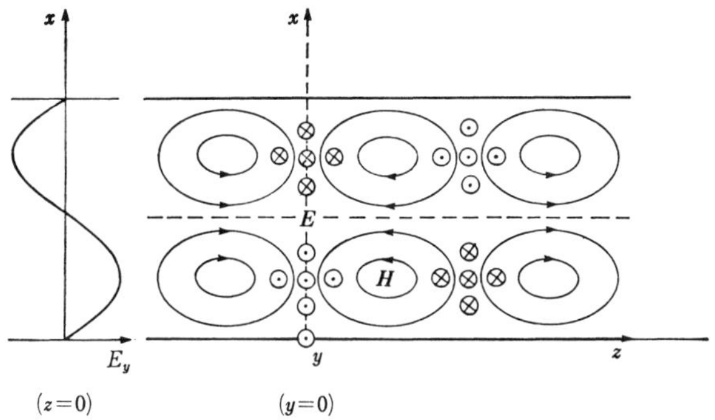

図 6.11 TE_{20} モードの電磁界分布 ($\varepsilon=0$)

これらの式をもとに，$z=0$ の断面上の電界分布と $y=0$ の壁面上の電磁界分布を描いたのが図 6.11 である．電界は z 成分をもたないので TE 波といい，x 方向の変化の山の数が $n=2$ であり，y 方向に変化がないので，この図のような分布をもつ伝送波を TE_{20} モードという．最もよく用いられるのは TE_{10} モードであり，このモードを基本モード，$n\geq2$ のモードを高次モードという．式 (6.34) の示すようにカットオフ周波数は高次モードの方が高い．言い換えれば，一定の寸法の導波管にはあまり高次のモードは伝送されない．

ポインティング・ベクトルの z 成分は E_y と $-H_x$ がつくるが，両者は同相であり，大小に振動する歩調がそろっている．これに対し，ポインティング・ベクトルの x 成分に寄与する E_y と H_z は 90° の位相差があり，振動の歩調がはずれている．

TE 波に対しても TEM 波に対するようにインピーダンスの概念を導入することができる．z 方向の伝搬に寄与する E_y と $-H_x$ の比を Z_{TE} とすれば，

$$Z_{\mathrm{TE}} = -\frac{E_y}{H_x} = \frac{\eta_0}{\sqrt{1-\left(\dfrac{f_c}{f}\right)^2}} \tag{6.39}$$

Z_{TE} を TE モードの波動インピーダンスという．導波管の先にアンテナなどの回路を接続したとき，その回路に対しても波動インピーダンスを定義しておけば，TEM 波線路の場合とまったく同様にインピーダンス整合などの問題を扱

表 6.2　主な方形導波管の標準寸法と TE_{10} モードの特性

形　　名	周波数帯〔GHz〕	内側寸法〔mm〕	遮断周波数〔GHz〕
WR J-2	1.7～2.6	109.22×54.61	1.373
WR J-4	3.3～4.9	58.1×29.1	2.582
WR J-5	3.95～5.85	47.55×22.15	3.155
WR J-6	4.9～7.05	40×20	3.75
WR J-10	8.2～12.4	22.9×10.2	6.55
WR J-140	11.9～18.0	15.799×7.899	9.501
WR J-180	14.5～22.0	12.954×6.477	11.58

うことができる．また，スミス・チャートを応用することもできる．

表 6.2 に方形導波管の標準寸法と TE_{10} モードの特性を示す．

6.4 円 形 導 波 管

中空導体の断面が円である伝送線路を**円形導波管**という．円形導波管内の電磁界分布は平面波の反射によっては考えることができない．5.4 節で学んだヘルツ・ベクトルを応用して解析してみよう．図 6.12 のように円筒座標 (ρ, φ, z) を用い，$\rho=a$ が完全導体面であるとする．式 (5.43′), (5.44′) の ψ^* による波 (TE 波) について考え，$\partial/\partial z=-\mathrm{j}\beta$ とすれば，

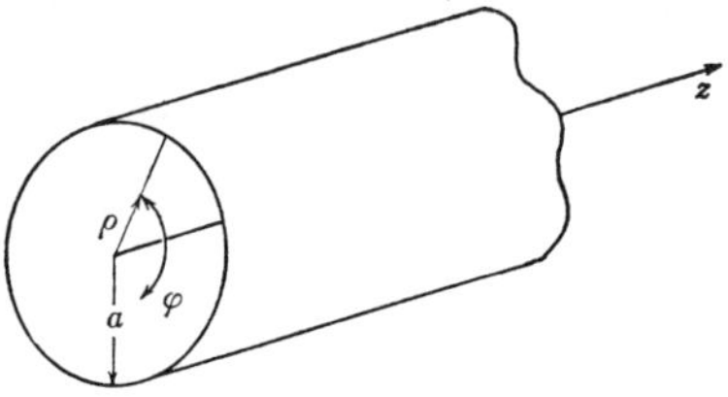

図 6.12　円形導波管

$$\boldsymbol{E} = \mathrm{j}\omega\mu\hat{z}\times\nabla_t\psi^* \tag{6.40}$$

$$\boldsymbol{H} = (k^2-\beta^2)\hat{z}\psi^* - \mathrm{j}\beta\nabla_t\psi^* \tag{6.41}$$

$$\left[\frac{\partial^2}{\partial\rho^2}+\frac{1}{\rho}\frac{\partial}{\partial\rho}+\frac{1}{\rho^2}\frac{\partial^2}{\partial\varphi^2}+(k^2-\beta^2)\right]\psi^* = 0 \tag{6.42}$$

式 (6.42) は円筒座標によるヘルムホルツの方程式であり，直角座標におけるほど簡単ではないが，やはり変数分離法により解くことができる．

$$\psi^* = R(\rho)\Phi(\varphi)\,\mathrm{e}^{-\mathrm{j}\beta z} \tag{6.43}$$

とおき，式 (6.42) に代入すれば

$$\frac{\ddot{R}+\dfrac{1}{\rho}\dot{R}}{R}\rho^2+(k^2-\beta^2)\rho^2+\frac{\ddot{\Phi}}{\Phi}=0 \tag{6.44}$$

が得られ，第1項と第2項は ρ だけの関数，第3項は φ だけの関数となり，その和がゼロ（定数）ということは，各関数が定数であることを意味する．したがって分離定数を ν^2 とすれば，

$$\frac{\mathrm{d}^2R}{\mathrm{d}\rho^2}+\frac{1}{\rho}\frac{\mathrm{d}R}{\mathrm{d}\rho}+\left[(k^2-\beta^2)-\frac{\nu^2}{\rho^2}\right]R=0 \tag{6.45}$$

$$\frac{\mathrm{d}^2\Phi}{\mathrm{d}\varphi^2}+\nu^2\Phi=0 \tag{6.46}$$

式 (6.45) は

$$r=\sqrt{k^2-\beta^2}\,\rho \tag{6.47}$$

の変数変換によって，

$$\frac{\mathrm{d}^2R}{\mathrm{d}r^2}+\frac{1}{r}\frac{\mathrm{d}R}{\mathrm{d}r}+\left(1-\frac{\nu^2}{r^2}\right)R=0 \tag{6.48}$$

式 (6.48) は**ベッセル** (Bessel) **の微分方程式**とよばれ，円形導波管のように円筒構造の問題には必ず現われる微分方程式である．これは2階の微分方程式であるので独立な解が二つあり，一つは $r=0$ で有限なベッセル関数：$J_\nu(r)$，他の一つは $r=0$ で $-\infty$ となるノイマン関数：$N_\nu(r)$ である．それらの性質については付録の A.3 節を見て欲しい．ν を各関数の次数という．式 (6.46) は三角関数の解をもつ．したがって，式 (6.43) の形の ψ^* は一般的に次のように書ける．

$$\psi^* = \sum\left[A_\nu J_\nu(\sqrt{k^2-\beta^2}\,\rho)+B_\nu Y_\nu(\sqrt{k^2-\beta^2}\,\rho)\right]$$
$$\cdot(C_\nu\cos\nu\varphi+D_\nu\sin\nu\varphi)\,\mathrm{e}^{-\mathrm{j}\beta z} \tag{6.49}$$

円形導波管の中の電磁界は $\rho=0$ で有限でなければならないので $B_\nu=0$ である．また，φ に関して 2π を周期とする周期関数でなければならない．したがって ν は整数でなければならない．そこで，次のような一つの n によって表わ

される ψ^* を考えよう．

$$\psi^* = AJ_n(\sqrt{k^2-\beta^2}\,\rho)\cos n\varphi\,\mathrm{e}^{-\mathrm{j}\beta z} \tag{6.50}$$

式 (6.50) を式 (6.40) に代入して，

$$\boldsymbol{E} = \mathrm{j}\omega\mu A[\hat{\boldsymbol{\varphi}}\sqrt{k^2-\beta^2}\,J_n'(\sqrt{k^2-\beta^2}\,\rho)\cos n\varphi + \hat{\boldsymbol{\rho}}nJ_n(\sqrt{k^2-\beta^2}\,\rho)\sin n\varphi]\mathrm{e}^{-\mathrm{j}\beta z} \tag{6.51}$$

もし，式 (6.51) の $\boldsymbol{E}$ が円形導波管の境界条件を満たしていれば，式 (6.50) の解は単独に円形導波管の中の電磁界を与えることができる．この条件は，

$$J_n'(\sqrt{k^2-\beta^2}\,a) = 0 \tag{6.52}$$

$J_n'(r)=0$ の m 番目の根を r'_{nm} とすれば，

$$k^2 = \beta^2+\left(\frac{r'_{nm}}{a}\right)^2 \tag{6.53}$$

のとき式 (6.52)，したがって円形導波管の境界条件は満足される．式 (6.53) は a が与えられたとき，k と β の間の関係を示すものであり，**分散式**という．式 (6.53) の関係から得られる β を式 (6.50) に代入すれば，円形導波管内の電磁界分布の一つが得られる．これを TE_{nm} モードという．TE_{nm} モードの電磁界は次のように表わされる．

$$\boldsymbol{E} = \mathrm{j}\omega\mu A\left[\hat{\boldsymbol{\varphi}}\frac{r'_{nm}}{a}J_n'\left(\frac{r'_{nm}}{a}\rho\right)\cos n\varphi + \hat{\boldsymbol{\rho}}nJ_n\left(\frac{r'_{nm}}{a}\rho\right)\sin n\varphi\right]\mathrm{e}^{-\mathrm{j}\beta z} \tag{6.51$'$}$$

$$\boldsymbol{H} = A\left[\hat{\boldsymbol{z}}\left(\frac{r'_{nm}}{a}\right)^2J_n\left(\frac{r'_{nm}}{a}\rho\right)\cos n\varphi - \hat{\boldsymbol{\rho}}\,\mathrm{j}\beta\frac{r'_{nm}}{a}J_n'\left(\frac{r'_{nm}}{a}\rho\right)\cos n\varphi + \hat{\boldsymbol{\varphi}}\,\mathrm{j}n\beta J_n\left(\frac{r'_{nm}}{a}\rho\right)\sin n\varphi\right]\mathrm{e}^{-\mathrm{j}\beta z} \tag{6.54}$$

同じ様に式 (5.43′)，(5.44′) の ψ のみによる TM 波の解も得ることができるが，この計算は諸君の演習に残しておく．ただし，分散式は次式で与えられることだけを示しておこう．

$$k^2 = \beta^2+\left(\frac{r_{nm}}{a}\right)^2 \tag{6.55}$$

表 6.3　r_{nm}'　$(J_n'(r_{nm}')=0)$

n \ m	1	2	3	4	5
0	3.832	7.016	10.17	13.32	16.47
1	1.841	5.331	8.536	11.71	14.86
2	3.054	6.706	9.970	13.17	16.35
3	4.201	8.015	11.35	14.59	17.79
4	5.318	9.282	12.68	15.96	19.20
5	6.146	10.52	13.99	17.31	20.58

表 6.4　r_{nm}　$(J_n(r_{nm})=0)$

n \ m	1	2	3	4	5
0	2.405	5.520	8.654	11.79	14.93
1	3.832	7.016	10.17	13.32	16.47
2	5.136	8.417	11.62	14.80	17.96
3	6.380	9.761	13.02	16.22	19.41
4	7.588	11.06	14.37	17.61	20.83
5	8.772	12.34	15.70	18.98	22.22

$$J_n(r_{nm}) = 0 \tag{6.56}$$

r'_{nm} と r_{nm} の数値を表 6.3 と表 6.4 に示しておく.

ka が r'_{nm} あるいは r_{nm} より小さいとき β は純虚数となり，エバネッセント波となる．したがって，円形導波管のカットオフ周波数は次式で与えられる．

$$f_c = \begin{cases} \dfrac{cr_{nm}'}{2\pi a} & (\mathrm{TE}_{nm}\ \text{モード}) \\[2ex] \dfrac{cr_{nm}}{2\pi a} & (\mathrm{TM}_{nm}\ \text{モード}) \end{cases} \tag{6.57}$$

f_c の最も低いモードは TE_{11} モードである．このモードの電磁界の導波管断面内の分布は図 6.13 のようであり，方形導波管の TE_{10} モードを円形に変形したような分布になっている．表 6.5 に円形導波管の標準寸法と TE_{11} モードの特性を示す．

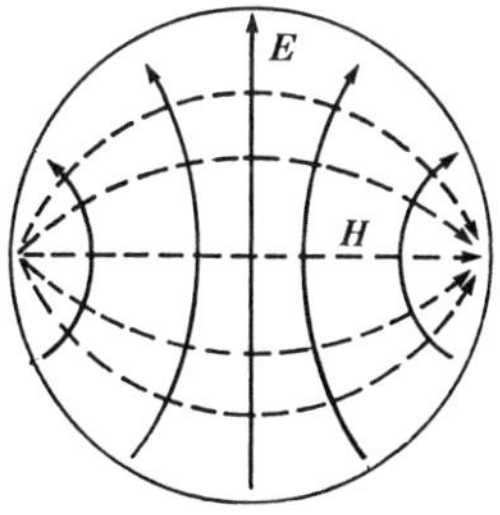

図 6.13　TE_{11} モードの電気力線と磁気力線

表 6.5　円形導波管の標準寸法と
TE$_{11}$ モードの特性の例

形　　名	内　径 〔mm〕	遮断周波数 〔GHz〕
WC-62	69.0	2.54
WC-112	51.0	3.44

6.5 表 面 波 線 路

誘電体を用いると開放形の構造でも電磁エネルギーがその表面に集中され，周囲の空間に少ししみ込むだけで，エネルギーを漏らさず伝送させることができる．このような伝送波を**表面波** (surface wave) という．表面波の原理を図 6.14 によって考えてみよう．これは導体板の上に屈折率 n_1，厚さ w の誘電体をのせた構造である．$x=w$ の境界面は図 3.7 において上下を逆にした図の $x=0$ の面と同じであり，空気の屈折率 ($n_2 \simeq 1$) より n_1 は大きいから適当な θ に対して下から入射する平面波は完全反射される．そして，$x=0$ の完全導体面においても上から下に入射する平面波は完全反射されるから $0<x<w$ の領域に電磁エネルギーは集中し，z 方向に

$$\beta = k_0 n_1 \sin\theta \tag{6.58}$$

の位相定数で伝搬する．$x=w$ における完全反射の条件は式 (3.52) により

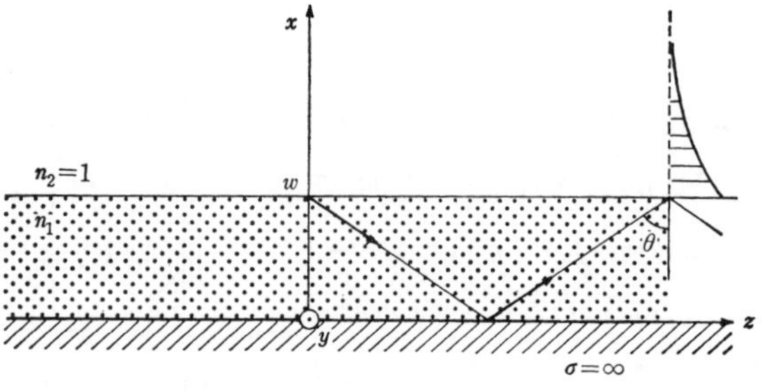

図 6.14　表面波線路の考え方

$$n_1 \sin\theta > n_2 = 1 \tag{6.59}$$

であるから，表面波の位相速度は

$$v_p = \frac{\omega}{\beta} < \frac{\omega}{k_0} = c \tag{6.60}$$

このように，位相速度が光速より遅い波を**遅波**（slow wave）という．表面波は遅波であり，逆に遅波であれば線路の横方向への位相定数が純虚数となり，波がエバネッセント波となってエネルギーが漏れないので表面波になりうる．よく用いられる表面波線路の構造を図 6.15 に示す．導波管の中の波は位相速度が光速より大きな**速波**（fast wave）である．

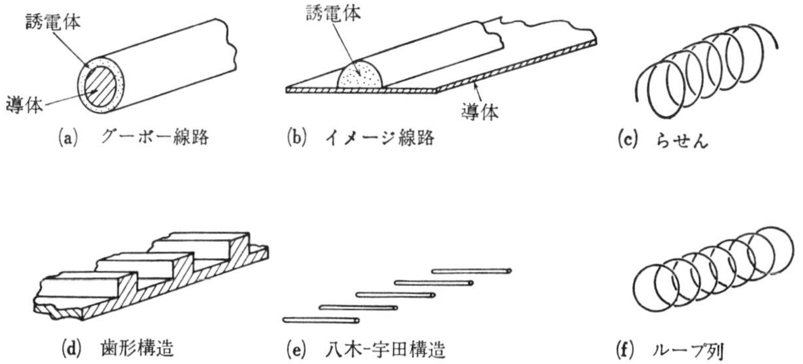

図 6.15 種々の表面波線路

6.6 光ファイバ伝送路

1960 年に光の発振器であるレーザが発明され，それまでマイクロ波の周波数までであった電磁波工学の分野が周波数にして 10^4 倍以上に広げられた．レーザ光は電燈の光と違いコヒーレントな（可干渉性の）光である．100 W の電燈を二つつけると 200 W の電燈と等しい明るさが電燈の下で一様に得られる．すなわち，二つの電燈からのエネルギーがどの点でも加算される．これを電磁界の立場で考えると，二つの光源からの波の位相が同相になる確率と逆相になる確率が等しく，同相のときエネルギーは $2^2=4$ 倍になり，逆相のとき打ち消し合ってゼロになり，両者が等しい割合で起こるので時間平均値が $(4+0)/2=2$ 倍になるのである．このように，二つの光源からの波が干渉し合わない光をインコヒーレントな光という．レーザ光は一定の振動波形を長時間持続するので，二つのレーザ光は干渉し合い，エネルギーが4倍に明るいところと，暗いところに定在波分布のようにわかれる．

レーザ光はまずエネルギー的な目的から利用が始まった．レンズで集光するときわめて狭い面積にエネルギーを集中できるので網膜の治療など医学に応用され，また現在では核融合への利用も研究されている．通信への応用は変復調や伝送路の安定性と損失などの諸問題のためやや遅れているが，1970年に非常に伝送損失の少ない光ファイバが開発され，近いうちに光通信が実現されるものと期待される．

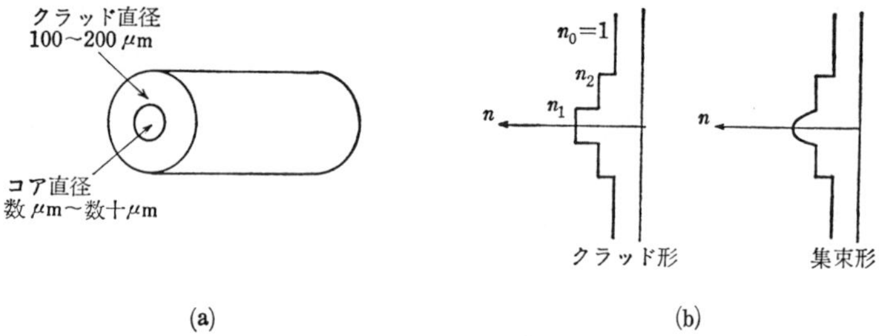

図 6.16　光ファイバの構造と屈折率分布

光ファイバは図6.16に示すような細いガラスの糸であり，屈折率が中心部で大きくなっている．中央部の屈折率が大きい部分は**コア**，周辺部の屈折率の小さい部分は**クラッド**とよばれる．実際の光ファイバはその周囲をプラスチックやナイロンで被覆強化している．低損失の光ファイバは石英ガラス(シリカ)からつくられ，その屈折率は1.45である．石英ガラスをコアとするとき，クラッド部には屈折率を下げるためBやFを含有させる．コアの屈折率分布には一定分布のクラッド形と放物状分布の集束形とがある．

図6.17は光ファイバ中を進行する光線の軌跡を描いたものである．クラッ

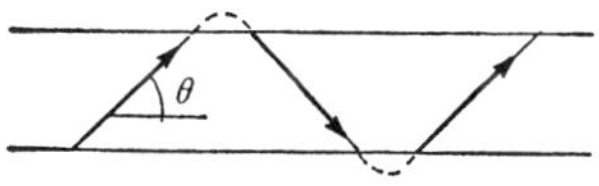

(a)　クラッド形

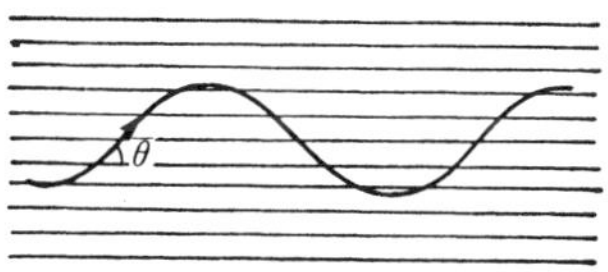

(b)　集束形

図 6.17　光ファイバ中の光線の進み方

ド形光ファイバではコア内を直進し，クラッドとの境界面で表面波線路と同じように完全反射を繰り返しながらファイバ中を進行する．径方向の位相変化が一往復の間で 2π の整数倍でなければならないので θ は離散的な値のみが許され，導波管中の電磁界モードと同じように離散的な導波モードにわかれる．群速度は θ によって異なるので，クラッド形光ファイバは分散性導波路であり，伝送帯域は比較的狭い．集束形光ファイバでは屈折率がゆるやかに変化しているので，光は少しずつ θ を変え，蛇行しながら進む．この場合にも離散的な導波モードにわかれるが，中心における θ の大きいモードは屈折率の小さい周辺部（速度が大）を長く走り，中心における θ の小さいモードは屈折率の大きい中心部（速度が小）を走るので，軸方向の平均的な速度はモードによって変わらず，群速度は一定である．したがって，集束形光ファイバの伝送帯域は比較的広い．

問　　題

6.1　伝送線路の一端に方形パルス状の電圧が印加され，他端は短絡されている．図6.18のように，短絡点から 1 m 離れた点 A における電圧と電流の時間変化は同図の下方に描いたようであった．

（a）　この伝送線路の 1 次定数，L と C を求めよ．

（b）　短絡点から 20 cm 離れた点 B における電圧と電流の時間変化を描け．

6.2　TEM 波線路の 2 導体間の単位長あたりの静電容量を C とすれば，

$$R_c = \frac{1}{v_p C} \qquad (6.61)$$

であることを証明せよ．この関係はマイクロストリップ線路の計算によく用いられる．

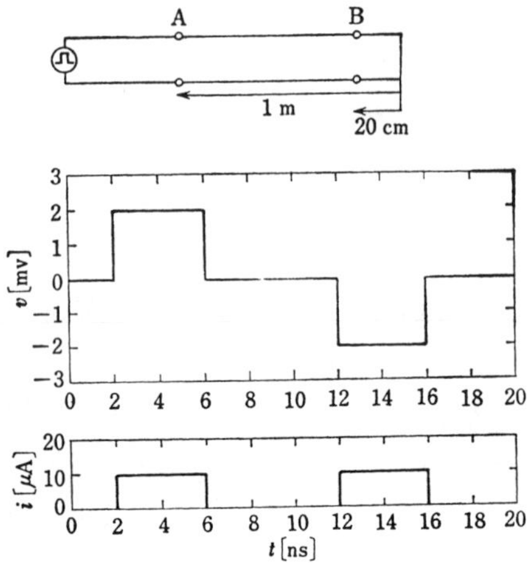

図 6.18　短絡伝送線路と電圧，電流の時間変化

6.3　定在波の電圧分布の最大値 V_{max} と最小値 V_{min} の比を**電圧定在波比**または **VSWR** (Voltage Standing Wave Ratio) という．電圧定在波比 ρ は規格化インピーダンスの実部，r，の最大値に等しいことを証明し，負荷の規格化インピーダンス z_L が与えられたとき，スミス・チャートを用いて ρ を求める方法を考えよ．

6.4　式 (6.35) と (6.36) を導け．

6.5　方形導波管に対しても，本文の円形導波管に対するような理論解析を行ない，TE_{nm} モード，TM_{nm} モードの電磁界と分散式を求めよ．また TM モードの波動インピーダンス Z_{TM} が次式で与えられることを証明せよ．

$$Z_{TM} = \eta_0\sqrt{1-\left(\frac{f_c}{f}\right)^2} \tag{6.62}$$

6.6　断面寸法が $a\times b(a>b)$ の方形導波管において，高次モードのカットオフ周波数の TE_{10} モードのカットオフ周波数に対する比の最小値を a/b に対して求め，この比の最小値を最大にする a/b の最小値は 2 であることを示せ．

6.7　方形導波管の TE_{10} モードの磁力線は次の方程式を満たすことを証明せよ．

$$\sin(\omega t-\beta z)\sin\frac{\pi x}{a} = C \quad (\text{定数}) \tag{6.63}$$

6.8　導波管内の伝送電力は管内の電界エネルギー W_E と磁界エネルギー W_M が群速度 v_g で動くことによって伝送されると考えられる．すなわち，管軸方向のポインティング電力を P とすれば

$$P = (W_E+W_M)v_g \tag{6.64}$$

が成り立つ．この関係が成り立つことを方形導波管の TE_{10} モードに対して証明せよ．

6.9　図 6.14 の遅波構造に伝送される表面波の分散式を TE 波と TM 波について求めよ．

7 線状波源のつくる電磁界と線状アンテナ

電波はアンテナから放射され，アンテナにより受信される．英語の antenna は触角，かたつむりの角を意味し，金属棒からできた電波のセンサーをうまく表現している．日本では“空中線”を学術用語として用いているが，無線通信の初期には導線を空中に張りめぐらしてアンテナを構成したのでこのようによんだのであろう．この章では，線状波源と放射電磁界の関係，および線状アンテナの基礎について学ぶ．

7.1 ダイポール・アンテナとモノポール・アンテナ

アンテナには様々の形状のものがあるが，これらはどのような考え方によって決められたものであろうか？　その必然性がわかるようになればアンテナの専門家の域に近づいたといえる．これをダイポール・アンテナについて考えてみよう．

ダイポール・アンテナは図 7.1 に示すように，1本の導線の中央部に間隙を設け，高周波電圧を印加するもので，線状アンテナの基本的な形である．上下の導線を図 7.2 (a) のように平行に置いたものを考えてみると，これは図 6.3 (a) の平行二線線路を有限長に切断したものにほかならない．このように開放された線路の上には開放端，A と A′，でゼロとなる正弦波状の定在波電流が流れる．この電流を波源とする遠方の電磁界は式 (5.28) のベクトル・ポテンシャルを経由して計算することができるが，線路上の定在波電流は2本の導線

図 7.1 ダイポール・アンテナ

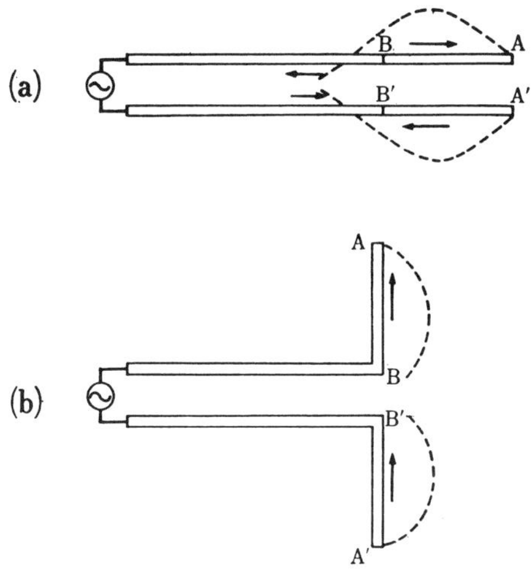

図 7.2 ダイポール・アンテナの考え方. (a) 先端開放の平行二線線路, (b) 途中で垂直に折り曲げた構造.

で逆相の関係にあるので，各部分から放射される電磁界は相殺され微弱なものとなる．この構造を図 7.2 (b) のように，B と B′ で垂直に折り曲げたらどうなるだろうか？ $\overline{\mathrm{AB}}$ と $\overline{\mathrm{A'B'}}$ の上で垂直方向の電流は同相となり，放射が強められそうである．このように考えると，図 7.1 のダイポール・アンテナは伝送線路を進行して来た電磁エネルギーがスムーズに空間に出て行くように，伝送線路の末端を変形したものであると見なすことができる．

アンテナから電力が効率よく放射されるためには，給電点 BB′ においてインピーダンスの整合がとれている必要がある．BB′ からアンテナを含む空間を見込んだインピーダンスを放射インピーダンスという．インピーダンス整合がとれるためには，まず放射インピーダンスの虚部（これを放射リアクタンスという）がゼロでなければならない．放射リアクタンスがゼロの状態をアンテナの共振という．ダイポール・アンテナの放射リアクタンスは図 7.2 (a) の開放伝送線路の入力リアクタンスによって近似できる．式 (6.22″) と (6.23″) にお

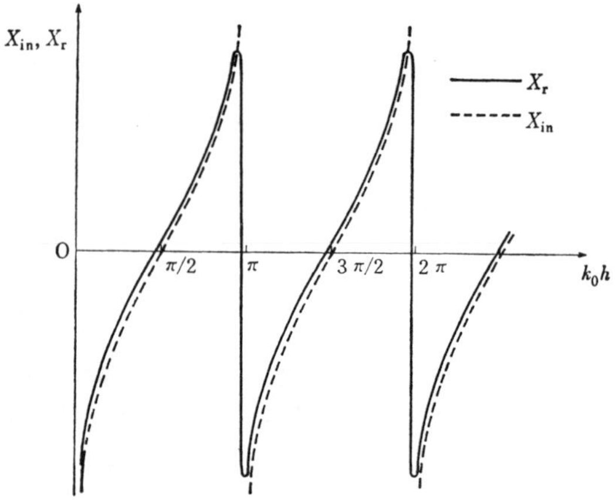

図 7.3 ダイポール・アンテナの入力リアクタンス

いて，線路の長さ l を $\overline{\mathrm{AB}}$ の長さ h に置き換えればよいので，入力リアクタンス X_{in} は次式で近似できる．

$$X_{in} = -R_c \cot k_0 h \tag{7.1}$$

X_{in} の k_0h に対する関係を図示すれば図 7.3 の破線のようになる．周波数が増すとリアクタンスは単調に増加する．この関係は無損失回路で常に成り立つ（リアクタンス定理）．図 7.2 (b) の構造は放射があるので，放射リアクタンス X_r は図 7.3 の実線のように連続曲線となる．$X_r=0$ の点は $X_{in}=0$ の点よりやや左に寄り，

$$k_0 h = \frac{2n-1}{2}\pi - \varDelta_n \tag{7.2}$$

$\varDelta_n$ はアンテナ上の電流分布が伝送線路上の電流分布から，垂直に折り曲げて構造を変形した影響のために，少し異なるための修正項である．アンテナ上の波長が自由空間波長より等価的に短くなると考えられる．$\varDelta_n$ の k_0h に対する比を**アンテナ短縮率**という．普通は最低次（$n=1$）の共振が使われ，このときアンテナ長 $2h$ は $\lambda/2$ であるので半波長ダイポール・アンテナという．半波長ダイポール・アンテナのアンテナ短縮率は導線の太さによって異なるが，ふ

つう数%である．導線が太いほど，アンテナ短縮率は大きい．

インピーダンス整合がとれるためには共振条件が成り立つと同時に，放射インピーダンスの実部（これを放射抵抗という）が R_c に等しい必要がある．放射抵抗の計算の方法は 7.3 節で勉強する．

電波による無線通信装置を発明したのは 1895 年頃のイタリアの G. M. Marconi（マルコーニ）とロシアの A. S. Popov（ポポフ）である．電磁界の基礎方程式を樹立し，電磁波の存在を予言したイギリスの J. C. Maxwell（マクスウェル），実験室において電波の存在を実証したドイツの H. R. Hertz（ヘルツ）の後をうけて，Marconi は電波の実用化に成功した．1898 年にイギリス海峡を隔てた通信に，1901 年には大西洋を隔てた通信に成功したといわれる．Marconi は 1909 年にノーベル物理学賞を受けた．これら三偉人の仕事はその内容はもちろんのこと，方法論的な意味でも教訓に富む．現在，重力波の研究が行なわれ，現段階は Hertz から Marconi に至る途中にあるとされているが，はたして第二の Marconi が出現するだろうか？ Marconi の用いたアンテナは大地の上に導線を立て，大地にアースした電極と導線との間に給電するものであった．この種のアンテナを**接地アンテナ**という．接地アンテナの基本形は図 7.4 (a) のようなモノポール・アンテナである．大地の導電率が十分大きいとき，大地は完全導体に近似することができる．このとき，大地の上の半空間に存在する電磁界は図 7.4 (b) の上下に対称なダイポール・アンテナがつ

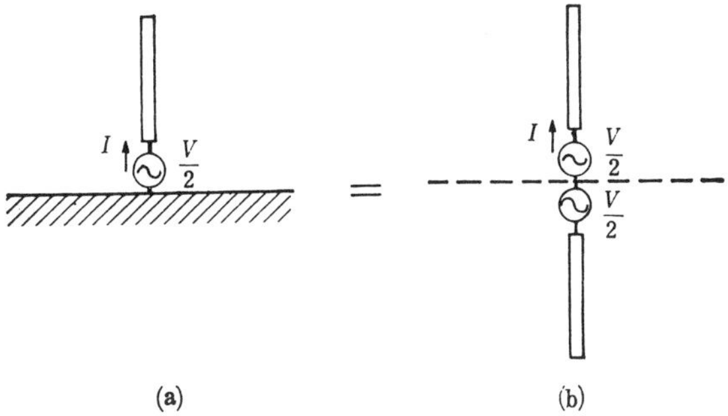

図 7.4 モノポール・アンテナとダイポール・アンテナ

くる電磁界に等しい．同図の破線の面の上で電界は垂直であるので，この面が突然に完全導体面に変わったとしても境界条件が満たされ，その電磁界は変化しないことからも理解できる．モノポール・アンテナの放射インピーダンスを Z_{mono} とし，ダイポール・アンテナの放射インピーダンスを Z_{di} とすれば，$Z_{\mathrm{mono}}=Z_{\mathrm{di}}/2$ が成り立つ．これは次の関係式が成り立つからである．

$$Z_{\mathrm{mono}} = \frac{\frac{V}{2}}{I} = \frac{1}{2}\cdot\frac{V}{I} = \frac{1}{2}Z_{\mathrm{di}} \tag{7.3}$$

モノポール・アンテナは実験室において，電流分布や放射インピーダンスを測定するためにダイポール・アンテナのシミュレーションとしてつくられることが多い．モノポール・アンテナの実験では装置を完全導体面の下に隠せるので，測定系によって電磁界が乱されるための誤差が生じることがない．

7.2 微小ダイポール

長さが波長より短いダイポール・アンテナを**微小ダイポール**という．電流は両端でゼロでなければならないので，図 7.5 (a) に示すような三角状に分布する．このとき，電荷は連続の方程式によって図 7.5 (b) に示したようなパルス

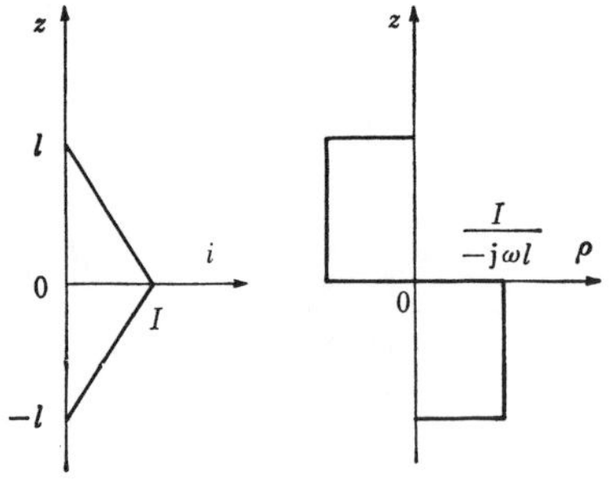

(a)　(b)

図 7.5　微小ダイポールの電流分布と電荷分布

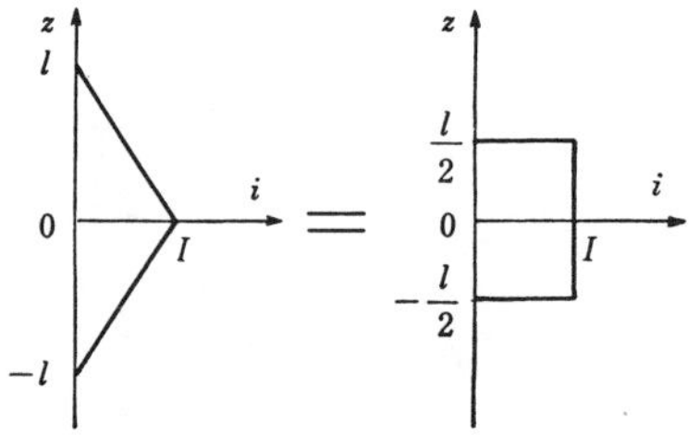

(a)　(b)

図 7.6　電流モーメントの等しい二つの微小電流素子

になる．これらの電流と電荷から放射される電磁波は式 (5.27) と (5.28) によってVとAを求め，これらを式 (5.13) と (5.15) に代入すれば求めることができる．このとき，$\boldsymbol{H}$は$\boldsymbol{A}$だけから求められるので電荷分布を知る必要がない．そして，波源の広がり（$-l$ から l までの長さ）が小さいとき電流の積分値（電流モーメント，アンペア・メータ）が等しい別の波源に置き換えても$\boldsymbol{A}$は変わらない．このために，微小ダイポールとして，図7.6のように一定振幅の電流がlの長さにわたって流れているモデルを用いることが多い．このモデルでは，電荷は $z=\pm l/2$ の両端に集中し，その大きさは $\pm\infty$ となる．このような微小電流素子によるベクトル・ポテンシャルは式 (5.28) から

$$\boldsymbol{A}=\hat{z}\frac{\mu_0 Il\exp(-\mathrm{j}k_0 r)}{4\pi r} \tag{7.4}$$

これを式 (5.13) に代入して，

$$\boldsymbol{H}=\begin{vmatrix}\hat{\boldsymbol{x}} & \hat{\boldsymbol{y}} & \hat{\boldsymbol{z}}\\ \dfrac{\partial}{\partial x} & \dfrac{\partial}{\partial y} & \dfrac{\partial}{\partial z}\\ 0 & 0 & \dfrac{Il\exp(-\mathrm{j}k_0 r)}{4\pi r}\end{vmatrix}=\frac{Il}{4\pi}\left(\hat{\boldsymbol{x}}\frac{\partial}{\partial y}-\hat{\boldsymbol{y}}\frac{\partial}{\partial x}\right)\frac{\exp(-\mathrm{j}k_0 r)}{r}$$

ここで，

$$\frac{\partial f(r)}{\partial x}=f'\frac{\partial r}{\partial x}=f'\hat{\boldsymbol{r}}\cdot\hat{\boldsymbol{x}}=f'\sin\theta\cos\varphi$$

$$\frac{\partial f(r)}{\partial y}=f'\frac{\partial r}{\partial y}=f'\hat{\boldsymbol{r}}\cdot\hat{\boldsymbol{y}}=f'\sin\theta\sin\varphi$$

の関係を用い，さらに

$$\hat{\boldsymbol{\varphi}}=-\hat{\boldsymbol{x}}\sin\varphi+\hat{\boldsymbol{y}}\cos\varphi$$

の関係を用いて整理すれば，

$$\boldsymbol{H}=\hat{\boldsymbol{\varphi}}\frac{k_0{}^2 Il}{4\pi}\sin\theta\left(\frac{\mathrm{j}}{k_0 r}+\frac{1}{(k_0 r)^2}\right)\exp(-\mathrm{j}k_0 r) \tag{7.5}$$

最後の結果は球座標 $(r,\ \theta,\ \varphi)$ を用いて書かれている．最初から球座標を用いて計算したらどうだろうか？　まず，$\boldsymbol{A}=\hat{z}A_z$ を A_r と A_θ に分解する．すな

わち，

$$\boldsymbol{A}=\hat{z}A_z=\hat{r}A_r+\hat{\boldsymbol{\theta}}A_\theta \tag{7.6}$$

A_r と A_θ を求めるには，それぞれの方向の単位ベクトルと式 (7.6) の両辺とのスカラー積（内積）をとればよい．こうして，

$$A_r=(\hat{r}\cdot\hat{z})A_z=A_z\cos\theta$$

$$A_\theta=(\hat{\boldsymbol{\theta}}\cdot\hat{z})A_z=-A_z\sin\theta$$

そして，付録の A.2 節の (18) に示した球座標による回転の公式によって，

$$\boldsymbol{H}=\frac{1}{\mu_0 r^2\sin\theta}\begin{vmatrix}\hat{r} & r\hat{\boldsymbol{\theta}} & r\sin\theta\hat{\boldsymbol{\varphi}}\\ \dfrac{\partial}{\partial r} & \dfrac{\partial}{\partial\theta} & 0\\ \dfrac{\mu_0 Il\exp(-\mathrm{j}k_0r)}{4\pi r}\cos\theta & -\dfrac{\mu_0 Il\exp(-\mathrm{j}k_0r)}{4\pi}\sin\theta & 0\end{vmatrix}$$

$$=\hat{\boldsymbol{\varphi}}\frac{k_0{}^2Il}{4\pi}\left[\frac{\mathrm{j}}{k_0r}+\frac{1}{(k_0r)^2}\right]\exp(-\mathrm{j}k_0r)\sin\theta$$

と計算され，結果は式 (7.5) と一致する．次に電界はマクスウェルの方程式にさかのぼって計算するのがよい．$r\neq0$ の点では波源のない自由空間なのだから，式 (2.33) において $\boldsymbol{i}=0$，$\boldsymbol{D}=\varepsilon_0\boldsymbol{E}$ が成り立つので，

$$\boldsymbol{E}=\frac{1}{\mathrm{j}\omega\varepsilon_0}\nabla\times\boldsymbol{H}=\frac{1}{\mathrm{j}\omega\varepsilon_0}\cdot\frac{1}{r^2\sin\theta}\begin{vmatrix}\hat{r} & r\hat{\boldsymbol{\theta}} & r\sin\theta\hat{\boldsymbol{\varphi}}\\ \dfrac{\partial}{\partial r} & \dfrac{\partial}{\partial\theta} & 0\\ 0 & 0 & r\sin\theta H_\varphi\end{vmatrix}$$

上の式に式 (7.5) を代入すれば，少し複雑な計算であるが，次の結果が得られる．

$$\boldsymbol{E}=\hat{r}E_r+\hat{\boldsymbol{\theta}}E_\theta \tag{7.7}$$

$$E_r=\eta_0\frac{k_0{}^2Il\exp(-\mathrm{j}k_0r)}{2\pi}\left[\frac{1}{(k_0r)^2}-\frac{\mathrm{j}}{(k_0r)^3}\right]\cdot\cos\theta \tag{7.8}$$

$$E_\theta=\eta_0\frac{k_0{}^2Il\exp(-\mathrm{j}k_0r)}{4\pi}\left[\frac{\mathrm{j}}{k_0r}+\frac{1}{(k_0r)^2}-\frac{\mathrm{j}}{(k_0r)^3}\right]\cdot\sin\theta \tag{7.9}$$

η_0 は自由空間の特性インピーダンス：$\sqrt{\mu_0/\varepsilon_0}\simeq120\pi$〔Ω〕である．結果を k_0r のべき乗について整理すると表 7.1 のようになる．$k_0r\gg1$ のとき，$(k_0r)^{-1}$ の

表 7.1 微小ダイポールのつくる電磁界の分類

電磁界＼べき乗	$(k_0r)^{-1}$	$(k_0r)^{-2}$	$(k_0r)^{-3}$
E_r	×	○	○
E_θ	○	○	○
H_φ	○	○	×
名　　称	放射電磁界	誘導電磁界	静　電　界

項だけが残り，

$$E_\theta = \eta_0 H_\varphi = \frac{\mathrm{j}k_0\eta_0 Il \exp(-\mathrm{j}k_0 r)}{4\pi r}\sin\theta \tag{7.10}$$

これを**放射電磁界**という．放射電磁界は $r=$一定 の球面を等位相面とする球面波であり，振幅は r^{-1} に比例する．$k_0r \ll 1$ のとき，$(k_0r)^{-3}$ の項が最大となり，電界だけがこの項をもつ．この成分は時間的に不変な正負の電荷から成るダイポールのつくる電界に似ているので，**静電界**の成分という．中間的な領域に $(k_0r)^{-2}$ に比例する電磁界成分があり，これを**誘導電磁界**という．これら三者の大きさは $k_0r=1$，すなわち $r=\lambda/2\pi$ のところで等しくなる．したがって，微小電流素子から少し離れれば，波長の短いマイクロ波帯においては放射電磁界の成分だけになると考えてよい．アンテナは放射電磁界を利用するが，まれに誘導電磁界を利用することもある．

7.3 微小ダイポールの放射抵抗と8の字形指向性

微小ダイポールが放射する電力は放射電磁界のつくるポインティング・ベクトルを，微小ダイポールを中心とする任意の半径の球面上で積分することにより求められる．この計算方法を**ポインティング・ベクトル法**という．図7.7のように，面素 $\mathrm{d}S$ が $r^2\sin\theta\mathrm{d}\theta\mathrm{d}\varphi$ であることに注意して，

$$P_r = \int_0^\pi \sin\theta\,\mathrm{d}\theta \int_0^{2\pi} \mathrm{d}\varphi \cdot r^2 \cdot \frac{1}{\eta_0} \cdot \frac{(k_0\eta_0 Il)^2}{(4\pi r)^2}\sin^2\theta$$

$$= \frac{\eta_0 I^2 (k_0 l)^2}{8\pi}\int_0^\pi \sin^3\theta\,\mathrm{d}\theta$$

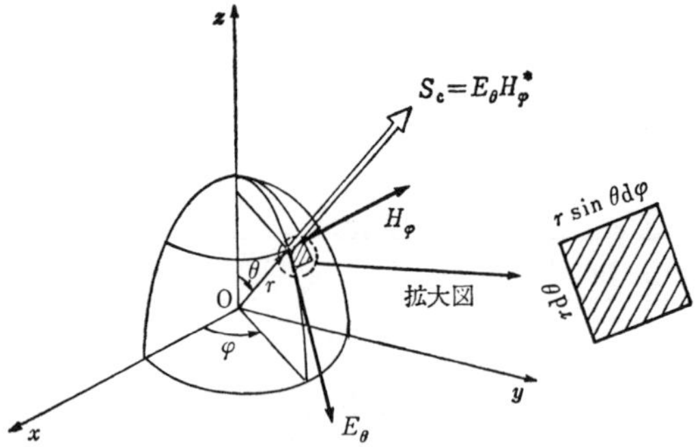

図 7.7 微小ダイポールによるポインティング・ベクトル

ここで，Iは実効値で表わされているものとする．$\cos\theta=t$，$\sin^2\theta=1-t^2$，$-\sin\theta\,\mathrm{d}\theta=\mathrm{d}t$ の変数変換を行なえば，

$$\int_0^\pi \sin^3\theta\,\mathrm{d}\theta=\int_{-1}^{1}(1-t^2)\,\mathrm{d}t=\frac{4}{3}$$

したがって，

$$P_r=\frac{\eta_0 I^2(k_0 l)^2}{6\pi} \tag{7.11}$$

放射抵抗を R_r とすれば，P_r は電流 I が抵抗 R_r に流れたとき消費される電力に等しい．したがって，

$$R_r=\frac{P_r}{I^2}=\frac{\eta_0}{6\pi}(k_0 l)^2$$

$\eta_0=120\pi$〔Ω〕とし，単位をΩで表現すれば，

$$R_r\simeq 80\left(\frac{\pi l}{\lambda}\right)^2 \text{〔Ω〕} \tag{7.12}$$

R_r は l/λ の2乗に比例する．これは記憶しておくべき重要なことである．l が λ に比して非常に小さいならば R_r は小さく，一定の電力を放射するためには大きな電流を流さなければならないので放射効率は低い．

放射電磁界の振幅分布を $r=$一定 の球面上でしらべると，これは $\sin\theta$ に比例している．θ に対する分布を極座標によって表示すると図7.8のようになる．この図において偏角を θ に，原点からの長さを電界の振幅を最大方向で1

に規格化した値に等しくするものとする．原点からの長さは $|\sin\theta|$ に等しいから，∠OPA は直角である．したがって点Pの軌跡は $\overline{\mathrm{OA}}$ を直径とする円になる．このような図を**指向性図**といい，図7.8のように二つの円が並んだ指向性を**8の字形指向性**という．（八の字形指向性ではない．）微小ダイポールは振動の方向（z 方向）に垂直な方向に最も強く放射し，z 方向には放射しない．これは電磁波が横波であるための一つの結果である．

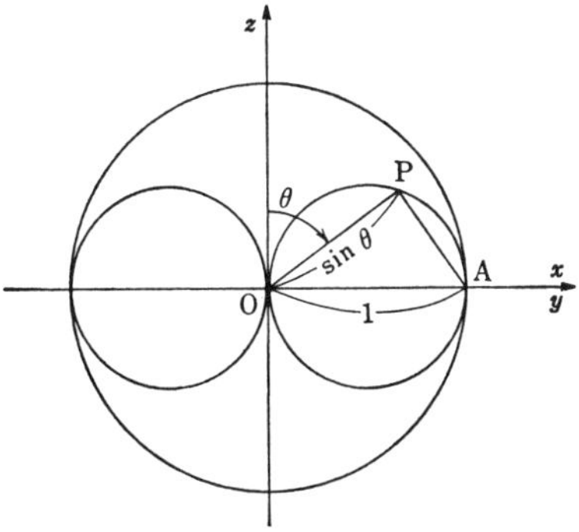

図 7.8 8の字形指向性

7.4 放射ベクトル

微小ダイポールに関する公式をもとに，直線の上に長く分布した電流波源からの放射電磁界を計算することができる．図7.9のように z 軸上の線分 L の上に z 方向の電流が z の関数，$I(z)$，をもって分布しているとする．$(z, z+\mathrm{d}z)$ の微小区間の電流素子 $I(z)\mathrm{d}z$ のつくる電界 $\mathrm{d}\boldsymbol{E}$ を重ね合わせればよい．このとき，$I(z)\mathrm{d}z$ は微小ダイポールと見なせるので，$\mathrm{d}\boldsymbol{E}$ は前節の結果を直接利用できる．図7.9における距離 r が L よりも十分大きいとき，原点（$z=0$）からPへの直線と $z=z$ からPへの直線はほぼ平行になるので，

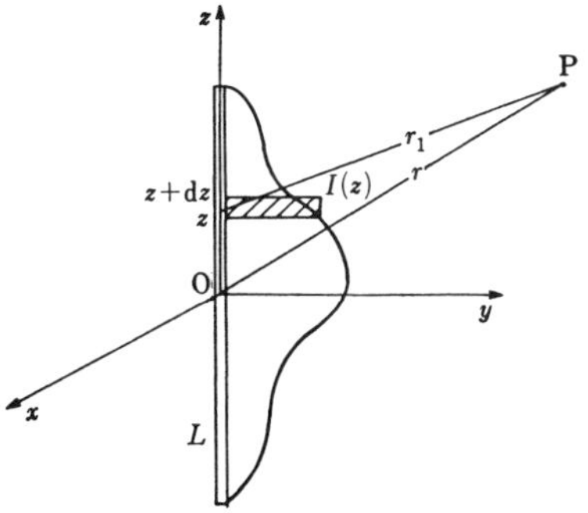

図 7.9 z 軸上に長く分布した電流波源

$$r_1 = r - z\cos\theta \tag{7.13}$$

したがって，

$$\boldsymbol{A}(\mathrm{P}) = \int_L \frac{\mu_0 \hat{z} I(z) \exp(-\mathrm{j}k_0 r_1)}{4\pi r_1} \mathrm{d}z \simeq \frac{\mu_0 \exp(-\mathrm{j}k_0 r)}{4\pi r} \boldsymbol{N} \tag{7.14}$$

$$\boldsymbol{N} = \int_L \hat{z} I(z) \exp(\mathrm{j}k_0 z \cos\theta)\, \mathrm{d}z \tag{7.15}$$

式 (7.14) を導く過程において，積分関数の分母の r_1 は r に置き換えたが，指数関数の中の r_1 は式 (7.13) を用いた．これは，前者が振幅項，後者が位相項であり，$r \to \infty$ のとき振幅項は $r_1 \to r$ としてよいが，位相の差は図 7.10 を見ればわかるようにいつまでも一定の大きさが残るからである．式 (7.15) の $\boldsymbol{N}$ を**放射ベクトル**という．この場合の放射ベクトルは θ だけの関数である．電流波源がもう少し複雑に分布する場合，たとえば図 7.11 のように任意の曲線 L の上を，L の接線方向に流れ，振幅と位相が L 上の座標 l の関数であるような場合にも式 (7.14) は成り立ち，この場合の $\boldsymbol{N}$ を次式によって計算すればよい．

$$\boldsymbol{N}(\hat{\boldsymbol{r}}) = \int_L \boldsymbol{I}(l) \exp(\mathrm{j}k_0 \hat{\boldsymbol{r}} \cdot \boldsymbol{r}')\, \mathrm{d}l \tag{7.16}$$

ただし，図 7.11 に示すように $\boldsymbol{r}'$ は L の上の点を示す位置ベクトル，$\hat{\boldsymbol{r}}$ は原点

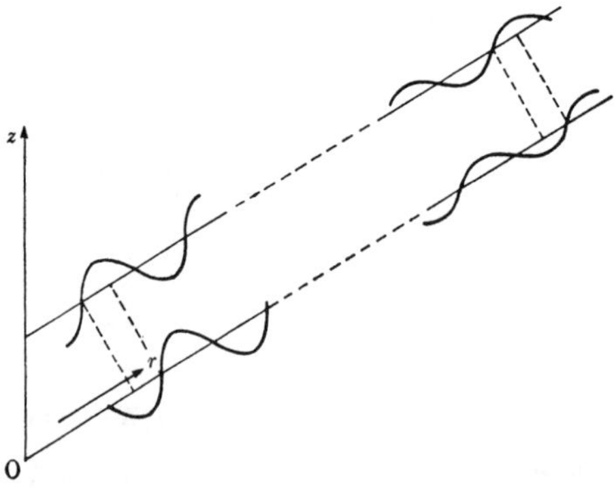

図 7.10　$r \to \infty$ のときの位相の差

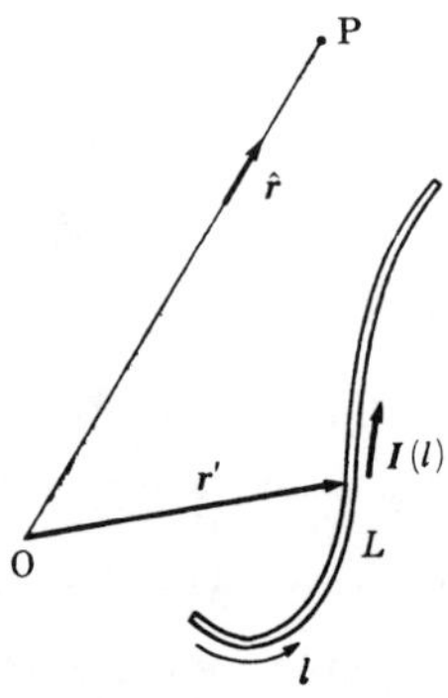

図 7.11　曲線 L の上の電流波源

Oから観測点Pに向かう方向の単位ベクトルである．$\boldsymbol{N}$ を r, θ, φ の3成分に分解すると，ベクトル・ポテンシャル $\boldsymbol{A}$ は

$$\boldsymbol{A} = \frac{\mu_0 \exp(-\mathrm{j}k_0 r)}{4\pi r}(\hat{\boldsymbol{r}}N_r + \hat{\boldsymbol{\theta}}N_\theta + \hat{\boldsymbol{\varphi}}N_\varphi) \tag{7.17}$$

これを式 (5.15) と (5.17) に代入して，電界は

$$\boldsymbol{E} = -\mathrm{j}\omega\boldsymbol{A} - \frac{\mathrm{j}\omega}{k_0{}^2}\nabla\nabla\cdot\boldsymbol{A}$$

のように計算されるが，放射電界は上の式の右辺第1項の θ 成分と φ 成分の和に等しいことが証明できる（問題 7.2）．したがって，

$$\boldsymbol{E} = -\frac{\mathrm{j}k_0\eta_0 \exp(-\mathrm{j}k_0 r)}{4\pi r}(\hat{\boldsymbol{\theta}}N_\theta + \hat{\boldsymbol{\varphi}}N_\varphi) \tag{7.18}$$

放射ベクトルの一つの応用例として，ダイポール・アンテナの放射電界を計算しよう．ダイポール・アンテナの電流分布は開放伝送線路の上の電流分布［式 (6.23″)］によって近似され，図 7.12 のように座標系を定めると次式で表わされる．

$$I(z) = I_0 \sin k_0(h-|z|) \tag{7.19}$$

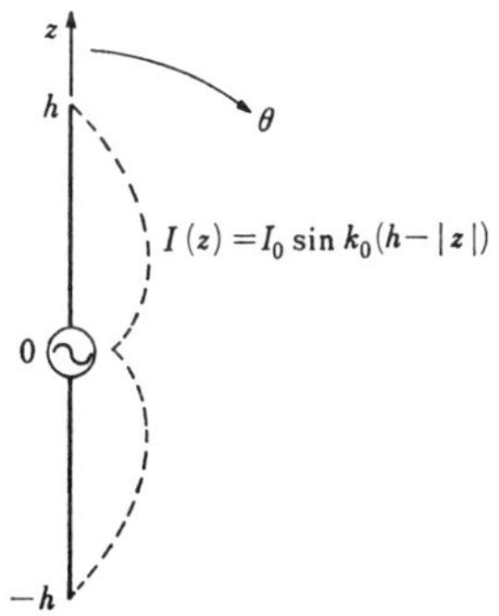

図 7.12 ダイポール・アンテナの座標と電流分布

これを式 (7.15) に代入して，

$$\boldsymbol{N} = \hat{z}\int_{-h}^{h} I_0 \sin k_0(h-|z|)\exp(\mathrm{j}k_0 z\cos\theta)\,\mathrm{d}z$$

$$= (\hat{\boldsymbol{r}}\cos\theta - \hat{\boldsymbol{\theta}}\sin\theta) I_0 \frac{2}{k_0}\cdot\frac{\cos(k_0 h\cos\theta) - \cos k_0 h}{\sin^2\theta} \tag{7.20}$$

したがって，式 (7.18) により放射電界は次のようになる．

$$\boldsymbol{E} = \hat{\boldsymbol{\theta}}\frac{\mathrm{j}\eta_0 I_0 \exp(-\mathrm{j}k_0 r)}{2\pi r}F_\mathrm{h}(\theta) \tag{7.21}$$

$$F_\mathrm{h}(\theta) = \frac{\cos(k_0 h\cos\theta) - \cos k_0 h}{\sin\theta} \tag{7.22}$$

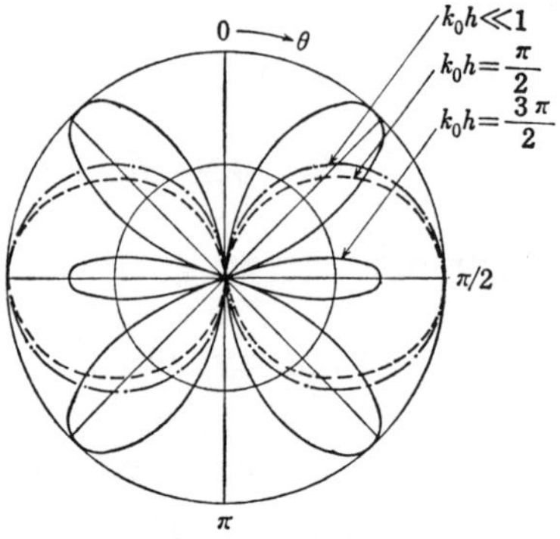

図 7.13　ダイポール・アンテナの指向性図

式 (7.22) をダイポール・アンテナの**指向性関数**という．$F_h(\theta)$ の最大値が 1 になるように規格化し，指向性図を描くと図 7.13 が得られる．k_0h が π より小さいとき，指向性は微小ダイポールのときと同様に 8 の字形指向性になる．

7.5　折り返しアンテナとループ・アンテナ

ダイポール・アンテナは先端が開放された伝送線路の変形と見なせたが，先端が短絡された伝送線路の変形と見なせるアンテナも存在する．

図 7.14 は半波長の短絡線路から変形によって構成したと考えられる折り返

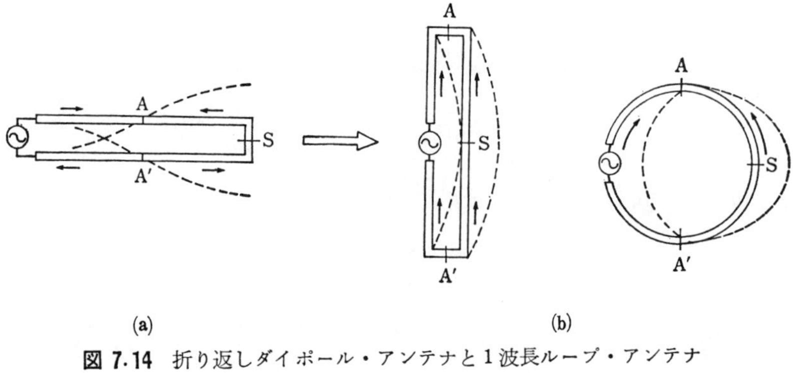

図 7.14　折り返しダイポール・アンテナと 1 波長ループ・アンテナ

しダイポール・アンテナと1波長ループ・アンテナを示している．折り返しダイポール・アンテナは同相同大の電流が流れる平行な2本の半波長ダイポール・アンテナに等価である．給電点電流をIとすれば，給電点電流が$2I$の1本の半波長ダイポール・アンテナと等しい電力を放射するので，半波長ダイポール・アンテナの放射抵抗をR_h，折り返しダイポール・アンテナの放射抵抗をR_fとすれば，

$$R_f = \frac{(2I)^2 R_h}{I^2} = 4R_h \tag{7.23}$$

9.3節に述べるが，R_hは約75ΩであるのでR_fは300Ωとなり，折り返しダイポール・アンテナは平行二線線路に整合させやすい．折り返しダイポール・アンテナの指向性は半波長ダイポール・アンテナの指向性と変わらないが，図7.14の右の円形ループ・アンテナのようにふくらませると，2本の等価ダイポール・アンテナが離れて置かれたことになり，指向性がやや細く絞られる．

図7.15は周囲長が波長にくらべて短いループ・アンテナを示す．電流はほぼ一様な振幅で1周する．磁界検出用の微小ループ・アンテナとして用いられるほか，船舶の方向探知用アンテナとして用いられる．

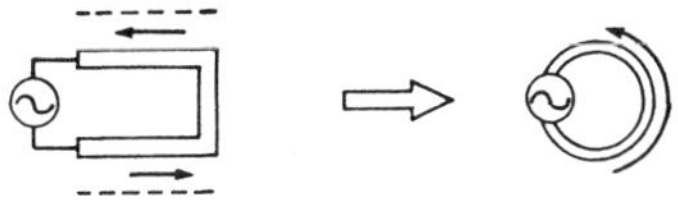

図 7.15　微小ループ・アンテナ

問　　題

7.1　図7.16のような線状アンテナの電流分布をアンテナ導線が十分に細いものとして考え，その分布を例のように図中に記入せよ．

7.2　電流素子による放射電界はベクトル・ポテンシャル$\boldsymbol{A}$を用いて次式のように表わすことができることを証明せよ．

$$\boldsymbol{E} = -\mathrm{j}\omega \boldsymbol{A}\cdot(\hat{\boldsymbol{\theta}}\hat{\boldsymbol{\theta}} + \hat{\varphi}\hat{\varphi}) \tag{7.24}$$

ここに，$\hat{\boldsymbol{\theta}}$と$\hat{\varphi}$は電流素子の近くの点を原点とする球座標$(r, \theta, \varphi)$の$\theta$方向と$\varphi$方向の単位ベクトルである．

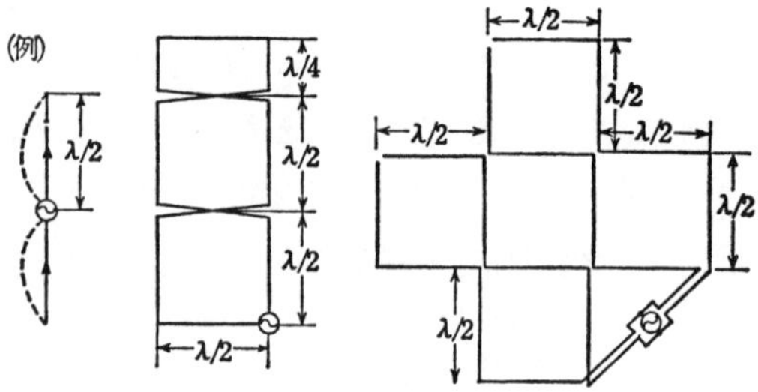

図 7.16　細い導線から成る線状アンテナ

7.3　放射ベクトルの直角座標成分 N_x, N_y, N_z によって球座標成分 N_θ, N_φ を表わせ．

7.4　微小ループ・アンテナの座標を図 7.17 のように定めたとき，放射電界を求め，放射抵抗が次式で与えられることを導け．

$$R_r = 20\pi^2(k_0a)^4 \quad [\Omega] \tag{7.25}$$

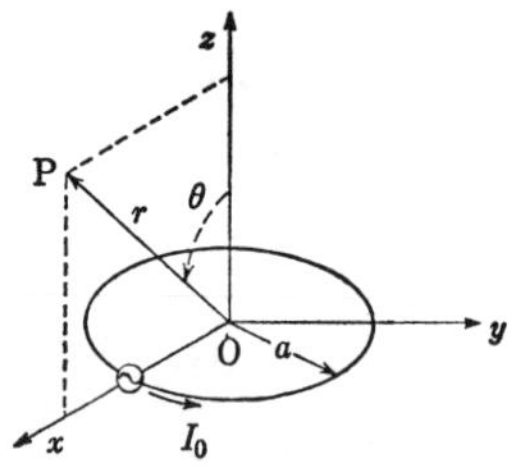

図 7.17　微小ループ・アンテナの座標

7.5　前問のループ・アンテナにおいて，a が波長に比して十分には小さくなく，電流分布が次式で与えられる場合の放射電界を求めよ．

$$I(\varphi') = I_0 \cos m\varphi' \tag{7.26}$$

このとき，次の公式が有用である．

$$e^{jr\cos\theta} = \sum_{n=0}^{\infty} \varepsilon_n (j)^n J_n(r) \cos n\theta \tag{7.27}$$

$$\varepsilon_n = \begin{cases} 1 & (n=0) \\ 2 & (n=1, 2, \cdots\cdots) \end{cases} \tag{7.28}$$

8 面状波源のつくる電磁界と開口面アンテナ

マイクロ波用のアンテナとして導波管の先を広げた電磁ホーンや反射望遠鏡の原理を応用したパラボラ・アンテナなどがよく用いられる．これらのアンテナは波源が開口面とよぶ面の上に分布するものとして解析できるので，**開口面アンテナ**と総称される．この章では開口面アンテナの考え方と基本的な特性について学ぶ．

8.1 電磁ホーンと等価定理

諸君の多くは図 8.1 のようなアンテナを実験の時間に実際に勉強することと思う．このアンテナを導波管の先にフランジを介して接続すれば，導波管を伝搬してきた電磁エネルギーが空間に効率よく放射される．導波管を切断しただけの構造も一種のアンテナになりうるけれども，導波管の先を徐々に大きく広げて行き，電波がスムーズに空間に出て行くようにしたアンテナである．このような導波管の変形によって，インピーダンス整合が良くなると同時に指向性も良くなる．楽器のホーンやラッパの形に似ているので**電磁ホーン**，あるいは**電磁ラッパ**という．

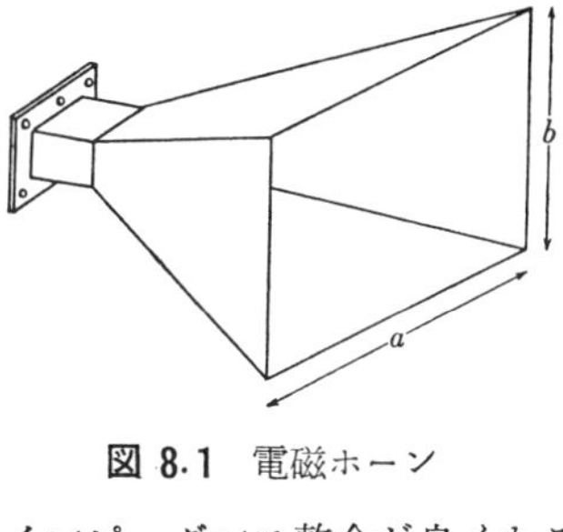

図 8.1 電磁ホーン

電磁ホーンの指向性はどのように計算されるのだろう？　導波管と電磁ホー

ンの壁面に流れる電流を波源として，線状アンテナの場合と同じ様に放射ベクトルを計算するのも一つの方法である．しかし，電流分布を知るのが難しいし，電流分布がわかったとしても面積分の計算が複雑である．また，導波管の部分はアンテナではないので，電磁ホーン単独の特性として指向性を求めることが望ましい．図 8.2 は導波管と電磁ホーンの系全体の断面図である．電波はこれらを包囲した $\overline{\mathrm{ABCDEFA}}$ の面を通って空間に出て行く．ところが，$\overline{\mathrm{AF}}$ 以外の面は金属でできているので電波は横切ることができず，$\overline{\mathrm{AF}}$ の面を通って出て行くことになる．この面を開口面という．放射される電磁エネルギーは，元来導波管の左の奥の方にある波源から送り出されているのであるが，開口面から左のすべての波源を開口面上の等価波源に置き換えられるならば非常に便利である．このような等価波源がどのようなものであればよいかを考えてみよう．

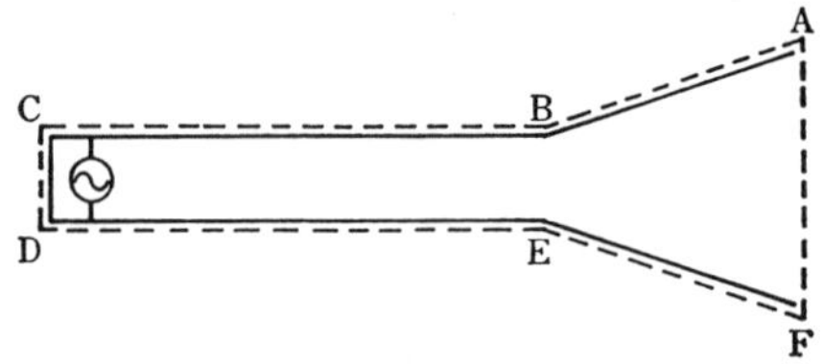

図 8.2　電磁ホーンを含む系全体の断面図

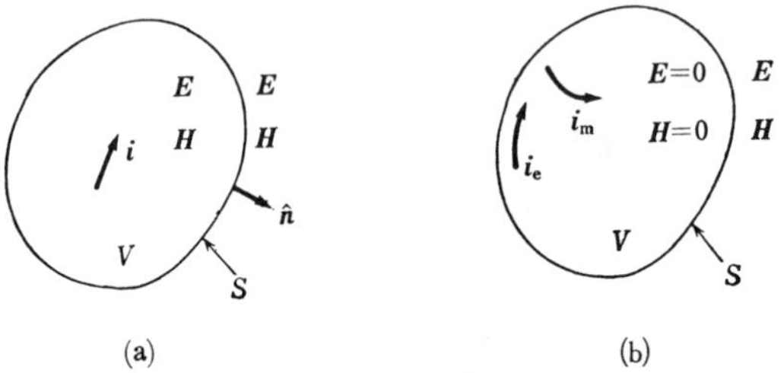

図 8.3　等価波源

この問題を一般化して図 8.3 を考える．同図 (a) では領域 V の中に波源があり，この波源により電磁界 ($\boldsymbol{E}$, $\boldsymbol{H}$) が V の内外につくられているとする．同図 (b) では V の表面 S の上に等価波源があり，V の外の領域にはもとの電磁界 ($\boldsymbol{E}$, $\boldsymbol{H}$) がつくられ，V の内にはゼロの電磁界がつくられるものとしよう．境界条件 (1.37) によって，等価波源は次の表面電流 $\boldsymbol{i}_s$ を含まなければならない．

$$\boldsymbol{i}_s = \hat{\boldsymbol{n}} \times \boldsymbol{H} \tag{8.1}$$

一方，電界の境界条件 (1.38) はこのままでは満たすことができない．電流以外の波源を人為的に考える必要がある．マクスウェルの方程式が電界と磁界に関して類似の関係にあることに着目し，($\boldsymbol{E}$, $\boldsymbol{H}$) と次の関係にあるベクトル場 ($\boldsymbol{E}_d$, $\boldsymbol{H}_d$) を考えてみよう．

$$\boldsymbol{E}_d = -\sqrt{\frac{\mu_0}{\varepsilon_0}}\boldsymbol{H} \tag{8.2}$$

$$\boldsymbol{H}_d = \sqrt{\frac{\varepsilon_0}{\mu_0}}\boldsymbol{E} \tag{8.3}$$

マクスウェルの方程式を ($\boldsymbol{E}_d$, $\boldsymbol{H}_d$) によって書くと次式が得られる．

$$\nabla \times \boldsymbol{H}_d - \frac{\partial}{\partial t}(\varepsilon_0 \boldsymbol{E}_d) = 0 \tag{8.4}$$

$$\nabla \times \boldsymbol{E}_d + \frac{\partial}{\partial t}(\mu_0 \boldsymbol{H}_d) = -\sqrt{\frac{\mu_0}{\varepsilon_0}}\boldsymbol{i} \tag{8.5}$$

式 (8.5) の右辺がゼロでない点を除くと，($\boldsymbol{E}_d$, $\boldsymbol{H}_d$) もマクスウェルの方程式を満たしている．式 (8.2) と (8.3) で結ばれる ($\boldsymbol{E}, \boldsymbol{H}$) と ($\boldsymbol{E}_d$, $\boldsymbol{H}_d$) は互いに双対であるという．もとの電磁界 ($\boldsymbol{E}$, $\boldsymbol{H}$) は電流 $\boldsymbol{i}$ を波源とするのに対し，これに双対な電磁界 ($\boldsymbol{E}_d, \boldsymbol{H}_d$) は式 (8.5) 右辺の $-\sqrt{\mu_0/\varepsilon_0}\,\boldsymbol{i}$ を波源とする．このような項はもとのマクスウェル方程式にはなかったので，新しい名前を考えなければならない．$(\partial/\partial t)(\varepsilon_0 \boldsymbol{E})$ が変位電流なのに対し，$(\partial/\partial t)(\mu_0 \boldsymbol{H}_d)$ は変位磁流ということができるから，$\sqrt{\mu_0/\varepsilon_0}\,\boldsymbol{i}$ は**磁流**とよぶのがふさわしい．磁流を $\boldsymbol{i}_m$，電流を $\boldsymbol{i}_e$ と区別して書き，両方を含んだマクスウェルの方程式は次のようになる．

$$\nabla \times \boldsymbol{E} + \mu_0 \frac{\partial \boldsymbol{H}}{\partial t} = -\boldsymbol{i}_m \tag{8.6}$$

$$\nabla \times \boldsymbol{H} - \varepsilon_0 \frac{\partial \boldsymbol{E}}{\partial t} = \boldsymbol{i}_e \tag{8.7}$$

$\boldsymbol{i}_m$ による電磁界は $\boldsymbol{i}_e$ による電磁界に双対であるので，電流から電磁界を積分する公式と，式 (8.2)，(8.3) の置換によって $\boldsymbol{i}_m$ に対して求めることができる．このような磁流 $\boldsymbol{i}_{\mathrm{m}}$ を導入し，電流をあらためて $\boldsymbol{i}_{\mathrm{e}}$ と書くことにすると，境界条件 (1.37) と (1.38) は次のようになる．

$$\hat{\boldsymbol{n}}\times(\boldsymbol{H}^{(1)}-\boldsymbol{H}^{(2)}) = \boldsymbol{i}_{\mathrm{es}} \tag{1.37'}$$

$$\hat{\boldsymbol{n}}\times(\boldsymbol{E}^{(1)}-\boldsymbol{E}^{(2)}) = -\boldsymbol{i}_{\mathrm{ms}} \tag{1.38'}$$

ここで，図 8.3 の問題にもどると，電界の不連続は S の上に次式で与えられるような表面磁流を置くことによって満足される．

$$\boldsymbol{i}_{\mathrm{ms}} = -\hat{\boldsymbol{n}}\times\boldsymbol{E} \tag{8.8}$$

また，式 (8.1) は

$$\boldsymbol{i}_{\mathrm{es}} = \hat{\boldsymbol{n}}\times\boldsymbol{H} \tag{8.1'}$$

式 (8.1′) の $\boldsymbol{i}_{\mathrm{es}}$ と式 (8.8) の $\boldsymbol{i}_{\mathrm{ms}}$ の組は図 8.3 (b) の電磁界，すなわち V の外で同図 (a) の電磁界と同じ $(\boldsymbol{E}, \boldsymbol{H})$，$V$ 内でゼロの電磁界をつくる．$\boldsymbol{i}_{\mathrm{es}}$ と $\boldsymbol{i}_{\mathrm{ms}}$ を等価波源といい，この存在する閉曲面より外の領域でもとの電磁界が再現されることを述べた定理を**等価定理**という．これは 17 世紀にホイヘンスの定理として知られていた光学の定理を精密化するものであり，等価波源を置く面 S を**ホイヘンス面**という．

以上で準備が終ったので，電磁ホーンの問題にもどろう．等価定理によれば $\overline{\mathrm{ABCDEFA}}$ の閉曲面上の電磁界から $\boldsymbol{i}_{\mathrm{es}}$ と $\boldsymbol{i}_{\mathrm{ms}}$ を求め，これを波源として外の空間の電磁界を計算すればよい．$\overline{\mathrm{AF}}$ 以外の面上では境界条件により $\boldsymbol{n}\times\boldsymbol{E}=0$ であるので，$\boldsymbol{i}_{\mathrm{ms}}=0$ である．また電波には直進性があるので開口面から後方にはあまり強い電磁界は存在しないと考えられる．厳密には少し回り込んで行き，微弱な電磁界が存在する．この現象を**回折**という．回折による磁界は微弱なものであり，したがって $\overline{\mathrm{AF}}$ 以外の面で $\boldsymbol{i}_{\mathrm{es}}=0$ と近似できるものとすると，結局 $\overline{\mathrm{AF}}$ の開口面上に $\boldsymbol{i}_{\mathrm{es}}$ と $\boldsymbol{i}_{\mathrm{ms}}$ が

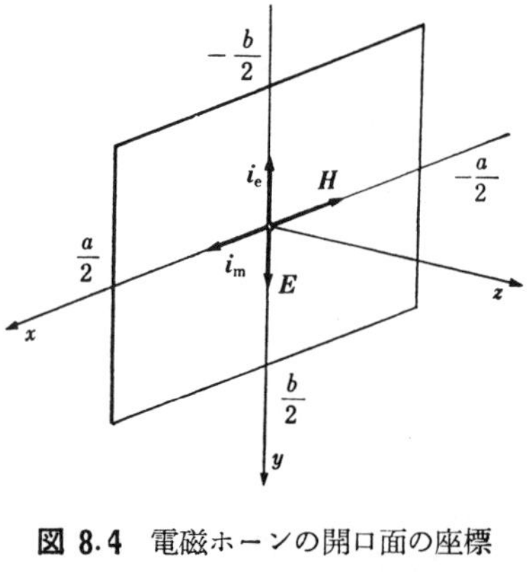

図 8.4　電磁ホーンの開口面の座標

あるとして，これらから電磁界を求めることができる．

開口面を図 8.4 のように xy 面上に取り，$a\times b$ の断面内で TE_{10} モードの電磁界がそのまま拡大されて存在すると仮定すれば，式 (6.31)，(6.32) により

$$\boldsymbol{i}_{\mathrm{es}}=\hat{\boldsymbol{z}}\times\boldsymbol{H}=-\hat{\boldsymbol{y}}\frac{E_0}{\eta_0}\sqrt{1-\left(\frac{\pi}{k_0a}\right)^2}\cos\left(\frac{\pi}{a}x\right) \tag{8.9}$$

$$\boldsymbol{i}_{\mathrm{ms}}=-\hat{\boldsymbol{z}}\times\boldsymbol{E}=\hat{\boldsymbol{x}}E_0\cos\left(\frac{\pi}{a}x\right) \tag{8.10}$$

$\boldsymbol{i}_{\mathrm{es}}$ による放射電磁界は線状波源のときと同様に放射ベクトルを経由して計算するのがよい．このとき，線状波源のときと異なるのは式 (7.16) の積分が面積分になる点だけである．すなわち，

$$\begin{aligned}\boldsymbol{N}&=\int_{-a/2}^{a/2}\mathrm{d}x\int_{-b/2}^{b/2}\mathrm{d}y\,(-\hat{\boldsymbol{y}})\frac{E_0}{\eta_0}\sqrt{1-\left(\frac{\pi}{k_0a}\right)^2}\cos\left(\frac{\pi}{a}x\right)\\&\qquad\cdot\exp[\mathrm{j}k_0\sin\theta\,(x\cos\varphi+y\sin\varphi)]\\&=\hat{\boldsymbol{y}}\,2\pi ab\frac{E_0}{\mu_0}\sqrt{1-\left(\frac{\pi}{k_0a}\right)^2}\cdot f(\theta,\varphi)\end{aligned} \tag{8.11}$$

$$f(\theta,\varphi)=\frac{\cos\left(\dfrac{k_0a}{2}\sin\theta\cos\varphi\right)}{(k_0a\sin\theta\cos\varphi)^2-\pi^2}\cdot\frac{\sin\left(\dfrac{k_0b}{2}\sin\theta\sin\varphi\right)}{\dfrac{k_0b}{2}\sin\theta\sin\varphi} \tag{8.12}$$

この $\boldsymbol{N}$ を式 (7.18) に代入すれば $\boldsymbol{i}_{\mathrm{es}}$ による放射電界 $\boldsymbol{E}_{\mathrm{e}}$ が得られる．$\boldsymbol{i}_{\mathrm{ms}}$ による放射電磁界は双対性により，次の順序で求められる．まず，次式によって磁流にもとづく放射ベクトル $\boldsymbol{L}$ を求める．

$$\boldsymbol{L}(\hat{\boldsymbol{r}})=\iint_S\boldsymbol{i}_{\mathrm{ms}}(\boldsymbol{r}')\exp(\mathrm{j}k_0\hat{\boldsymbol{r}}\cdot\boldsymbol{r}')\,\mathrm{d}S' \tag{8.13}$$

この $\boldsymbol{L}$ から放射磁界は

$$\boldsymbol{H}_{\mathrm{m}}=-\frac{\mathrm{j}\omega\varepsilon_0\exp(-\mathrm{j}k_0r)}{4\pi r}(\hat{\boldsymbol{\theta}}L_\theta+\hat{\boldsymbol{\varphi}}L_\varphi) \tag{8.14}$$

放射電界は，

$$\boldsymbol{E}_{\mathrm{m}}=-\frac{\mathrm{j}k_0\exp(-\mathrm{j}k_0r)}{4\pi r}(-\hat{\boldsymbol{\varphi}}L_\theta+\hat{\boldsymbol{\theta}}L_\varphi) \tag{8.15}$$

式 (8.10) を (8.13) に代入して，面積分を計算すれば

$$\boldsymbol{L} = -\hat{\boldsymbol{x}} 2\pi ab E_0 f(\theta, \varphi)$$

$\boldsymbol{i}_{es}$ と $\boldsymbol{i}_{ms}$ による総合の放射電界は，

$$\hat{\boldsymbol{x}} = \hat{\boldsymbol{r}} \sin\theta\cos\varphi + \hat{\boldsymbol{\theta}} \cos\theta\cos\varphi - \hat{\boldsymbol{\varphi}} \sin\varphi \tag{8.16}$$

$$\hat{\boldsymbol{y}} = \hat{\boldsymbol{r}} \sin\theta\sin\varphi + \hat{\boldsymbol{\theta}} \cos\theta\sin\varphi + \hat{\boldsymbol{\varphi}} \cos\varphi \tag{8.17}$$

の関係によって次のように計算される．

$$\begin{aligned}\boldsymbol{E} &= -\frac{\mathrm{j}k_0\eta_0 \exp(-\mathrm{j}k_0 r)}{4\pi r}\left[\hat{\boldsymbol{\theta}}\left(N_\theta + \frac{L_\varphi}{\eta_0}\right) + \hat{\boldsymbol{\varphi}}\left(N_\varphi - \frac{L_\theta}{\eta_0}\right)\right] \\ &= -\frac{\mathrm{j}k_0\eta_0 \exp(-\mathrm{j}k_0 r)}{2r} ab E_0 f(\theta, \varphi)\left[\hat{\boldsymbol{\theta}}\left(\cos\theta\sqrt{1-\left(\frac{\pi}{k_0 a}\right)^2} + 1\right)\sin\varphi\right. \\ &\quad \left. + \hat{\boldsymbol{\varphi}}\left(\sqrt{1-\left(\frac{\pi}{k_0 r}\right)^2} + \cos\theta\right)\cos\varphi\right]\end{aligned} \tag{8.18}$$

8.2 大口径アンテナ

マイクロ波アンテナの中で最もポピュラーなアンテナはパラボラ・アンテナであろう．パラボラ・アンテナは放物反射鏡の前の焦点から出た光が放物反射鏡で反射された後，平行光線となって前に進むことを利用したアンテナである．マイクロ波でもアンテナの大きさが波長の数十倍以上になると幾何光学的な考え方が許され，パラボラ・アンテナの他にも種々の反射鏡形アンテナが考案され，製作されている．代表的なものを図 8.5 に示す．

このような大口径アンテナの指向性はパラボラ反射鏡の近くに開口面を仮想し，この面をホイヘンス面とする等価定理によって計算することができる．このとき，開口面が大きいのでこの上の電界と磁界は自由空間における平面波の分布をしていると考えることができる．たとえば図 8.6 に示した xy 面上の S が開口面だったとしよう．S の上で電界と磁界は次の関係にあると考えるのである．

$$\boldsymbol{E} = \eta_0 \boldsymbol{H} \times \hat{\boldsymbol{z}} \tag{8.19}$$

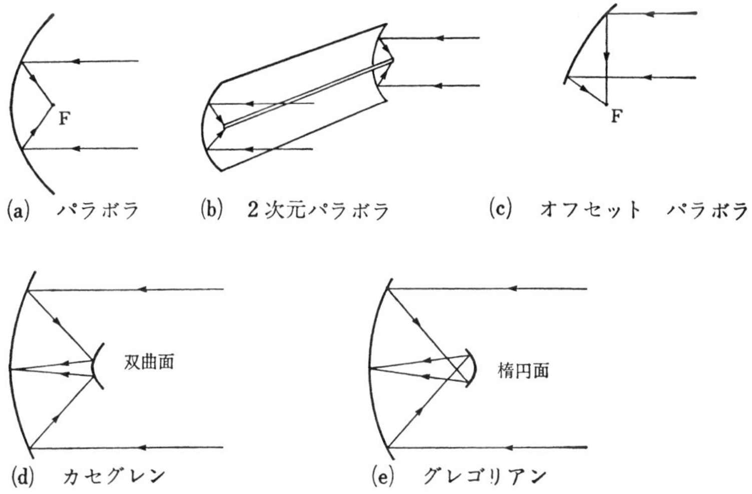

図 8.5 種々の反射鏡アンテナ

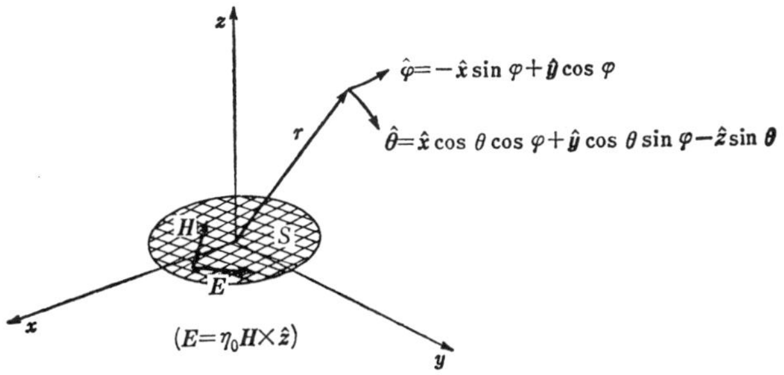

図 8.6 xy 面上の開口面 S に平面波電磁界が入射したとき

このとき，2種の放射ベクトルも次の関係にある．

$$\boldsymbol{L}=\eta_0\hat{\boldsymbol{z}}\times\boldsymbol{N} \tag{8.20}$$

S 上の電流は x, y 成分しかないので，

$$\begin{aligned}\boldsymbol{N}&=\boldsymbol{x}N_x+\hat{\boldsymbol{y}}N_y=\hat{\boldsymbol{r}}\sin\theta(N_2\cos\varphi+N_y\sin\varphi)\\&\quad+\hat{\boldsymbol{\theta}}\cos\theta(N_x\cos\varphi+N_y\sin\varphi)+\hat{\boldsymbol{\varphi}}(-N_x\sin\varphi+N_y\cos\varphi)\end{aligned} \tag{8.21}$$

$$\frac{1}{\eta_0}\boldsymbol{L} = \hat{\boldsymbol{y}}N_x - \hat{\boldsymbol{x}}N_y = \hat{\boldsymbol{r}}\sin\theta(-N_y\cos\varphi + N_x\sin\varphi)$$
$$+\ \hat{\boldsymbol{\theta}}\cos\theta(-N_y\cos\varphi + N_x\sin\varphi) + \hat{\boldsymbol{\varphi}}(N_y\sin\varphi + N_x\cos\varphi) \qquad (8.22)$$

式 (8.21) と (8.22) を (8.18) の第1式に代入して整理すれば，放射電界は次式で与えられる．このように，放射電界は $\boldsymbol{N}$ だけから表わされ，その結果は $(1+\cos\theta)$ の因子をもつ．

$$\boldsymbol{E} = -\frac{\mathrm{j}k_0\eta_0\exp(-\mathrm{j}k_0 r)}{4\pi r}(1+\cos\theta)\,[\hat{\boldsymbol{\theta}}(N_x\cos\varphi + N_y\sin\varphi)$$
$$-\hat{\boldsymbol{\varphi}}(N_x\sin\varphi - N_y\cos\varphi)] \qquad (8.23)$$

共通因子の $(1+\cos\theta)$ は図8.7のような指向性をもつ．開口面の正面方向に最大で，その反対方向にはゼロの方向性のある指向性で，この形をカルジオイド (cardioid) (心臓形) という．カルジオイド指向性のもつ方向性は等価波源の電流と磁流がそれぞれ磁界と電界に比例し，両者を考えると電界と磁界からつくられるポインティング・ベクトルの方向性が再現されるための結果である．式 (8.23) から単位立体角あたりの電力密度を求めると，

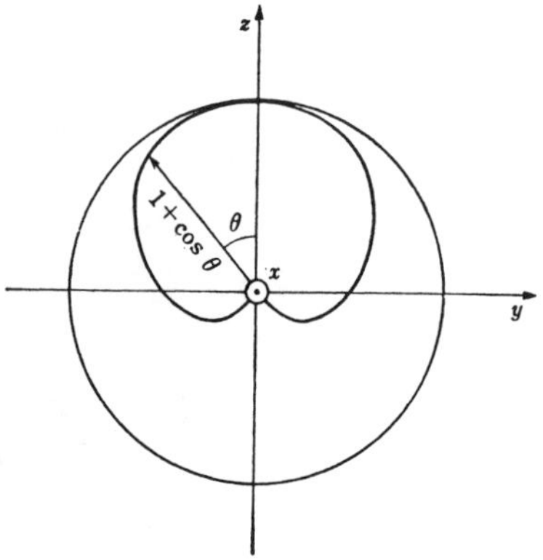

図 8.7　カルジオイド指向性

$$P = r^2\frac{1}{\eta_0}(|E_\theta|^2 + |E_\varphi|^2)$$
$$= \left(\frac{k_0}{4\pi}\right)^2\eta_0(1+\cos\theta)^2(|N_x|^2 + |N_y|^2) \qquad (8.24)$$

電力密度に関しては，等価電流だけの指向性関数から得られる結果に $(1+\cos\theta)^2$ を掛ければ，等価電流と等価磁流の両方を考えた正しい結果が得られることになる．これは，式 (8.19) の関係に由来する．

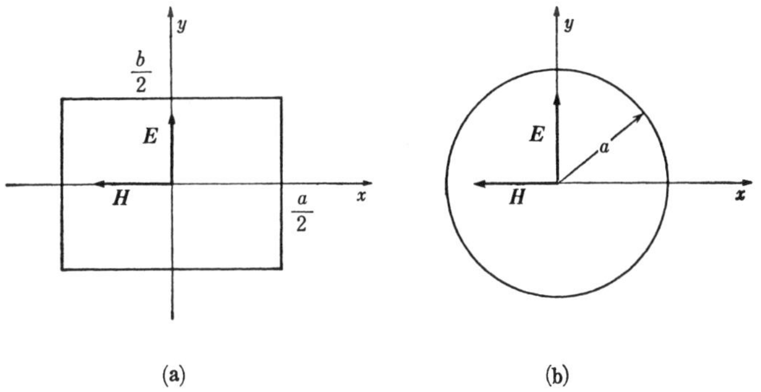

図 8.8 方形開口と円形開口

式 (8.23) の一般公式を用いて図 8.8 (a), (b) のような方形開口と円形開口の放射電界を求めてみる. (a) においては,

$$\boldsymbol{N} = -\hat{\boldsymbol{y}}\frac{E_0}{\eta_0}\int_{-a/2}^{a/2}\mathrm{d}x\int_{-b/2}^{b/2}\mathrm{d}y\exp[\mathrm{j}k_0\sin\theta(x\cos\varphi+y\sin\varphi)]$$

$$= -\hat{\boldsymbol{y}}\frac{E_0}{\eta_0}ab\cdot\frac{\sin\left(\frac{1}{2}k_0a\sin\theta\cos\varphi\right)}{\frac{1}{2}k_0a\sin\theta\cos\varphi}\cdot\frac{\sin\left(\frac{1}{2}k_0b\sin\theta\sin\varphi\right)}{\frac{1}{2}k_0b\sin\theta\sin\varphi} \tag{8.25}$$

したがって,

$$\boldsymbol{E} = \frac{\mathrm{j}k_0\exp(-\mathrm{j}k_0r)}{4\pi r}abE_0(1+\cos\theta)\frac{\sin\left(\frac{1}{2}k_0a\sin\theta\cos\varphi\right)}{\frac{1}{2}k_0a\sin\theta\cos\varphi}$$

$$\cdot\frac{\sin\left(\frac{1}{2}k_0b\sin\theta\sin\varphi\right)}{\frac{1}{2}k_0b\sin\theta\sin\varphi}(\hat{\boldsymbol{\theta}}\sin\varphi+\hat{\boldsymbol{\varphi}}\cos\varphi) \tag{8.26}$$

次に (b) の円形開口においては,

$$\boldsymbol{N} = -\hat{\boldsymbol{y}}\frac{E_0}{\eta_0}\int_0^{2\pi}\mathrm{d}\varphi'\int_0^a\rho\,\mathrm{d}\rho\exp[\mathrm{j}k_0\rho\sin\theta\cos(\varphi-\varphi')]$$

$$= -\hat{\boldsymbol{y}}\frac{2\pi E_0}{\eta_0}\int_0^a \rho J_0(k_0\rho\sin\theta)\,\mathrm{d}\rho^*$$

$$= -\hat{\boldsymbol{y}}\frac{2\pi a^2 E_0}{\eta_0}\cdot\frac{J_1(k_0 a\sin\theta)}{k_0 a\sin\theta}{}^\dagger \tag{8.27}$$

したがって放射電界は，

$$\boldsymbol{E} = \frac{\mathrm{j}k_0\exp(-\mathrm{j}k_0 r)}{4\pi r}2\pi a^2 E_0(1+\cos\theta)\frac{J_1(k_0 a\sin\theta)}{k_0 a\sin\theta}(\hat{\boldsymbol{\theta}}\sin\varphi+\hat{\boldsymbol{\varphi}}\cos\varphi) \tag{8.28}$$

方形開口と円形開口の電界指向性関数に現われる主要な因子，$\sin X/X$ と $2J_1(X)/X$ の変化を図 8.9 に示す．

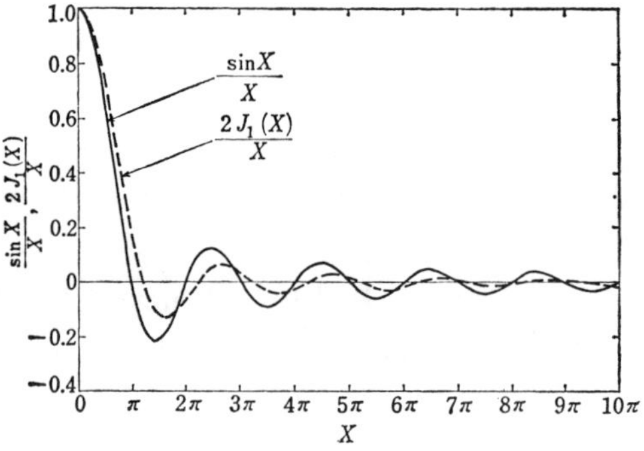

図 8.9　一様分布の方形開口と円形開口の指向性の主要因子の変化

8.3　フレネル領域とフランホーファー領域

宇宙通信用のパラボラ・アンテナのように開口面の大きさが非常に大きな場合や，レーザ光のように開口面の大きさは mm のオーダでも波長が μm 以下

* $\int_0^{2\pi}\exp(\mathrm{j}r\cos\varphi)\mathrm{d}\varphi = 2\pi J_0(r)$ の公式を用いる．

† $(\mathrm{d}/\mathrm{d}r)[r^n J_n(\alpha r)] = \alpha r^n J_{n-1}(\alpha r)$ の公式において $n=1$ とおいて得られる次の公式を用いる．

$$\int rJ_0(\alpha r)\mathrm{d}r = \frac{1}{\alpha}rJ_1(\alpha r)$$

のオーダである場合には，これまでの解析では不十分である．たとえば，大口径アンテナの指向性を地上で測定するとき，立地条件の関係から十分遠方に測定地点を選べず，開口面上の各点からの放射波が平行に進んでくるとした仮定が満たされなくなる．

図 8.8 (b) の円形開口上の点 $(\rho', \varphi', 0)$* と観測点 (r, Q, φ)† の間の距離は

$$r' = \sqrt{r^2+\rho'^2-2r\rho'\sin\theta\cos(\varphi-\varphi')}$$

$$\simeq r-\rho'\sin\theta\cos(\varphi-\varphi')+\frac{1}{2}\cdot\frac{\rho'^2}{r}-+\cdots \tag{8.29}$$

これまでの計算では上の式を第 2 項までで打ち切っていた．無視していた第 3 項の与える位相誤差は

$$\frac{ka^2}{r} \ll 2\pi \tag{8.30}$$

ならば無視できる．式 (8.30) は次式と等しい．

$$\frac{a^2}{\lambda r} \ll 1 \tag{8.30'}$$

式 (8.30′) が成り立つ領域を**フランホーファー領域**という．次の数をフレネル数

$$F = \frac{a^2}{\lambda r} \tag{8.31}$$

といい，空間位相差が式 (8.29) のように 2 次式で近似される領域を**フレネル領域**という．アンテナの指向性はフランホーファー領域で定義されているので，指向性を測定するときは $F \ll 1$ の条件が満たされるよう，測定地点を十分アンテナから遠くに設定しなければならない．アンテナが大きすぎる場合には星からの電波を使って指向性を測定することもある．このようなことができない場合にはアンテナのスケールモデルを製作し，周波数を上げて測定するか，フレネル領域の電界分布を測定し，この値から計算によってフランホーファー領域の分布を求めることが行なわれる．

---

* 円筒座標

† 球座標

$\lambda=0.6\,\mu$m，$a=2$ mm，$r=10$ m とすれば，$F=1/3$ であるからフレネル領域である．これはレーザ光のビームを想定した計算の例である．レーザ光の横方向電界強度分布は次式で与えられる場合が多い．これをガウス・モード光ビームという．

$$E = E_0 \exp(-\rho^2/w_0{}^2) \tag{8.32}$$

これを面状分布波源とし，z 軸近くの電界分布をフレネル近似によって計算すれば，

$$E(z) = \frac{E_0 w_0}{w(z)} \exp[-\rho^2/w^2(z)] \tag{8.33}$$

$$w(z) = w_0 \sqrt{1+\left(\frac{\lambda z}{\pi w_0{}^2}\right)^2} \tag{8.34}$$

w は電界強度が中心の e^{-1} 倍になる半径を示し，ビーム半径に比例すると考えてよい．これは**スポット・サイズ**とよばれる．スポット・サイズはフレネル数が $1/\pi$ になる点で $\sqrt{2}\,w_0$ となる．

問　　題

8.1　図 8.5 のカセグレン・アンテナやグレゴリアン・アンテナに対しては等価開口面をどこに置いて考えたらよいか．

8.2　図 8.8 (a) の方形開口の寸法が $a=50$ cm，$b=1$ m，$\lambda=5$ cm のようであったとする．図 8.9 を用いて，電界面内指向性の電力半値角と磁界面内指向性の電力半値角を求めよ．

8.3　パラボラ・アンテナの焦点 F に一次放射器としてダイポール・アンテナを置くとき，パラボラ・アンテナの指向性は磁界面内における方が電界面内におけるよりも鋭くなる．この理由を述べよ．

8.4　人間の眼の瞳孔の直径は約 2 mm である．これを円形開口アンテナにたとえたとき，$\lambda=6000$ Å の光波に対する電力半値角を求めよ．

8.5　一様分布の方形開口の指向性のサイド・ローブよりも，一様分布の円形開口の指向性のサイド・ローブの方がレベルが低い．この理由を述べよ．

9 アンテナの諸特性

7章と8章によりアンテナの構成方法について基本的な考え方が理解できたと思う．7章と8章ではアンテナの特性のうち，指向性と放射インピーダンスについて述べた．この章ではアンテナの諸特性をまとめて勉強し，無線通信システムの中の一要素としてのアンテナをどのように把握したらよいのかを学ぶ．

9.1 指　　向　　性

アンテナから十分離れた点の放射電界は球面波となり，球座標の（r, θ, φ）を用いて次のように表わされる．

$$\boldsymbol{E} = \frac{\exp(-\mathrm{j}k_0 r)}{r}\boldsymbol{e}(\theta, \varphi) \tag{9.1}$$

距離 r の因子を除いた項 $\boldsymbol{e}(\theta, \varphi)$ を**電界指向性関数**という．$\boldsymbol{e}(\theta, \varphi)$ は θ 成分と φ 成分とから成る．たとえば z 軸方向を向いたダイポール・アンテナの電界指向性関数は θ 成分だけである．指向性関数をグラフにしたものを**指向性図**という．ダイポールの指向性を立体的に示せば，図9.1のようになるであろう．中心の穴がつまったドーナツのような形である．精密な指向性図は原点を通る平面による切断図で示すことができる．たとえば xy 面内の指向性と zx 面内の指向性は図9.2のようになる．xy 面はその上に磁界を含むので磁界面（H面）といい，その面内の指向性を**磁界面内指向性**という．zx 面はその上に電界を含むので電界面（E面）といい，その面内の指向性を**電界面内指向性**とい

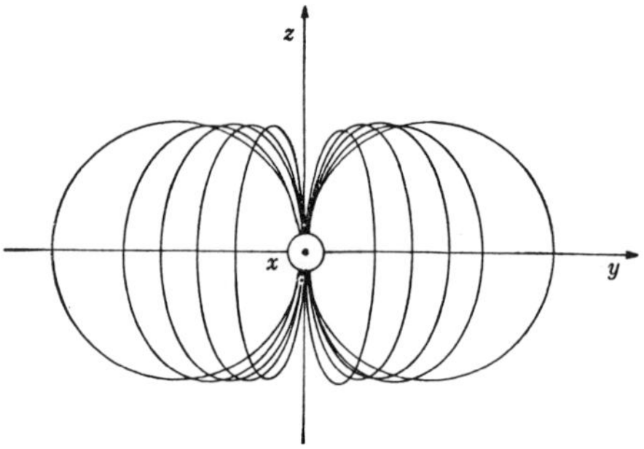

図 9.1　ダイポール・アンテナの立体指向性

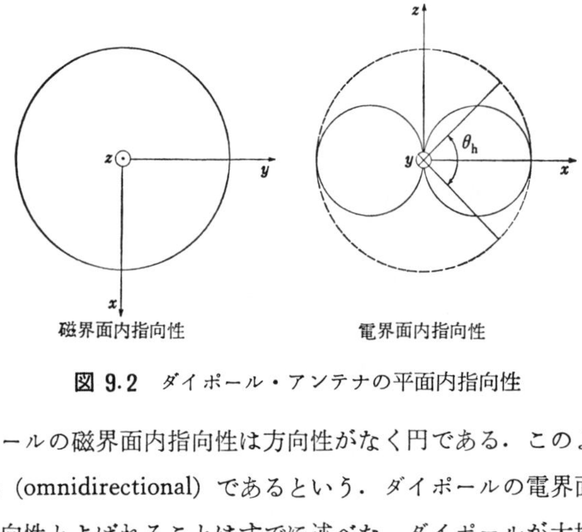

図 9.2　ダイポール・アンテナの平面内指向性

う．ダイポールの磁界面内指向性は方向性がなく円である．このような指向性を**全方向性** (omnidirectional) であるという．ダイポールの電界面内指向性は 8 の字形指向性とよばれることはすでに述べた．ダイポールが大地に対して垂直に置かれた場合，磁界面は水平となるので磁界面内指向性を**水平面内指向性**とよび，電界面は垂直であるので電界面内指向性を**垂直面内指向性**とよぶことがある．ダイポールの大地に対する置かれ方によって磁界面，電界面は変わるので，指向性がその面内に固有である磁界面と電界面を用いた呼び方の方が適切な場合が多い．電界が最大値の $1/\sqrt{2}\,(-3\,\mathrm{dB})$ に等しい二方向の間の角を電力半値角 θ_{h} という．微小ダイポールの電界面内の電力半値角は 90° である．

放射電界が式 (9.1) のように表わされているとき，単位立体角あたりの放射電力密度は

$$p(\theta, \varphi) = \frac{1}{\eta_0}|\boldsymbol{e}(\theta, \varphi)|^2 \tag{9.2}$$

これを電力指向性関数という．

指向性がすべての方向に等しいとき，無指向性であるといい，無指向性のアンテナを**等方性アンテナ** (isotropic antenna) という．等方性アンテナは現実につくることができないが，このようなアンテナを仮想し，実際のアンテナと比較すると便利なことがある．

9.2 放 射 電 力

アンテナから空間に放射される電力を**放射電力**という．電源から供給される電力から種々の損失を引いた残りの電力が放射電力である．

放射電力は式 (9.2) を全立体角にわたって積分すれば得られる．すなわち，

$$P_{\mathrm{r}} = \frac{1}{\eta_0}\int_0^{2\pi}\int_0^{\pi}|\boldsymbol{e}(\theta, \varphi)|^2 \sin\theta \,\mathrm{d}\theta \,\mathrm{d}\varphi \tag{9.3}$$

9.3 放 射 抵 抗

給電点電流 I_0 が抵抗 R_{r} に流れるとき，R_{r} に消費される電力がちょうど放射電力 P_{r} に等しいとき，R_{r} を**放射抵抗**という．すなわち，

$$R_{\mathrm{r}} = \frac{P_{\mathrm{r}}}{{I_0}^2} \tag{9.4}$$

放射抵抗はアンテナを含む空間を給電点から見込んだインピーダンス．すなわち放射インピーダンスの実部である．

放射抵抗は送信アンテナの特性として重要であるばかりでなく，後に述べる理由により受信アンテナの特性としても重要である．

半波長ダイポール・アンテナの放射抵抗を計算しておこう．式 (7.21) と (7.22) において，$k_0h=\pi/2$ とおいて，

$$\boldsymbol{e} = \hat{\boldsymbol{\theta}}\frac{\mathrm{j}\eta_0 I_0}{2\pi}\cdot\frac{\cos\left(\frac{\pi}{2}\cos\theta\right)}{\sin\theta} \tag{9.5}$$

これを式 (9.3) に代入し，式 (9.4) によって，

$$R_\mathrm{r} = \frac{\eta_0}{(2\pi)^2}\int_0^{2\pi}\mathrm{d}\varphi\int_0^{\pi}\frac{\cos^2\left(\frac{\pi}{2}\cos\theta\right)}{\sin\theta}\mathrm{d}\theta = 60\int_0^{\pi}\frac{\cos^2\left(\frac{\pi}{2}\cos\theta\right)}{\sin\theta}\mathrm{d}\theta$$

$$= 30\int_0^{2\pi}\frac{1-\cos t}{t}\mathrm{d}t = 73.13\,\Omega \tag{9.6}$$

最後の結果は数値積分によって計算してもよいし，積分余弦関数*の数表によって計算してもよい．

9.4 実効高と実効長

短波帯以下の周波数に用いる線状アンテナはまっすぐにすると共振時の長さが長すぎるために折り曲げて使うことが多い．たとえば図 9.3 (a) のモノポール・アンテナでは高くなりすぎるので，図 9.3 (b)，(c) の逆 L 形や T 形のアンテナが使われる．このとき，全体の長さ (l_1+l_2) を 1/4 波長にして共振さ

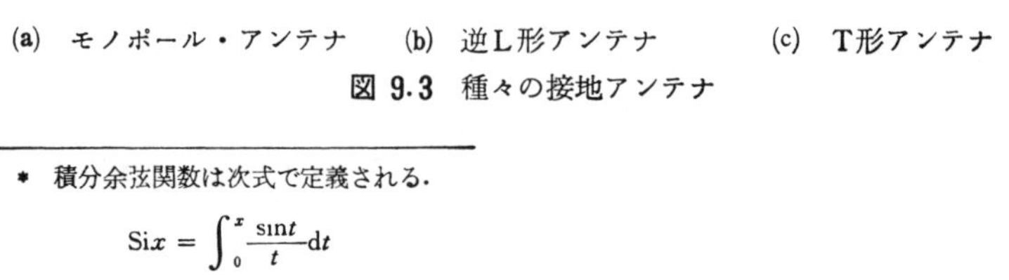

(a) モノポール・アンテナ　(b) 逆L形アンテナ　(c) T形アンテナ

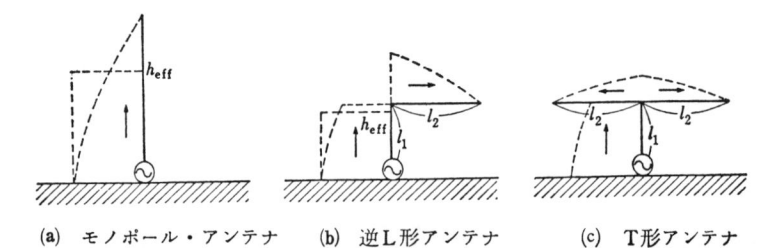

図 9.3 種々の接地アンテナ

* 積分余弦関数は次式で定義される．

$$\mathrm{Si}x = \int_0^x \frac{\sin t}{t}\mathrm{d}t$$

$$\mathrm{Ci}x = -\int_x^\infty \frac{\cos t}{t}\mathrm{d}t = \gamma + \log x + \int_0^{2\pi}\frac{\cos t - 1}{t}\mathrm{d}t$$

($\gamma=0.57721\cdots\cdots$ ：オイラーの定数)

せるのであるが，長さ l_2 の部分に流れる水平方向の電流は放射にあまり寄与しない．詳しい計算をすればわかるのだが，このようなアンテナの特性は微小垂直ダイポールの特性にほとんど等しく，指向性は8の字形指向性であり，垂直偏波である．したがって，長さ l_1 の部分に流れる垂直方向の電流のみが放射に寄与すると考えてよい．これらのアンテナの上には電流は複雑に分布するが，放射に有効な電流が流れる高さを測る尺度として，実効高が定義される．実効高 h_{eff} はアンテナ基部（給電点）における電流の大きさが垂直な長さ h_{eff} にわたって流れるとき，もとのアンテナと同じ強さの放射があると定義する．これを数式で表わせば，

$$I(0)h_{\mathrm{eff}} = \int_0^{l_1} I(x)\,\mathrm{d}x$$

したがって，

$$h_{\mathrm{eff}} = \frac{\int_0^{l_1} I(x)\,\mathrm{d}x}{I(0)} \tag{9.7}$$

図 9.3 (a) の 1/4 波長モノポール・アンテナでは

$$h_{\mathrm{eff}} = \int_0^{\lambda/4} \cos\frac{2\pi x}{\lambda}\,\mathrm{d}x = \frac{\lambda}{2\pi} \tag{9.8}$$

共振のとれていない短いモノポール・アンテナに対しては，電流分布はほとんど直線的変化であるので，高さを h とすれば

$$h_{\mathrm{eff}} = \int_0^{h}\left(1-\frac{x}{h}\right)\mathrm{d}x = \frac{h}{2} \tag{9.9}$$

接地アンテナではなく，自由空間に浮んだ線状アンテナとしては同様な意味で実効長が定義される．たとえば，半波長ダイポール・アンテナの実効長は

$$l_{\mathrm{eff}} = \int_{-\lambda/4}^{\lambda/4} \cos\frac{2\pi x}{\lambda}\,\mathrm{d}x = \frac{\lambda}{\pi} \tag{9.10}$$

実効高と実効長がわかっていると，これらの値から放射抵抗の近似値を求めることができる．半波長ダイポール・アンテナに対しては式 (9.10) の l_{eff} を式 (7.12) の l のかわりに用いて，

$$R_r \simeq 80\ \Omega$$

この値は式 (9.6) に比較するとやや大きすぎるものの，誤差は 10 %以下にすぎない．もともと，式 (9.6) は電流が自由空間波長で正弦波分布をするという仮定にもとづいたものであり，実際の半波長ダイポール・アンテナの放射抵抗は 80Ω ぐらいであると憶えておくのが良い．半波長より短いアンテナに対しては次式が良い精度で成り立つ．

$$R_r = 80\left(\frac{\pi l_{eff}}{\lambda}\right)^2 \ \text{〔}\Omega\text{〕} \tag{9.11}$$

実効高 h_{eff} の接地形アンテナに対しては，式 (7.3) の関係により

$$R_r = \frac{1}{2}\times 80\left(\frac{\pi 2h_{eff}}{\lambda}\right)^2 = 160\left(\frac{\pi h_{eff}}{\lambda}\right)^2 \ \text{〔}\Omega\text{〕} \tag{9.12}$$

式 (9.11)，(9.12) のように，小形のアンテナの放射抵抗は長さ，あるいは高さの 2 乗に比例する．

9.5 受信開放電圧

この節では，送信アンテナと受信アンテナを同時に考え，両者の間のエネルギーのやりとりについて考えてみる．図 9.4 は二つの線状アンテナがある系と，その等価回路を示している．等価回路の暗箱はアンテナを含む空間に相当し，二つのアンテナの端子電圧と端子電流をむすぶ Z マトリックスによってそ

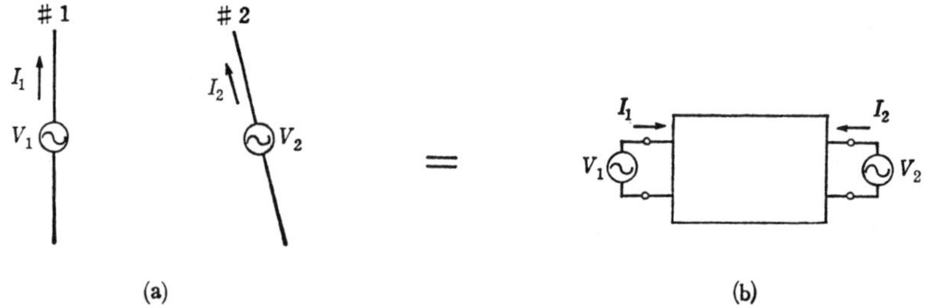

図 9.4　2 素子アンテナ系とその等価回路

の特性が表現される．#1 のアンテナの給電点電圧を V_1，給電点電流を I_1 とし，#2 のアンテナのそれらを V_2, I_2 とすれば，

$$\begin{pmatrix} V_1 \\ V_2 \end{pmatrix} = \begin{pmatrix} Z_{11} & Z_{12} \\ Z_{21} & Z_{22} \end{pmatrix} \begin{pmatrix} I_1 \\ I_2 \end{pmatrix} \tag{9.13}$$

Z_{11} は #1 のアンテナの自己インピーダンス，Z_{22} は #2 のアンテナの自己インピーダンスといい，Z_{12} と Z_{21} は二つのアンテナ間の相互インピーダンスという．アンテナを含む空間の回路は可逆的であり，二つの相互インピーダンスは等しい．すなわち，

$$Z_{12} = Z_{21} \tag{9.14}$$

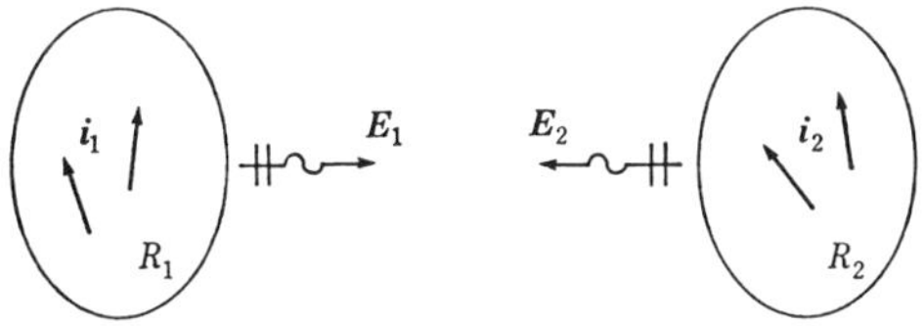

図 9.5 二つの波源の間の可逆定理

式 (9.14) は図 9.5 のような二つの波源の間に成り立つ“電磁界の可逆定理”を用いて導くことができる．**電磁界の可逆定理**を数式で表現すれば，図 9.5 に対して次のように書ける．

$$\iiint_{R_1} \boldsymbol{i}_1(x') \cdot \boldsymbol{E}_2(x')\,\mathrm{d}x' = \iiint_{R_2} \boldsymbol{i}_2(x'') \cdot \boldsymbol{E}_1(x'')\,\mathrm{d}x'' \tag{9.15}$$

ここに R_1 は電流 $\boldsymbol{i}_1$ の分布する領域，R_2 は電流 $\boldsymbol{i}_2$ の分布する領域を示し，$\boldsymbol{i}_1$ のつくる電界を $\boldsymbol{E}_1$，$\boldsymbol{i}_2$ のつくる電界を $\boldsymbol{E}_2$ とする．式 (9.15) は次の 2 組のマクスウェルの方程式から導かれる（問題 9.7）．

$$\begin{cases} \nabla \times \boldsymbol{E}_1 + \mathrm{j}\omega\mu \boldsymbol{H}_1 = 0 & (9.16) \\ \nabla \times \boldsymbol{H}_1 - \mathrm{j}\omega\varepsilon \boldsymbol{E}_1 = \boldsymbol{i}_1 & (9.17) \end{cases}$$

$$\begin{cases} \nabla \times \boldsymbol{E}_2 + \mathrm{j}\omega\mu \boldsymbol{H}_2 = 0 & (9.18) \\ \nabla \times \boldsymbol{H}_2 - \mathrm{j}\omega\varepsilon \boldsymbol{E}_2 = \boldsymbol{i}_2 & (9.19) \end{cases}$$

さて，式 (9.15) から式 (9.14) を導くには，R_1 を #1 のアンテナ表面，R_2

を #2 のアンテナ表面とし，給電点の間げきを除くこれらの表面上で電界の接線成分（電流の流れる方向を含む）がゼロであることに注意すればよい．結局，式 (9.15) の積分は二つの給電点の上の積分だけが残り，次の結果が得られる．

$$I_1V_{12}=I_2V_{21} \tag{9.20}$$

ここに，V_{12} は I_2 による V_1 への寄与，V_{21} は I_1 による V_2 への寄与である．V_{12} と V_{21} は式 (9.13) により

$$V_{12}=Z_{12}I_2 \tag{9.13$'$}$$

$$V_{21}=Z_{21}I_1 \tag{9.13$''$}$$

式 (9.13′) と (9.13″) を (9.20) に代入すれば，式 (9.14) が得られる．

これからが本節の主題である．それは相互インピーダンス Z_{12}，Z_{21} とアンテナの実効長との関係式を見いだそうというものである．いま，#1 のアンテナの実効長が $l_{\rm eff}$ であるとし，#2 のアンテナは長さ l の微小ダイポールであるとする．そして，両者は距離 d をおいて正面（放射が最大の方向）を向き合っているとする．このとき，#1 のアンテナ上の電流が #2 のアンテナの位置につくる電界は，式 (7.10) において l を $l_{\rm eff}$ に，$\sin\theta$ を 1 に，I を I_1 に，r を d に置き換えればよいから，

$$E_{21}=\frac{{\rm j}k_0\eta_0I_1l_{\rm eff}\exp(-{\rm j}k_0d)}{4\pi d} \tag{9.21}$$

#2 の微小ダイポールの給電点を開放したとき，この電界により誘起される端子電圧は電界とダイポールの長さの積に等しいので，

$$V_{21}=E_{21}l=\frac{{\rm j}k_0\eta_0I_1l_{\rm eff}\exp(-{\rm j}k_0d)}{4\pi d}l \tag{9.22}$$

#1 のアンテナに電流 I_1 が流れ，#2 のアンテナは開放し $I_2=0$ という状態における V_2 が V_{21} に等しいのであるから，V_{21} は式 (9.13″) のように Z_{21} を用いて表わすこともできる．式 (9.22) と (9.13″) を等しいと置くと，

$$Z_{21}=\frac{{\rm j}k_0\eta_0l_{\rm eff}\exp(-{\rm j}k_0d)}{4\pi d}l \tag{9.23}$$

逆に，#2 に電流 I_2 を流し，#1 を開放したとき，開放端子に誘起される電圧 V_{12} は次のように計算される．

$$V_{12}=Z_{12}I_2=Z_{21}I_2=\frac{\mathrm{j}k_0\eta_0 l_{\mathrm{eff}}\exp(-\mathrm{j}k_0 d)}{4\pi d}lI_2$$

$$=\frac{\mathrm{j}k_0\eta_0 I_2 l\exp(-\mathrm{j}k_0 d)}{4\pi d}l_{\mathrm{eff}} \tag{9.24}$$

上の式をよく見て考えれば，l_{eff} を除く部分は #1 のアンテナのある点に #2 によってつくられた電界にほかならないことがわかる．すなわち，開放端子に誘起される電圧は入射電界と実効長の積に等しい．この関係は入射電界をつくる波源は微小ダイポールであるとして導かれたが，入射電界をつくる波源は何であろうとこの関係は成り立つはずである．そこで，入射平面波の電界が E^{i} の点に実効長が l_{eff} のアンテナを入射波に正対させ，給電点を開放したとき誘起される受信開放電圧 V_{o} は次式で与えられる．

$$V_{\mathrm{o}}=E^{\mathrm{i}}l_{\mathrm{eff}} \tag{9.25}$$

この式を実効長の定義式として用いることもできる．小さいループ・アンテナの実効長は式 (9.25) によって計算するのが便利である（問題 9.2）．

9.6 受信有能電力

入射波電界 E^{i} の点に実効長 l_{eff} のアンテナを置いたとき，最大の電力を吸収する負荷インピーダンスの値を求めてみよう．この問題は図 9.6 に示すような鳳-テブナンの定理にもとづく等価回路を用いて解くことができる．この回路は負荷点を開放したとき誘起される受信開放電圧 V_{o} と負荷点からアンテナを含む空間側を見込んだインピーダンス，すなわち負荷点を給電点とする送信アンテナの放射インピーダンス Z_{r} を用いて描かれている．回路網理論で学んだように，

$$Z_{\mathrm{L}}=Z_{\mathrm{r}}{}^{*} \tag{9.26}$$

の関係，すなわち共役整合の条件が成り立つように Z_{L} を決めれば，Z_{L} に消費

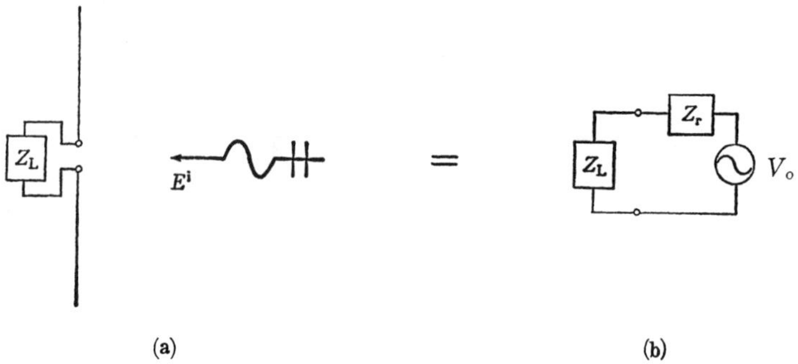

図 9.6　受信アンテナの等価回路

される電力を最大にできる．この最大電力のことを**受信有能電力**という．受信有能電力を P_a とすれば，

$$P_a = \left|\frac{V_o}{2R_r}\right|^2 R_r = \frac{|V_o|^2}{4R_r} \qquad (9.27)$$

ここで V_o は実効値で表わされているものとする．尖頭値表現のときは上の式に 1/2 を掛けなければならない．式 (9.25) を用いて，

$$P_a = \frac{l_{eff}^2}{4R_r}|E^i|^2 \qquad (9.28)$$

9.7　実効面積

受信アンテナは入射波のエネルギーを電波の網を広げて捕獲し，吸収するものにたとえることができる．この網の広さを実効面積，あるいは実効開口面積という．図 9.7 のように，実効面積を A_e とすれば．

$$P_a = A_e \frac{1}{\eta_0}|E^i|^2 \qquad (9.29)$$

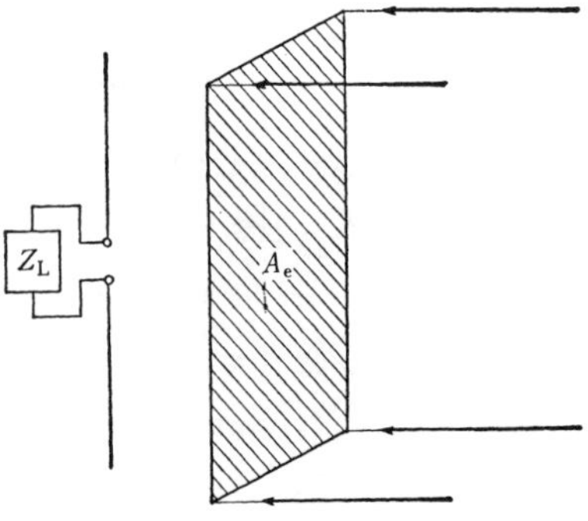

図 9.7

式 (9.28) と式 (9.29) を等しく置けば

$$A_e = \frac{\eta_0 l_{eff}^2}{4R_r} \tag{9.30}$$

たとえば短い線状アンテナに対しては R_r は式 (9.11) で与えられるから，

$$A_e = \frac{120\pi\, l_{eff}^2}{4\times 80}\left(\frac{\lambda}{\pi l_{eff}}\right)^2 = \frac{3\lambda^2}{8\pi} \tag{9.31}$$

このように，l_{eff} によらず一定の面積となる．しかし，実際には長さが非常に短くなると R_r が極端に小さくなり，共役整合をとることが難しく，また種々の損失のため受信有能電力，そして実効面積は小さくなる．

9.8 利　　得

アンテナの利得は 2 通りの意味をもつ．一つは送信アンテナとしての利得であり，もう一つは受信アンテナとしての利得である．

遠方のある点に一定の大きさの放射電界をつくるのに要する放射電力の少ないほど，この送信アンテナの利得は大きいとする．すなわち，電力の経済性を利得で表わす．たとえば図 9.8 のような 2 種類の指向性をもつ二つのアンテナを比較してみると，指向性が一方向にのみ大きく尖鋭なものの方が電波を送りたい方向にエネルギーを集中できるので利得が大きい．このように，送信アンテナの利得は電力指向性だけから定まる量である．等方性アンテナの利得を 1 として，これに対する大きさの比として定義する利得を**絶対利得**という．絶対利得は電力指向性関数を $P(\theta, \varphi)$ とすれば，

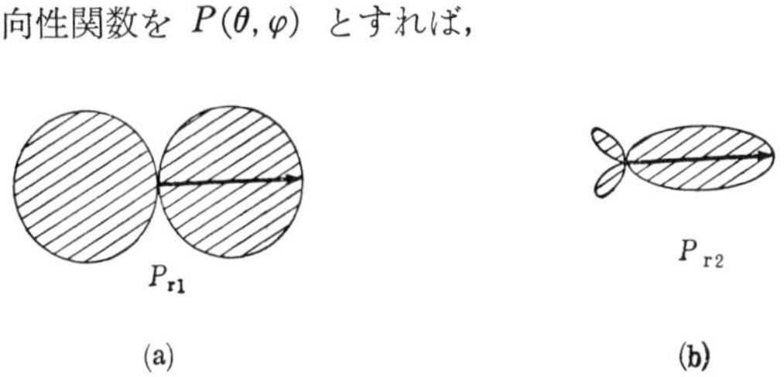

図 9.8　送信アンテナの利得 ∝ 一定の放射電界をつくるのに要する放射電力の少なさ

$$G(\theta,\varphi)=\frac{\int_0^{\pi}\int_0^{2\pi}\sin\theta'\,\mathrm{d}\theta'\,\mathrm{d}\varphi'}{\int_0^{\pi}\int_0^{2\pi}\frac{P(\theta',\varphi')}{P(\theta,\varphi)}\sin\theta'\,\mathrm{d}\theta'\,\mathrm{d}\varphi'}=\frac{4\pi P(\theta,\varphi)}{\int_0^{\pi}\int_0^{2\pi}P(\theta',\varphi')\sin\theta'\,\mathrm{d}\theta'\,\mathrm{d}\varphi'} \tag{9.32}$$

微小ダイポールの絶対利得は，式 (9.32) において $P(\theta,\varphi)=\sin^2\theta$ とおいて，

$$G(\theta)=\frac{4\pi\sin^2\theta}{2\pi\int_0^{\pi}\sin^3\theta'\,\mathrm{d}\theta'}=\frac{3}{2}\sin^2\theta \tag{9.33}$$

半波長ダイポール・アンテナの絶対利得は，

$$G(\theta)=\frac{4\pi\left[\frac{\cos\left(\frac{\pi}{2}\cos\theta\right)}{\sin\theta}\right]^2}{2\pi\int_0^{\pi}\left[\frac{\cos\left(\frac{\pi}{2}\cos\theta'\right)}{\sin\theta'}\right]^2\sin\theta'\,\mathrm{d}\theta'}=1.64\left[\frac{\cos\left(\frac{\pi}{2}\cos\theta\right)}{\sin\theta}\right]^2 \tag{9.34}$$

絶対利得は実在しない等方性アンテナを基準とするものであるので，直接測定によって求めることはできない．線状アンテナの利得は半波長ダイポール・アンテナを基準として測ることが多い．この値を半波長ダイポールに対する相対利得といい，絶対利得の 1/1.64 倍，あるいは絶対利得 −2.15 dB に等しい．

受信アンテナとしての利得はもう少し直接的な意味をもっている．図 9.9 に

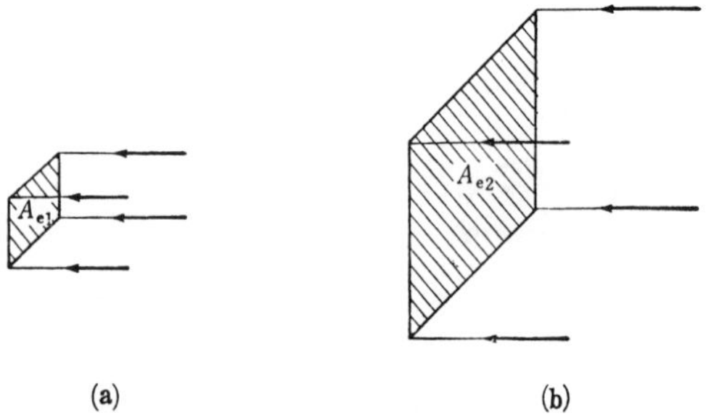

図 9.9　受信アンテナの利得 ∝ 一定の入射電界から吸収できる電力の大きさ

示すように，一定振幅の入射波に対し受信有能電力が大きいほど，このアンテナの利得は大きいとするのである．したがって，受信アンテナとしての利得は実効面積に比例する．ところが，次に示すように実効面積と送信アンテナとしての利得は互いに比例することが証明できるので，受信アンテナとしての利得は送信アンテナとしての利得に等しい．

A_e が G に比例することを示すために，再び図 9.4 の 2 アンテナ系を考えよう．#1 を送信アンテナとして用い，P_{r1} の電力を放射するとき，#2 のアンテナの受信有能電力 P_{a2} は，#1 のアンテナの絶対利得を G_1，#2 のアンテナの実効面積を A_{e2} とすると次式に等しい．

$$P_{a2} = A_{e2} G_1 \frac{P_{r1}}{4\pi d^2} \tag{9.35}$$

この式は #1 のアンテナが等方性アンテナのとき #2 における電力密度が $P_{r1}/4\pi d^2$ に等しいこと，いまの場合は #1 のアンテナが絶対利得 G_1 をもつので #2 における電力密度は G_1 倍になることから導かれる．このように絶対利得が大きいと，利得の小さいアンテナより放射電力が実効的に大きくなるので利得と放射電力の積を実効放射電力という．さて，式 (9.35) にもどり，P_{a2} と P_{r1} の比を計算すると，

$$\frac{P_{a2}}{P_{r1}} = \frac{G_1 A_{e2}}{4\pi d^2} \tag{9.36}$$

次に，#2 を送信アンテナとして用い P_{r1} の電力を放射するとき，#1 の受信有能電力を P_{a1} とすれば，同様にして

$$\frac{P_{a1}}{P_{r2}} = \frac{G_2 A_{e1}}{4\pi d^2} \tag{9.37}$$

式 (9.36) と (9.37) は図 9.4 の暗箱 (black box) で示した，二つのアンテナとその間の空間を含む大きな回路の伝送損失を示している．前述したように，この回路は可逆的であるので，上のように電源と負荷を交換しても伝送損失は変わらない．したがって，

$$G_1 A_{e2} = G_2 A_{e1}$$

あるいは，

$$\frac{A_{e1}}{G_1} = \frac{A_{e2}}{G_2} \tag{9.38}$$

こうして，A_e と G の比は二つのアンテナで等しいことが証明された．いま考えているアンテナは任意であるので A_e と G の比は定数である．この比を微小ダイポールを例にとって計算すれば，式 (9.31) と (9.33) より，

$$\frac{A_e}{G} = \frac{\dfrac{3\lambda^2}{8\pi}}{\dfrac{3}{2}} = \frac{\lambda^2}{4\pi}$$

ゆえに，A_e と G の間には任意のアンテナに対して次の関係が成り立つ．

$$A_e = \frac{G}{4\pi}\lambda^2 \tag{9.39}$$

$$G = \frac{4\pi A_e}{\lambda^2} \tag{9.40}$$

上に述べた利得はアンテナが無損失であり，インピーダンス整合も完全であるような理想的な状態における値であり，これは指向性関数だけから計算された．この理由から，この値を**指向性利得**と断ることがある．現実に存在する種々の損失やインピーダンス不整合による見掛け上の損失を差し引いて求めた利得を**電力利得**という．指向性利得を G_d，電力利得を G_p と書くとき，G_p の G_d に対する比を**アンテナ効率** η という．すなわち，

$$\eta = \frac{G_p}{G_d} \tag{9.41}$$

9.9 フリスの伝達公式

絶対利得と実効面積の間の関係式，(9.39) と (9.40)，を用いて送受信アンテナ間の伝送損失の公式，(9.36) あるいは (9.37)，を利得だけあるいは実効面積だけを用いて表わした公式を**フリス** (Friis) **の伝達公式**という．すなわち，

$$\frac{P_a}{P_r}=\left(\frac{\lambda}{4\pi d}\right)^2 G_1 G_2=\frac{A_{e1}A_{e2}}{(\lambda d)^2} \tag{9.42}$$

フリスの伝達公式から送受信アンテナ間の伝送損失を計算するとき，dB を単位として計算するのが便利である．このとき電力の値も dB を用いて表わす．その表現の仕方はふつう 1 mW を基準とし，1 mW を 0 dB に等しくする．そして，基準電力が 1 mW であることを明示するために dBm と表わす．たとえば，37 dBm とは 5 W のことである．式 (9.42) の第 1 式において，$(\lambda/4\pi d)^2$ の項は自由空間伝搬損失を表わす．すなわち，送受信アンテナ間の伝送損失は自由空間伝搬損失から二つのアンテナの利得を引いた値に等しい．

問　　題

9.1　電界指向性関数が次式で与えられるとき，利得関数 $G(\theta,\varphi)$ を求めよ．

（a）　$F(\theta,\varphi)=\sin\theta\cos^3\dfrac{\varphi}{2}$　(9.43)

（b）　$F(\theta,\varphi)=\sin^2\theta(1+\cos\varphi)$　(9.44)

9.2　微小ループ・アンテナの一種として，図 9.10 に示すようなわく形アンテナがある．これは面積 A ($A\ll\lambda^2$) の周囲を導線で N 回巻いたもので，方向探知用アンテナなどに用いられる．このアンテナの実効長は次式で与えられることを導け．

$$l_{eff}=Nk_0A \tag{9.45}$$

また，この結果と指向性関数は微小ダイポールと同様な 8 の字形指向性であることを用いて，放射抵抗が次式で与えられることを導け．

$$R_r=20(k_0{}^2NA)^2 \quad [\Omega] \tag{9.46}$$

9.3　等方性アンテナに近いアンテナとしてターンスタイル・アンテナがある．これは図 9.11 のように 2 本の半波長ダイポール・アンテナを直交して置き，両者を 90° の位

図 9.10　わく形アンテナ

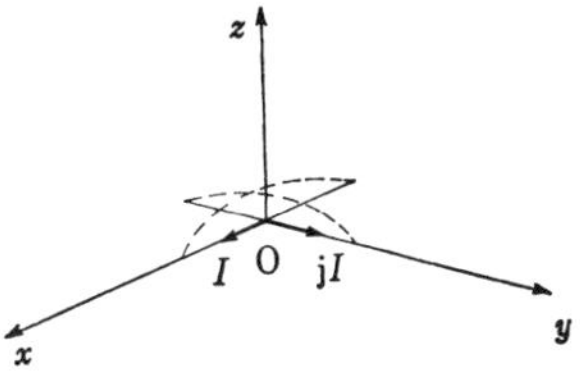

図 9.11　ターンスタイル・アンテナ

相差をもって給電するものである．近似的に微小ダイポールが2本直交しているものとして指向性を求めることができる．このようにして $F(\theta,\varphi)$ と $G(\theta,\varphi)$ を求めよ．

9·4　円偏波を直線偏波のアンテナで受信したとき，損失はいくらか？

9·5　アンテナ利得の測定方法として，完全に同じアンテナを2個用い，伝送損失の測定値から換算する方法がある．波長を λ，アンテナ間の距離を d，伝送損失を L として利得 G を表わす公式を求めよ．ただし，伝送損失は送信電力と受信電力の比として定義される．

9·6　電磁界の可逆定理を用いて図9.12の放射系の放射電界を求めよ．

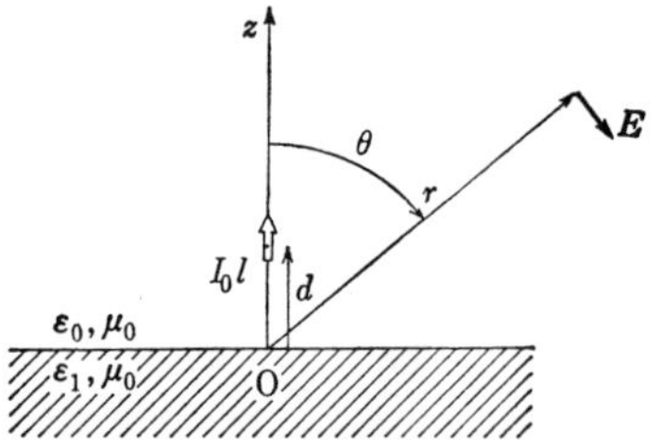

図 9·12　半空間が (ε_1, μ_0) の媒質であるとき境界面近くに置かれた垂直微小ダイポールの放射電界

9·7　式(9.16)～(9.19)から電磁界の可逆定理，式(9.15)を導け．

9·8　ある通信システムにおいて，周波数 4 GHz，送受信間の距離 5 km，送信電力 100 kW，送信アンテナの利得 30 dB，最小受信信号レベル 17 dBm である．受信アンテナに要求される利得と実効開口面積を求めよ．

10 アンテナの配列

尖鋭な指向性をもち，したがって大きな利得をもつアンテナの寸法は波長に比して大きくなければならない．このために，宇宙通信用のカセグレン・アンテナは直径 30 m もの大きなアンテナが用いられる．また電波天文観測用に，山と山の間の谷を利用して大きな反射鏡アンテナをつくることも行なわれている．しかし，このように一つのアンテナにもたせられる長さや面積には機械的精度と経済性のために限界がある．必要な開口面積を小さく分割し，各部分を小さなアンテナでカバーすることが考えられる．このように多数のアンテナの配列を全体として一つの大きなアンテナとして動作させるとき，これを**アレー・アンテナ**という．たとえば図 10.1 のようなアレー・アンテナを実物，あるいは写真で見たことがあるであろう．アレー・アンテナには入出力端子が素子アンテナの数だけあり，それだけ動作方式の自由度が増える．この章ではアレー・アンテナの形態と特性について基本的事項を学ぶ．

10.1 アレー・ファクタ

図 10.2 のように電界指向性がともに $g(\theta,\varphi)$ である二つのアンテナが座標原点 O と別の点 P($\boldsymbol{r}'$) に置かれているとしよう．これら二つのアンテナが共通の電源から分岐回路を経て同時に励振されているとき，全体の指向性はどのようになるだろうか？　指向性の観測される点は十分遠方にあるので，二つのアンテナから同一の観測点に向かう方向は平行であり，ともに単位ベクトル $\hat{\boldsymbol{r}}$

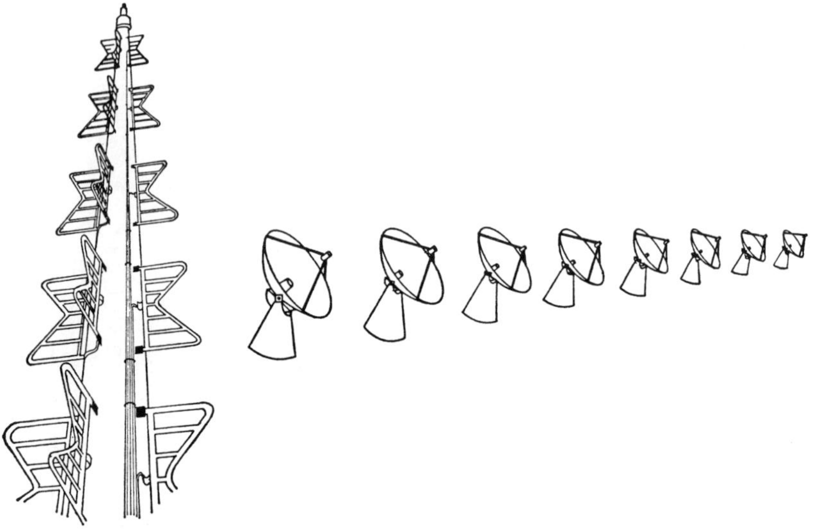

(a) スーパー・ターンスタイル・アンテナの配列．テレビ電波送信用に用いられている．

(b) パラボラ・アンテナの配列 太陽電波の観測などに用いられている

図 10.1 アレー・アンテナ

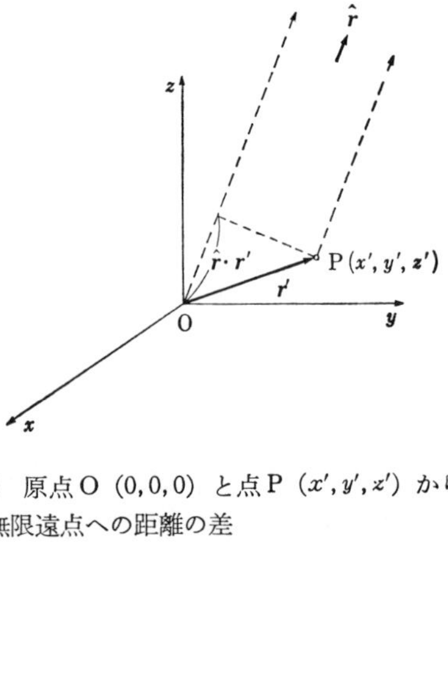

図 10.2 原点O (0,0,0) と点P (x', y', z') から $\hat{r}$ の方向の無限遠点への距離の差

の方向に向かうとしてよい．したがって，同図に示すようにPにある素子はOにある素子よりも $\hat{\boldsymbol{r}}\cdot\boldsymbol{r}'$ だけ前方にある．$\hat{\boldsymbol{r}}$ を $(\theta,\ \varphi)$ の方向にとり，Pの座標を $(x',\ y',\ z')$ とすれば．

$$\hat{\boldsymbol{r}}\cdot\boldsymbol{r}' = \sin\theta(x'\cos\varphi+y'\sin\varphi)+z'\cos\theta \tag{10.1}$$

この距離の差は角度変数 $(\theta,\ \varphi)$ の関数であるので，上手にアンテナ素子を配置すれば全体として望ましい指向性を得ることができる．二つのアンテナを同相で励振したとき，二つのアンテナからの距離の差が波長の整数倍であれば強め合い，波長の半奇数倍であれば弱めあう．

話を簡単にするために，二つの等方性アンテナが z 軸上に距離 d だけ離れて置かれ，等振幅で励振された場合を考えよう．位相差を ψ とする．図 10.3(a) は $d=\lambda/2$，$\psi=0$ の場合に x 軸方向と z 軸方向で電波が強め合ったり弱め合ったりする位相関係，および zx 面内の指向性図を描いたものである．この場合にはアレー軸（z 軸）に垂直な方向に放射が強いので**ブロードサイド・アレー** (broadside array) という．図 10.3 (b) は $d=\lambda/2$，$\psi=\pi$ の場合に対するもので，アレー軸の方向に放射が強い．しかし，$\pm x$ 方向の二方向に放射が分かれる．(c) は $d=\lambda/4$，$\psi=\pi/2$ の場合に対するもので，$-z$ 軸方向に放射

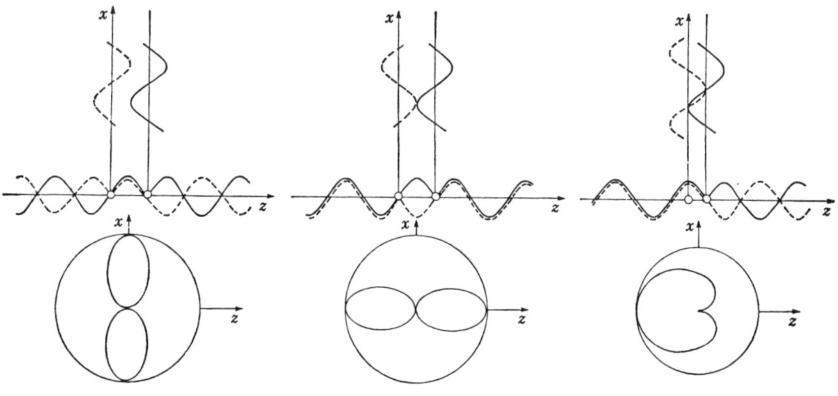

(a)　$d=\lambda/2$，$\psi=0$　　(b)　$d=\lambda/2$，$\psi=\pi$　　(c)　$d=\lambda/4$，$\psi=\pi/2$

図 10.3　3種類の2素子アレー

が強い．このアレーを**エンドファイア・アレー** (endfire array) という．

図 10.2 にもどり，この 2 素子アレーの放射電界の大きさを求めると，

$$E(\theta,\varphi) = \frac{\exp(-\mathrm{j}k_0 r)}{r} I_0 g(\theta,\varphi) + \frac{\exp[-\mathrm{j}k_0(r-\hat{\boldsymbol{r}}\cdot\boldsymbol{r}')]}{r-\hat{\boldsymbol{r}}\cdot\boldsymbol{r}'} I_1 g(\theta,\varphi)$$

ここに，I_0 と I_1 はそれぞれ O と P に置かれた素子アンテナの励振係数（複素数）である．右辺第 2 項の分母は振幅項であるので r に置き換えてよい．したがって，

$$E(\theta,\varphi) = \frac{\exp(-\mathrm{j}k_0 r)}{r} g(\theta,\varphi) A(\hat{\boldsymbol{r}}) \qquad (10.2)$$

$$A(\hat{\boldsymbol{r}}) = I_0 + I_1 \exp(\mathrm{j}k_0 \hat{\boldsymbol{r}}\cdot\boldsymbol{r}') \qquad (10.3)$$

式 (10.2) はアレー・アンテナの指向性は素子指向性とアレーの配列および励振分布によって決まる因子，$A(\hat{\boldsymbol{r}})$，の積に等しいことを示している．この原理を指向性相乗の理といい，$A(\hat{\boldsymbol{r}})$ を**アレー・ファクタ**という．アレー・ファクタは素子指向性が無指向性のときのアレー・アンテナの指向性に等しい．このようなアレーを点波源列という．式 (10.3) により，図 10.3 の三つの場合のアレー・ファクタを求めると，

(a)　$I_0 = I_1 = \dfrac{1}{2},\ k_0\hat{\boldsymbol{r}}\cdot\boldsymbol{r}' = \pi\cos\theta : |A(\theta,\varphi)| = \left|\cos\left(\dfrac{\pi}{2}\cos\theta\right)\right|$

(b)　$I_0 = -I_1 = \dfrac{1}{2},\ k_0\hat{\boldsymbol{r}}\cdot\boldsymbol{r}' = \pi\cos\theta : |A(\theta,\varphi)| = \left|\sin\left(\dfrac{\pi}{2}\cos\theta\right)\right|$

(c)　$I_0 = \dfrac{1}{2},\ I_1 = \dfrac{\mathrm{j}}{2},\ k_0\hat{\boldsymbol{r}}\cdot\boldsymbol{r}' = \dfrac{\pi}{2}\cos\theta : |A(\theta,\varphi)| = \left|\cos\left(\dfrac{\pi}{4}(1+\cos\theta)\right)\right|$

10.2　リニア・アレー

素子アンテナが図 10.4 のように一直線上に並んだアレーを**リニア・アレー**という．素子間隔を d，素子数を N とし，N 素子が同相同大で励振されている場合を考えよう．アレー・ファクタは，

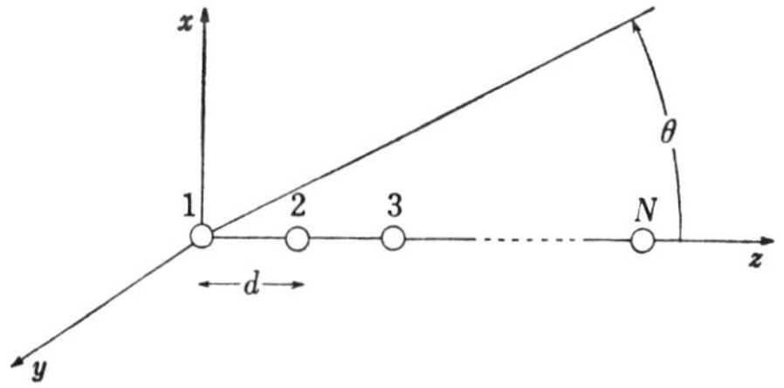

図 10.4 リニア・アレー

$$A(\theta)=\sum_{n=1}^{N}\exp[\mathrm{j}k_0(n-1)d\cos\theta]=\frac{1-\exp(\mathrm{j}k_0Nd\cos\theta)}{1-\exp(\mathrm{j}k_0d\cos\theta)}$$

$$=\exp\left(\mathrm{j}k_0\frac{N-1}{2}d\cos\theta\right)\frac{\sin\left(\frac{N}{2}k_0d\cos\theta\right)}{\sin\left(\frac{k_0d}{2}\cos\theta\right)} \tag{10.4}$$

ここで，$u=k_0d\cos\theta$ と変数変換し，$A(\theta)$ の振幅を $F(u)$ とすれば，

$$F(u)=\left|\frac{\sin\frac{Nu}{2}}{\sin\frac{u}{2}}\right| \tag{10.5}$$

図 10.5 は $N=5$ に対する $F(u)$ の変化を描いたものである．u に関して 2π を周期とする周期関数であり，$u=2n\pi$ で大きくなっている．指向性の隣り合

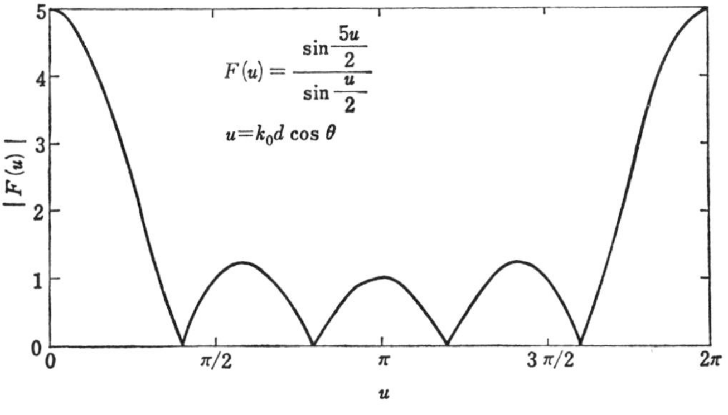

図 10.5 同相同大に励振された5素子リニア・アレーのアレー・ファクタ

う零点の間の曲線を極座標に描くと葉の形になるので，これを**ローブ**という．$u=0$ ($\theta=\pi/2$) を中心とするローブを**メイン・ローブ**といい，メイン・ローブの両隣りのローブを第1サイド・ローブ，以下順次第 n サイド・ローブとよぶ．メイン・ローブの強さに対する第1サイド・ローブの強さの比を**サイド・ローブ比**という．サイド・ローブ比は同大に励振されたアレーでは素子数が大きければ，いつも約 -13.2 dB である．

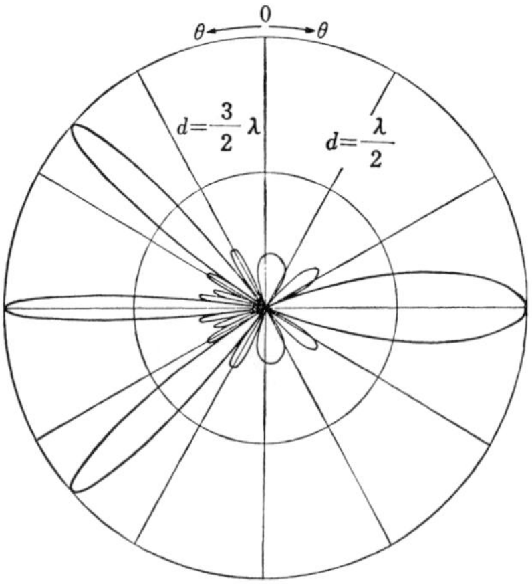

図 10.6　半波長間隔および波長間隔 5素子アレーの指向性

θ の範囲 $(0,\ \pi)$ は u の範囲 $(-k_0d/2,\ k_0d/2)$ に対応し，図 10.5 のこの範囲の部分が実際の指向性に現われる．u のこの範囲を**可視域** (visible region) といい，これより外の領域を**不可視域** (invisible region) という．図 10.6 は $d=\lambda/2$ と $d=3\lambda/2$ の二つの場合のアレー・ファクタを極座標に示したもので，$d=3\lambda/2$ の場合にはメイン・ローブと同じ強さのローブが $\theta=\pi/2$ 以外の方向に

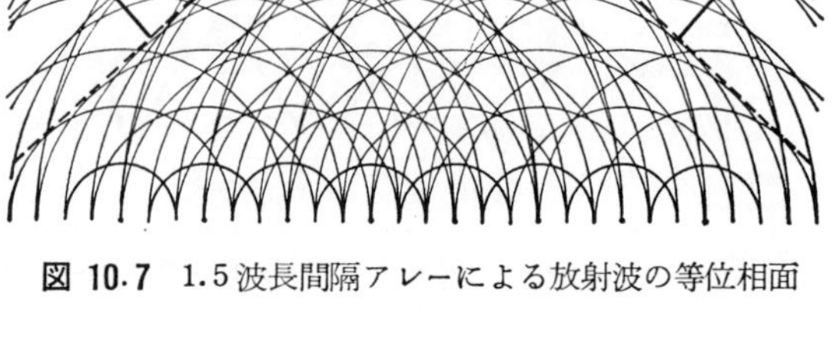

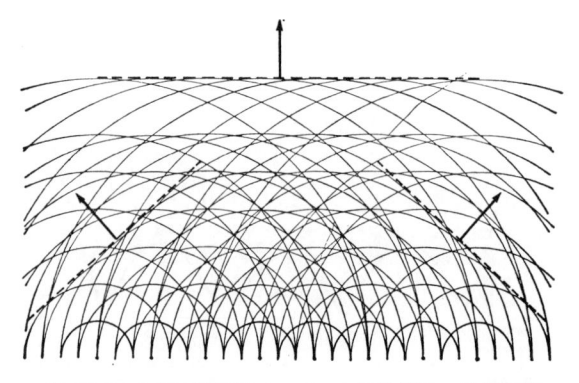

図 10.7　1.5波長間隔アレーによる放射波の等位相面

現われている．この方向は $u=\pm 2\pi$ に対応し，このローブを**グレーティング・ローブ**という．ふつうはグレーティング・ローブが可視域に入らないように d をあまり大きくしない．図 10.7 はグレーティング・ローブの発生する模様を説明するために，各素子から出る放射波の等位相線を描いたものである．メイン・ローブと二つのグレーティング・ローブの方向に波面が形成されている．

リニア・アレーのアレー・ファクタは素子の励振分布を変えることによって種々の目的にかなった指向性を得ることができる．上に述べた同相同大の励振分布はメイン・ローブの方向の利得を大きくするのに最も適しているが，サイド・ローブが大きいのが欠点である．現実の電波環境は雑音や反射波，妨害波などの不要波が混在しているので，これらの不要波に対する感度の低い指向性が要求される．S/N（信号対雑音比）や D/U（希望波対不要波比）を最大にする指向性が望ましい．この目的のためにアレーの振幅分布と位相分布をいろいろ変えることが行なわれている．

10.3 プラナ・アレーとアレー・オブ・アレー

素子アンテナを図 10.8 のように平面上に並べたアレー・アンテナを**プラナ・アレー**という．プラナ・アレーのアレー・ファクタは素子の配置が碁盤の目のような場合には簡単に求めることができる．図 10.8 のように xy 面上に素子

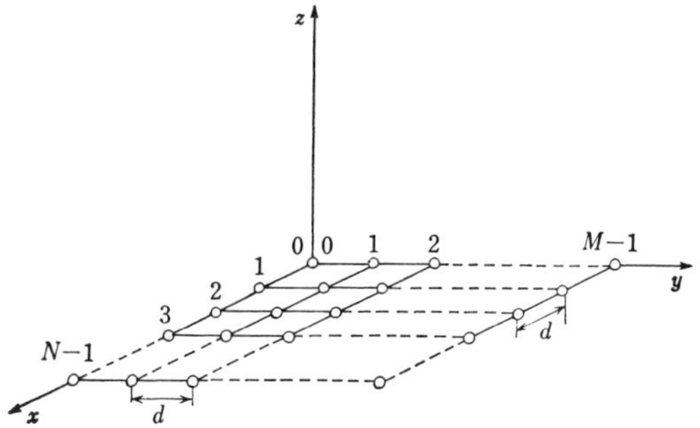

図 10.8 プラナ・アレー

間隔 d で，$N\times M$ 素子が並べられ，同相同大で励振された場合のアレー・ファクタは，

$$A(\theta,\varphi)=\sum_{n=0}^{N-1}\sum_{m=0}^{M-1}\exp[\mathrm{j}k_0d\sin\theta(n\cos\varphi+m\sin\varphi)]$$

$$=\sum_{n=0}^{N-1}\exp(\mathrm{j}k_0nd\sin\theta\cos\varphi)\sum_{m=0}^{M-1}\exp(\mathrm{j}k_0md\sin\theta\sin\varphi)$$

$$=\exp\left[\mathrm{j}k_0d\sin\theta\left(\frac{N-1}{2}\cos\varphi+\frac{M-1}{2}\sin\varphi\right)\right]$$

$$\times\frac{\sin\left(\frac{N}{2}k_0d\sin\theta\cos\varphi\right)}{\sin\left(\frac{1}{2}k_0d\sin\theta\cos\varphi\right)}\cdot\frac{\sin\left(\frac{M}{2}k_0d\sin\theta\sin\varphi\right)}{\sin\left(\frac{1}{2}k_0d\sin\theta\sin\varphi\right)}\qquad(10.6)$$

このように，二つのリニア・アレーのアレー・ファクタの積に等しい．これは次のように解釈できる．x 軸に沿う1本のアレーを一まとめにして一つの素子アンテナと考えると，$N\times M$ 素子プラナ・アレーは N 素子リニア・アレーのアレー・ファクタを素子指向性とする M 素子が y 軸に沿って並んだリニア・アレーに等価である．指向性相乗の理により，$N\times M$素子のプラナ・アレーのアレー・ファクタはN素子リニア・アレーのアレー・ファクタと M 素子リニア・アレーのアレー・ファクタの積に等しいことになる．このような考え方を**アレー・オブ・アレーの考え方**という．

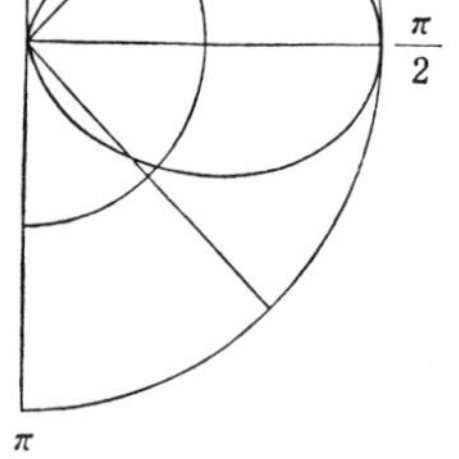

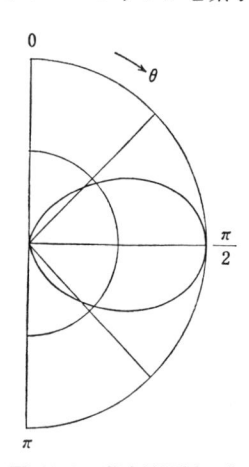

図 10.9　半波長間隔2素子アレー・アンテナのアレー・ファクタ．励振比は1 : 1.

アレー・オブ・アレーの考え方はリニア・アレーからプラナ・アレーに発展させるときばかりでなく，リニア・アレーから別のリニア・アレーに発展させるのにも役立つ．たとえば $d=\lambda/2$ の N 素子アレーのアレー・ファクタがサイド・ローブをまったくもたないようにすることができる．このために，まず2素子アレーから出発する．半波長間隔，

同相同大の2素子アレーに対して，式 (10.5) から，

$$F_2(\theta) = \left|\frac{\sin(\pi\cos\theta)}{\sin\left(\frac{\pi}{2}\cos\theta\right)}\right| = \left|2\cos\left(\frac{\pi}{2}\cos\theta\right)\right| \tag{10.7}$$

これは図10.9に示すようにブロード（メイン・ローブが幅広い）ではあるがサイド・ローブのまったくない指向性である．アレー・オブ・アレーの考え方に従って 1：1 の励振比の2素子アレーを一まとめに一つのアンテナと考え，これを素子アンテナとする 1：1 の励振比で間隔 $d=\lambda/2$ の2素子アレーを作ると，これは図10.10(a) に示したように 1：2：1 の励振比をもつ3素子アレーになる．この3素子アレーのアレー・ファクタは $F_2(\theta)$ の2乗に等しい．以下，同様にして4素子アレー，…，N素子アレーが導かれ，それらのアレー・ファクタは $F_2{}^3(\theta)$，…，$F_2{}^{N-1}(\theta)$ に等しい．$F_2(\theta)$ は一つのローブだけをもつので，これを複数回掛けるとローブの数は一つのままローブが細くなっていく．このようにして合成されるN素子アレーの励振比はパスカルの三角形によって計算される2項係数の比に等しい．この分布を2項分布という．2項分布アレーはサイド・ローブの強さが最低のアレーといえるが，同相同大の励振比をもつアレーよりメイン・ローブが太く，利得が低い．一般にサイド・ローブを下げようとするとメイン・ローブが太くなるので，両者の間で適当な妥協点を見いだしてアレー・アンテナの設計は行なわれる．

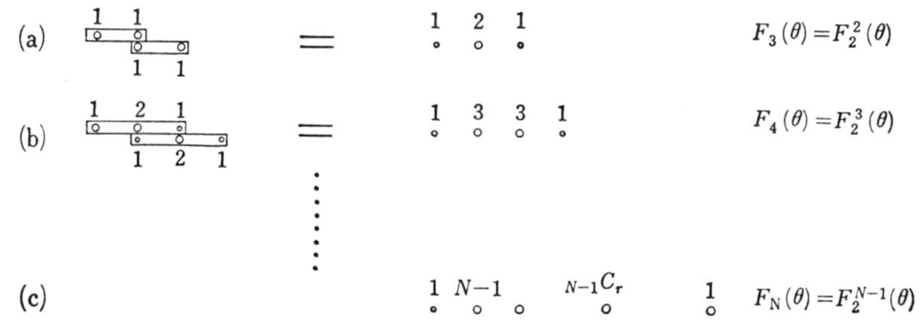

図 10.10 アレー・オブ・アレーの考え方によって合成される2項分布 N 素子アレー

10.4 相互インピーダンス

N素子アレー・アンテナの給電点電圧と給電点電流の間の関係は図 **9.4** の **2** 素子アンテナ系に対する関係を拡張した形で表わすことができる．すなわち，

$$\begin{bmatrix} V_1 \\ V_2 \\ \vdots \\ V_N \end{bmatrix} = \begin{bmatrix} Z_{11} & Z_{12} & \cdots & Z_{1N} \\ Z_{21} & Z_{22} & \cdots & Z_{2N} \\ \vdots & & & \\ Z_{N1} & \cdots & \cdots & Z_{NN} \end{bmatrix} \begin{bmatrix} I_1 \\ I_2 \\ \vdots \\ I_N \end{bmatrix} \tag{10.8}$$

インピーダンス行列の対角要素（Z_{11}, Z_{22}, …, Z_{NN}）を自己インピーダンス，非対角要素を相互インピーダンスという．相互インピーダンスの間には 2 素子アンテナ系におけるように次の関係が成り立つ．

$$Z_{ij} = Z_{ji} \tag{10.9}$$

相互インピーダンスの物理的意味を考えてみよう．たとえば，Z_{1n} $(n \neq 1)$ について考えると，これは

$$\begin{cases} I_1 = \cdots I_{n-1} = I_{n+1} = \cdots I_N = 0 \\ I_n = 1 \end{cases} \tag{10.10}$$

のときの V_1 に等しい．式 (10.10) の条件は図 10.11 に示すように，♯n のアンテナだけを給電点電流が 1A になるように給電し，他のアンテナの給電点をすべて開放したときに満たされる．このとき，♯1 のアンテナの給電点に誘起される開放端子電圧が $V_1 = Z_{1n}$ である．この電圧の波源は各アンテナに流れる電流である．給電点が開放され，給電点電流がゼロであるアンテナの上にも図 10.11 に破線で示したような電流が分布し，これも波源となる．したがって，相互インピーダンス Z_{1n} は ♯1 と ♯n の二つのアンテナだけの関係ではなく，その周辺におかれたほかのアンテナの存在にも依存する．しかし，アンテナを構成する導線が非常に細いならば ♯n 以外のアンテナ上に流れる電流は非常に小さいとして無視することができる．このような仮定の下に，二つのア

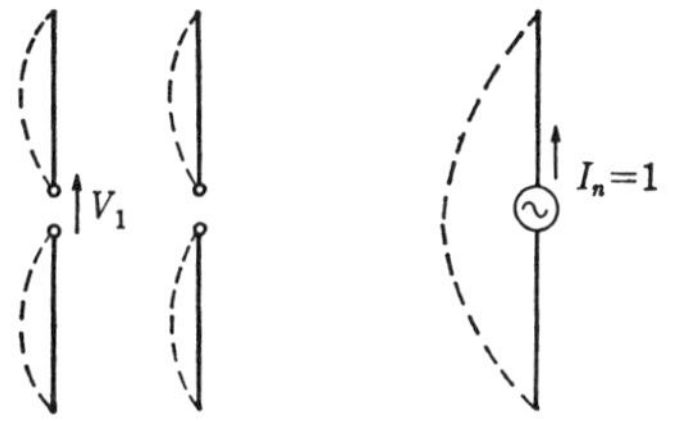

図 10.11 相互インピーダンス Z_{1n} の物理的意味

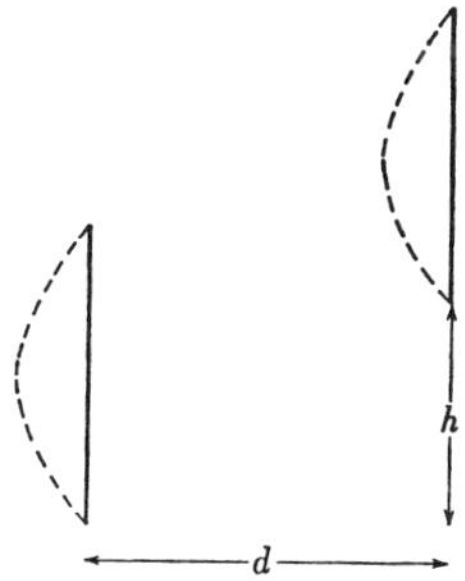

図 10.12 2素子半波長ダイポール・アンテナ

ンテナの配置関係に対してあらかじめ相互インピーダンスを求めておき，数表を作成しておけば，いろいろなN素子アレーの計算に役立つであろう．よく用いられる相互インピーダンスの数表として図 10.12 のような 2 素子の半波長ダイポール・アンテナに対するものがある．これを表 10.1 に示す*．ここで，$d=h=0$ の場合の値は自己インピーダンスを与える．これらの数値はアンテナ導線が非常に細いという仮定にもとづいて計算されたものである．より精度の高い理論計算も今日では可能であるが，その相互インピーダンスは第三のアンテナの存在によって変わるので，このような表の形にして示すことができない．

表 10.1 の応用例として図 10.13 と図 10.14 のような，平行二線線路を介して給電された 2 素子半波長ダイポール列を取り上げよう．簡単のため $d=\lambda/2$ とすれば，

$$Z_{11}=Z_{22}=73.13+j42.55 \quad [\Omega] \tag{10.11}$$

$$Z_{12}=Z_{21}=-12.53-j29.93 \quad [\Omega] \tag{10.12}$$

図 10.13 に対して，$I_1=I_2$ の関係が成り立つから，

* これは起電力法とよばれる方法で計算したものである．起電力法は電子計算機の使えなかった時代には唯一の可能な計算方法であったので，従来の教科書には詳しく説明されている．しかし，この本では起電力法が絶対であるかのような誤まった印象を与えるのを避けるために，深く立入らないことにする．

表 10.1 半波長ダイポール・アンテナの相互インピーダンス（単位 Ω）

d/λ ＼ h/λ	0	0.5	1.0	1.5	2.0	2.5
0	73.13 +j42.55	26.39 +j20.15	−4.12 −j0.72	1.73 +j0.19	−0.96 −j0.08	0.61 +j0.04
0.5	−12.53 −j29.93	−11.88 −j7.84	−0.70 +j4.05	1.04 −j1.42	−0.74 +j0.63	0.52 −j0.33
1.0	4.01 +j17.73	9.03 +j8.90	4.06 −j4.20	−2.68 −j0.28	1.11 +j0.88	−0.41 −j0.73
1.5	−1.89 −j12.30	−5.83 −j8.51	−6.21 +j1.87	2.09 +j3.06	0.56 −j2.07	−1.01 +j0.84
2.0	1.08 +j9.36	3.84 +j7.49	6.24 +j0.42	0.24 −j4.19	−2.55 +j0.98	1.58 +j0.84
2.5	−0.70 −j7.54	−2.66 −j6.51	−5.44 −j1.81	−2.20 +j3.67	2.86 +j1.08	−0.26 −j2.15
3.0	0.49 +j6.31	1.94 +j5.68	4.53 +j2.51	3.27 −j2.57	−1.91 −j2.56	−1.45 +j1.91

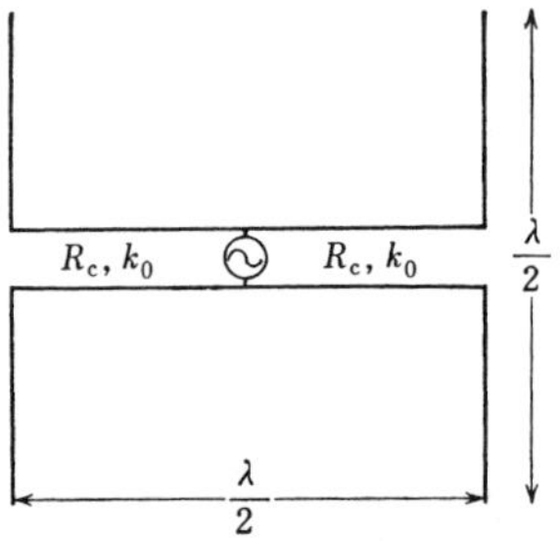

図 10.13 平行二線線路を介して給電された2素子半波長ダイポール列（その1）

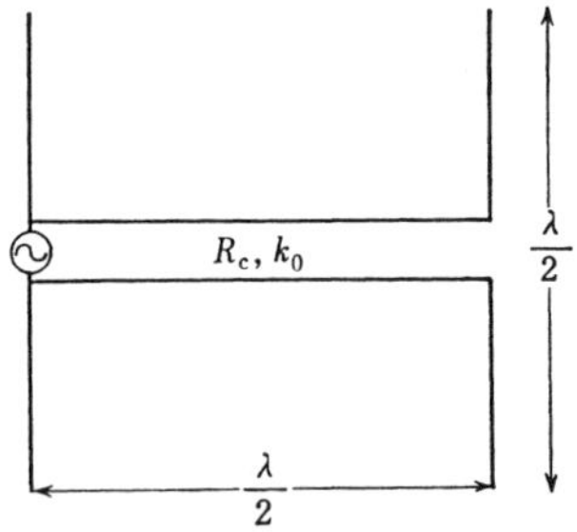

図 10.14 平行二線線路を介して給電された2素子半波長ダイポール列（その2）

$$V_1 = (Z_{11}+Z_{12})I_1 \tag{10.13}$$

$$V_2 = (Z_{11}+Z_{12})I_2 \tag{10.14}$$

したがって，給電点インピーダンスは ♯1 も ♯2 も等しく，次の値になる．

$$Z_{11}+Z_{12} = 60.60+\mathrm{j}12.62 \quad [\Omega] \tag{10.15}$$

電圧源における入力インピーダンスは平行二線線路の特性抵抗 R_c によって変わる．たとえば $R_c=200\ \Omega$ とすれば式 (6.25) により

$$Z_{in} = \frac{1}{2}\cdot 200\cdot \frac{1}{\dfrac{60.60+\mathrm{j}12.62}{200}} = 269-\mathrm{j}56.6 \quad [\Omega] \tag{10.16}$$

図 10.14 に対しては，$I_1=-I_2$ であるから

$$V_1 = (Z_{11}-Z_{12})I_1 \tag{10.17}$$

$$V_2 = (Z_{11}-Z_{12})I_2 \tag{10.18}$$

ゆえに 2 素子の給電点インピーダンスは等しく，次の値になる．

$$Z_{11}-Z_{12} = 85.66+\mathrm{j}72.48 \quad [\Omega] \tag{10.19}$$

♯2 のアンテナの給電点のすぐ右から線路側を見込んだインピーダンスは ♯1 のアンテナの給電点インピーダンスに等しいので，電圧源における入力インピーダンスは，

$$Z_{in} = \frac{1}{2}(85.66+\mathrm{j}72.48) = 42.83+\mathrm{j}36.24 \quad [\Omega] \tag{10.20}$$

10.5 八木-宇田アンテナ

第二次世界大戦より昔，当時の東北大学 八木秀次教授と宇田新太郎助教授の協力によって発明されたアンテナである．現在ではテレビ受信用アンテナとして世界中の民家の屋上に君臨している．

八木-宇田アンアナの基本形は図 10.15 のような伝送線路が接続された放射器 (radiator) と，その前後に置かれた導波器 (director) と反射器 (reflector) から成る．導波器と反射器はそれぞれ 1 本の導体棒であるが，これらの中央に給電点を仮想し，この給電点が短絡されたアンテナ素子であると考えると，図 10.15 の八木-宇田アンテナは 3 素子ダイポール・アンテナ・アレーと見なすことができる．導波器と反射器のような素子を**寄生素子** (parasitic element)

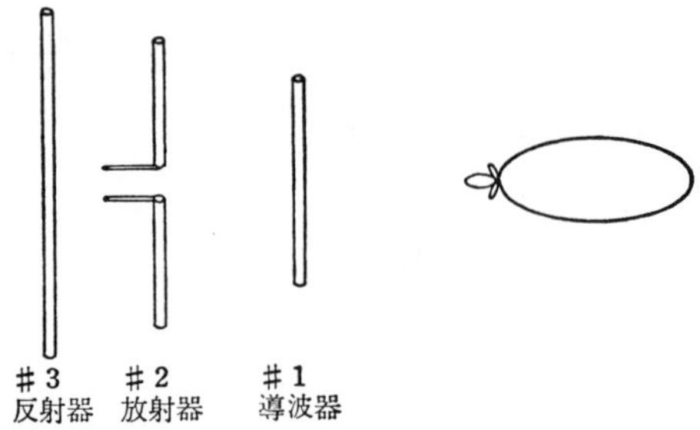

(a)　基本形　　　(b)　指向性

図 10.15　八木-宇田アンテナの基本形と指向性

という．導波器を ♯1，放射器を ♯2，反射器を ♯3 とすれば式 (10.8) は次の形になる．

$$\begin{bmatrix} 0 \\ V \\ 0 \end{bmatrix} = \begin{bmatrix} Z_{11} & Z_{12} & Z_{13} \\ Z_{21} & Z_{22} & Z_{23} \\ Z_{31} & Z_{32} & Z_{33} \end{bmatrix} \begin{bmatrix} I_1 \\ I_2 \\ I_3 \end{bmatrix} \qquad (10.21)$$

3本の素子の長さと素子間隔を変えるとインピーダンス行列が変わり，したがって，式 (10.21) を解いて得られる電流比を変えることができる．適当な寸法のとき I_1 は I_2 より位相が遅れ，I_3 は I_2 より位相が進むようになり，最大指向性が放射器から導波器に向かう方向にあるエンドファイア・アレーとして動作する．これが八木-宇田アンテナの原理である．ふつう，導波器の長さはやや短く，反射器の長さはやや長くして用いる．また導波器の数は複数にすることが多く，無限に導波器列を続けると図 6.15 (e) に示した表面波構造になる．

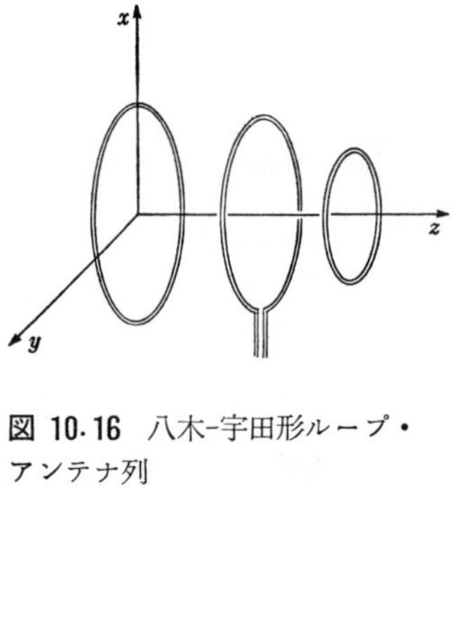

図 10.16　八木-宇田形ループ・アンテナ列

八木-宇田アンテナの原理は素子アンテナがダイポール・アンテナでなくても有効である．図 10.16 のような周囲長が約1波長に等しいループ・アンテナを素子とする八木-宇田形アンテナがUHFテレビ放送の送受信用に用いられている.

問　　題

10.1　図10.17のように完全導体平面の上に半波長ダイポールが垂直に置かれている.ダイポールの中心と平面の距離をdとして,鏡像法とアレー理論によりこの系の電界指向性を求めよ.ダイポールが平面に対して傾けて置かれた場合にはこのような解析方法が適用できない.その理由を述べよ.

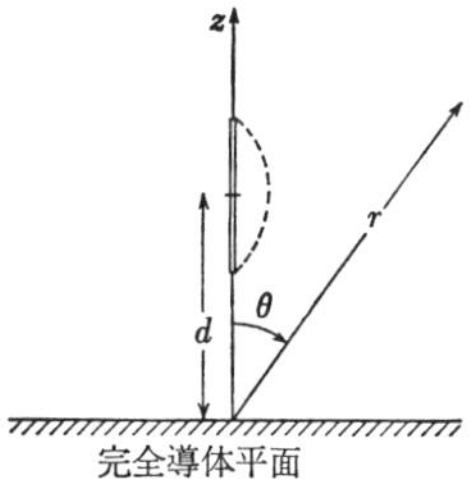

図 10.17　完全導体平面上の垂直半波長ダイポール

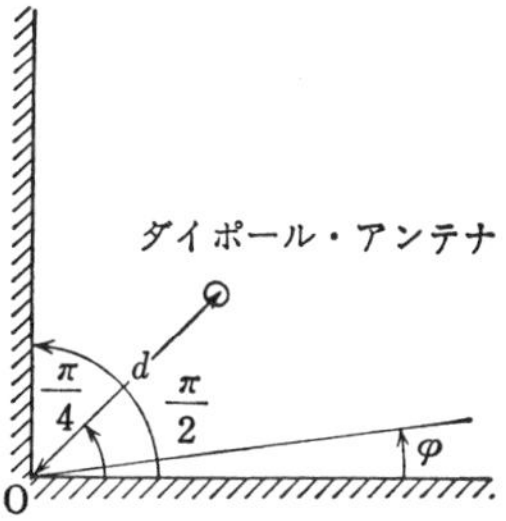

図 10.18　コーナー・レフレクタ・アンテナの断面図

10.2　2枚の完全導体平面で囲まれた領域にダイポール・アンテナを置いたアンテナ系をコーナー・レフレクタ・アンテナという.図10.18に示すような開き角αが直角であるものを90° コーナー・レフレクタ・アンテナという.この場合の指向性は鏡像法とアレー理論によって求められる.コーナーとアンテナの距離をdとして指向性を求めよ.

10.3　前問において,$\alpha \neq \pi/2$ でも同様な解析が行なえる場合がある.このためのαに関する条件を求めよ.

10.4　図10.19のような3素子等間隔アレーがある.

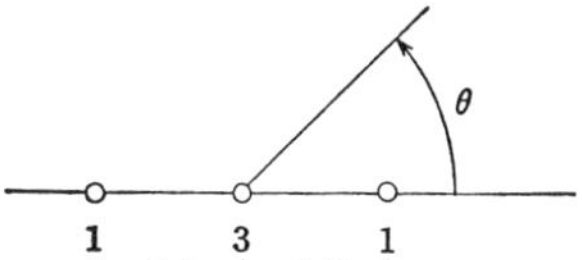

図 10.19　3素子アレー

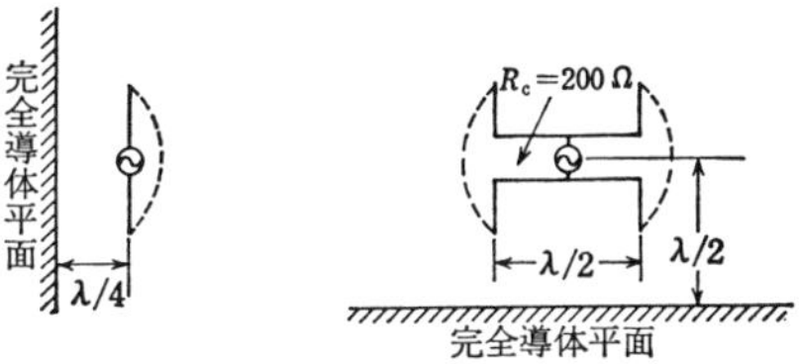

図 10.20　半波長ダイポール・アンテナを基本とする2種のアンテナ系

（a）　このアレー・アンテナのアレー・ファクタ $A(\theta)$ を求めよ.

（b）　$A^2(\theta)$ をアレー・ファクタとするアレーを合成せよ.（素子数，素子間隔，励振強度分布を決定せよ.）

10.5　表10.1を用いて図10.20の2種のアンテナの入力インピーダンスを求めよ.

10.6　平行な2本のダイポール・アンテナ間の相互インピーダンスの測定方法を考えよ.

10.7　振幅分布が一様でないアレーのアレー・ファクタは一般に求めるのが難しいが，図10.21のような cosine on pedestal とよばれる場合は比較的容易に求められる. $N=5$, $d=\lambda/2$ として a パラメータにしてアレー・ファクタを求めよ.

10.8　図10.22のように N 素子リニア・アレーの出力と，間隔が N 倍の2素子アレーの出力を乗算器によりかけ合わせると，その出力としての指向性は $2N$ 素子リニア・アレーの指向性に等価であることを示せ.

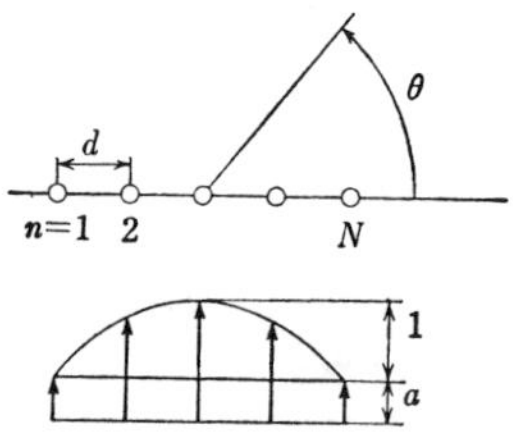

図 10.21　cosine on pedestal 分布アレー

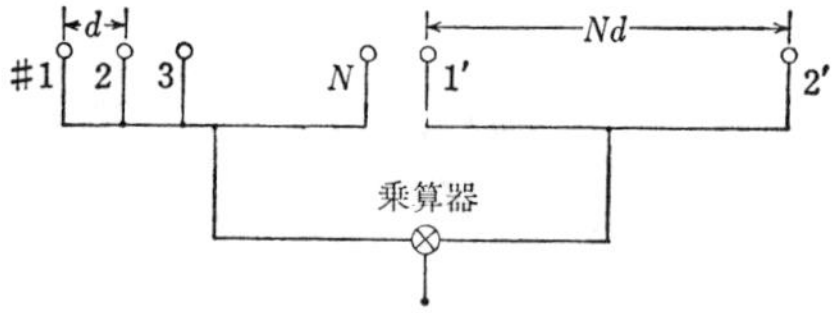

図 10.22　乗算器を用いることによって，素子数を節減したリニア・アレー

11 電磁波の散乱

電磁波の伝搬通路に ε, μ, σ が自由空間と異なる物体が存在すると電磁波はそのまま直進することができない．この物体の大きさが有限であるとき電磁波は全立体角に分散して進んで行く．これを**散乱** (scattering) といい，電磁波を散乱させる物体を**散乱体**という．散乱体があるときの電磁界と自由空間中の電磁界との差を**散乱電磁界**という．この章では電磁界境界値問題としての散乱の標準的な解析方法，散乱体の特性を表わす散乱断面積，山岳やビルの電波伝搬に与える影響の考え方，レーダの基礎方程式，などについて学ぶ．

11.1 平面波の無限長導体円柱による散乱

散乱の問題を数学的にとらえると，散乱体の表面で散乱体の内と外の電磁界を境界条件によって接続させる電磁界の境界値問題になる．6章において導波管の問題を境界値問題の例として扱ったが，導波管の場合には電磁界は導波管の壁より内部にしか存在しないので**内部問題**とよばれる．これに対して，散乱の問題においては散乱体外部の電磁界が主な解析の対象であるので，このような問題を**外部問題**という．外部問題の方が内部問題より解析が難しいが，比較的理解しやすいと思われる無限長導体円柱による散乱をとりあげてみよう．この場合には散乱体の内部には電磁界は存在しないので純然たる外部問題である．

図 11.1 のように，半径 a の円柱が z 軸を中心軸として置かれ，この円柱の

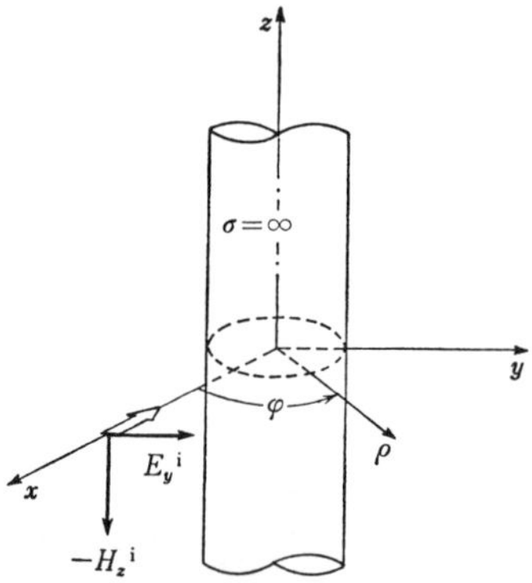

図 11·1　無限長導体円柱による平面波の散乱

内部で $\sigma=\infty$ とする．このとき，電界が y 方向に偏った平面波が導体円柱に垂直に入射するものとする．すなわち，

$$E_y{}^{\mathrm{i}} = E_0 \exp(\mathrm{j}k_0 x) \tag{11.1}$$

$$H_z{}^{\mathrm{i}} = -\frac{E_0}{\eta_0}\exp(\mathrm{j}k_0 x) \tag{11.2}$$

導体円柱の表面には入射電界によって φ 方向に電流が流され，これが 2 次波源となって散乱電磁界を放射する．散乱電磁界は $\rho=a$ における次の境界条件により決定される．

$$E_\varphi{}^{\mathrm{i}} + E_\varphi{}^{\mathrm{s}} = 0 \tag{11.3}$$

入射電磁界が z に依存しないので散乱電磁界も z に依存しない．このような場合の境界値問題は **2 次元問題**であるという．

散乱電磁界は $\rho>a$ において波源のないマクスウェルの方程式を満足する．これは TE 波であるので 6 章で学んだヘルツ・ベクトル，$\hat{z}\psi^*$，を用いて表現するのがよい．ψ^* は式 (6.49) の一般解において $\beta=0$ とおいた式により表現されるが，$\rho\to\infty$ のとき円筒波の条件を満たしていなければならない．また φ に関して 2π を周期とする周期関数でなければならない．したがって，

$$\psi^* = \sum_{n=0}^{\infty} H_n{}^{(2)}(k_0\rho)\,(A_n \cos n\varphi + B_n \sin n\varphi) \tag{11.4}$$

ここに $H_n{}^{(2)}(k_0\rho)$ は n 次の第 2 種ハンケル関数であり，ベッセル関数とノイマン関数の次のような 1 次結合に等しい．

$$H_n{}^{(2)}(k_0\rho) = J_n(k_0\rho) - \mathrm{j}Y_n(k_0\rho) \tag{11.5}$$

$k_0\rho\to\infty$ のとき，

$$H_n{}^{(2)}(k_0\rho) \simeq \sqrt{\frac{2}{\pi k_0\rho}}\exp\left\{-\mathrm{j}\left[k_0\rho - \left(\frac{n}{2}+\frac{1}{4}\right)\pi\right]\right\} \tag{11.6}$$

であるので，式 (11.4) は円筒波の表現になっている．式 (11.4) を (5.43) と (5.44) に代入して，

$$\boldsymbol{E}^{s} = \sum_{n=0}^{\infty} \mathrm{j}\omega\mu_0 \Big[\hat{\boldsymbol{\varphi}} k_0 H_n^{(2)\prime}(k_0\rho)\,(A_n \cos n\varphi + B_n \sin n\varphi) - \hat{\boldsymbol{\rho}} \frac{n}{\rho} H_n^{(2)}(k_0\rho)\,(-A_n \sin n\varphi + B_n \cos n\varphi) \Big] \tag{11.7}$$

$$\boldsymbol{H}^{s} = \sum_{n=0}^{\infty} k_0^2 \hat{z} H_n^{(2)}(k_0\rho)\,(A_n \cos n\varphi + B_n \sin n\varphi) \tag{11.8}$$

係数 A_n，B_n を境界条件 (11.3) が成り立つように決めれば散乱電磁界は求まる．入射波電界 E_y^{i} は式 (11.1) のように直角座標によって書かれているので，これを円筒座標の表現に書き直さなければならない．このためには次の公式が有用である．

$$\mathrm{e}^{\mathrm{j}r\cos\varphi} = \sum_{n=0}^{\infty} \varepsilon_n (\mathrm{j})^n J_n(r) \cos n\varphi \tag{11.9}$$

$$\varepsilon_n = \begin{cases} 1 & (n=0) \\ 2 & (n=1,\ 2,\ \cdots) \end{cases} \tag{11.10}$$

したがって，

$$\begin{aligned} E_\varphi^{\mathrm{i}} &= E_y^{\mathrm{i}} \cos\varphi = E_0 \exp(\mathrm{j}k_0\rho\cos\varphi)\cos\varphi \\ &= E_0(-\mathrm{j}) \frac{\partial}{\partial(k_0\rho)} \exp(\mathrm{j}k_0\rho\cos\varphi) \\ &= E_0(-\mathrm{j}) \sum_{n=0}^{\infty} \varepsilon_n (\mathrm{j})^n J_n'(k_0\rho) \cos n\varphi \end{aligned} \tag{11.11}$$

このようにして，式 (11.3) は次のように書ける．

$$\sum_{n=0}^{\infty} [\{E_0 \varepsilon_n (\mathrm{j})^{n-1} J_n'(k_0 a) + \mathrm{j}\omega\mu_0 k_0 A_n H_n^{(2)\prime}(k_0 a)\} \cos n\varphi + \mathrm{j}\omega\mu_0 k_0 B_n H_n^{(2)\prime}(k_0 a) \sin n\varphi] = 0 \tag{11.12}$$

これが任意の φ について成り立たなければならないので，φ に関するすべてのフーリエ係数はゼロでなければならない．ゆえに，

$$A_n = \frac{E_0}{\omega\mu_0 k_0} \varepsilon_n (\mathrm{j})^n \frac{J_n'(k_0 a)}{H_n^{(2)\prime}(k_0 a)} \tag{11.13}$$

$$B_n = 0 \tag{11.14}$$

上の両式を式 (11.7) と (11.8) に代入して，

$$\boldsymbol{E}^s = E_0 \sum_{n=0}^{\infty} \varepsilon_n \left[\hat{\boldsymbol{\varphi}} \mathrm{j}^{n+1} \frac{J_n'(k_0 a)}{H_n^{(2)\prime}(k_0 a)} H_n^{(2)\prime}(k_0 \rho) \cos n\varphi \right.$$
$$\left. + \hat{\boldsymbol{\rho}} \mathrm{j}^{n+1} n \frac{J_n'(k_0 a)}{H_n^{(2)\prime}(k_0 a)} \cdot \frac{H_n^{(2)}(k_0 \rho)}{k_0 \rho} \sin n\varphi \right] \tag{11.15}$$

$$\boldsymbol{H}^s = \frac{E_0}{\eta_0} \hat{\boldsymbol{z}} \sum_{n=0}^{\infty} \varepsilon_n \mathrm{j}^n \frac{J_n'(k_0 a)}{H_n^{(2)\prime}(k_0 a)} H_n^{(2)}(k_0 \rho) \cos n\varphi \tag{11.16}$$

$k_0\rho \to \infty$ のとき，式 (11.6) により

$$H_n^{(2)\prime}(k_0 \rho) \simeq -\mathrm{j} H_n^{(2)}(k_0 \rho) \tag{11.17}$$

が成り立つので，

$$\boldsymbol{E}^s \simeq \hat{\boldsymbol{\varphi}} E_0 \sqrt{\frac{2}{\pi k_0 \rho}} \exp\left[-\mathrm{j} \left(k_0 \rho - \frac{\pi}{4} \right) \right] F(\varphi) \tag{11.18}$$

$$\boldsymbol{H}^s = \frac{1}{\eta_0} \hat{\boldsymbol{\rho}} \times \boldsymbol{E}^s \tag{11.19}$$

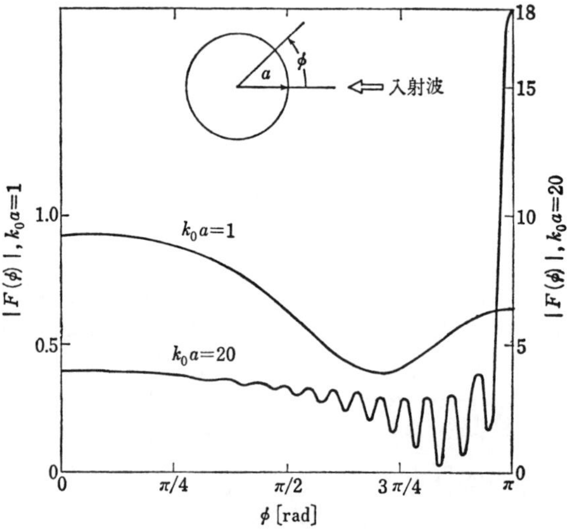

図 11.2　無限長導体円柱の散乱指向性（TE 入射波の場合）

$$F(\varphi) = \sum_{n=0}^{\infty} \varepsilon_n (-1)^n \frac{J_n'(k_0 a)}{H_n^{(2)\prime}(k_0 a)} \cos n\varphi \tag{11.20}$$

式 (11.20) の $F(\varphi)$ は散乱電磁界の角度依存性を示す因子であり，散乱指向性という．$k_0a=1$ と $k_0a=20$ の場合の散乱指向性を図 11.2 に示す．$\varphi=0$ と $\varphi=\pi$ の 2 方向に散乱指向性は強くなっている．$\varphi=0$ は幾何光学的な反射の方向であり，入射波と反射波が定在波を形成する．$\varphi=\pi$ は円柱の陰の方向であり，陰では入射波と散乱波が逆位相となって全体の電磁界を弱くする．

11.2 散 乱 断 面 積

ある物体の電磁波散乱体としての大きさを評価するにはどうしたらよいだろうか？　平面波として直進してきた電磁波にとってどのくらい大きい障碍物に見えるのかを評価したいのである．このような目的のために**散乱断面積**が定義されている．前節で扱ったような 2 次元散乱問題においては，長さの次元をもつ散乱幅を定義することができる．

式 (11.18) により，φ の単位角あたりの散乱波電力は，

$$P_s(\varphi) = P_i \frac{2}{\pi k_0} |F(\varphi)|^2 \tag{11.21}$$

$$P_i = \frac{E_0^2}{\eta_0} \tag{11.22}$$

ここに P^i は入射波の電力密度である．入射波が $\varphi=0$ から入射するとき，$\varphi=\varphi$ の方から導体円柱を見た散乱幅は，

$$w(\varphi) = \frac{2\pi P_s(\varphi)}{P_i} = \frac{4}{k_0} |F(\varphi)|^2 \tag{11.23}$$

散乱幅はその幅に含まれる入射波の電力が一様な散乱指向性で散乱されたとしたときの，散乱電磁界の強さが実際の散乱電磁界の強さに等しいような，そういう幅のことである．$w_r=w(0)$ を後方散乱幅という．図 11.3 は円柱導体の w_r の k_0a に対する変化を示したものである．$k_0a \gg 1$ のとき w_r は πa に近づく．

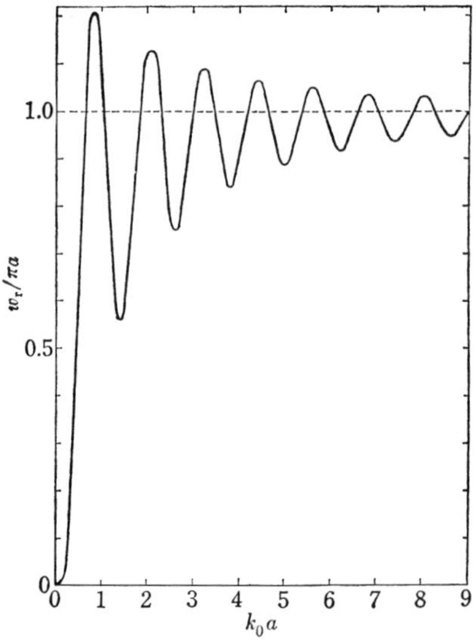

図 11.3　導体円柱の後方散乱幅の k_0a に対する変化

式 (11.21) を φ について積分した全散乱電力を P_{i} で割った値を**全散乱幅**という．すなわち，

$$w_{\mathrm{s}} = \frac{2}{\pi k_0}\int_0^{2\pi} |F(\varphi)|^2 \mathrm{d}\varphi \tag{11.24}$$

3次元散乱体に対しては次のように散乱断面積を定義する．(θ, φ) 方向から到来する入射波の電力密度を $P_{\mathrm{i}}(\theta, \varphi)$，$(\theta', \varphi')$ の方向の単位立体角あたりの散乱波電力を $P_{\mathrm{s}}(\theta', \varphi')$ とすれば，この物体の散乱断面積は

$$\sigma(\theta, \varphi ; \theta', \varphi') = \frac{4\pi P_{\mathrm{s}}(\theta', \varphi')}{P_{\mathrm{i}}(\theta, \varphi)} \tag{11.25}$$

このように $\sigma(\theta, \varphi ; \theta', \varphi')$ は，その面積に含まれる (θ, φ) 方向から到来する入射波の電力が一様な散乱指向性で散乱されたとするとき，(θ', φ') 方向に存在する散乱電磁界の強さが実際の散乱電磁界の強さに等しい，そういう面積である．

後方散乱断面積は

$$\sigma_r = \sigma(\theta, \varphi; \theta, \varphi) \tag{11.26}$$

全散乱断面積は

$$\sigma_s = \frac{1}{4\pi}\int_0^{\pi}\int_0^{2\pi}\sigma(\theta, \varphi; \theta', \varphi')\sin\theta'\,\mathrm{d}\theta'\,\mathrm{d}\varphi' \tag{11.27}$$

3次元散乱体の例として，波長より十分短い導体棒をとりあげてみよう．これは微小ダイポール・アンテナの理論を応用して解析することができる．長さを l とすれば実効長 l_{eff} は $l/2$ に等しく，したがって微小ダイポール・アンテナとしての放射インピーダンスは定性的に次式のように表わせると考えてよい．

$$Z_r = R_r + \mathrm{j}X_r = \frac{\eta_0}{6\pi}(k_0 l_{\mathrm{eff}})^2 - \mathrm{j}R_c\cot\frac{k_0 l}{2}$$

$$\simeq \frac{\eta_0 k_0^2 l^2}{24\pi} - \mathrm{j}\frac{2R_c}{k_0 l} \tag{11.28}$$

ここに R_c は微小ダイポールを構成する導体棒の特性インピーダンスである．このような R_c は厳密には存在しないが，7.1 節で述べたように入力リアクタンスは図 7.2(a) の開放線路の入力リアクタンスに等しいと考えるのである．このような融通性が，工学的思考方法の特徴ではないだろうか．入射電界 E^i によって誘起される電流は図 11.4 に示すように，鳳-テブナンの定理によって

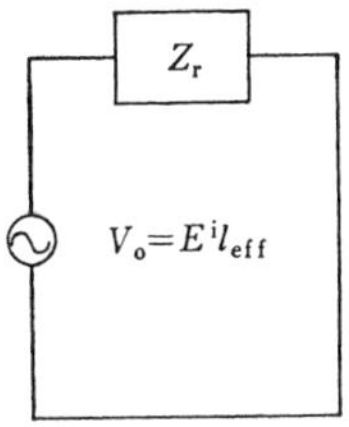

図 11.4 微小ダイポールに入射電界 E^i が誘起する電流を求めるための等価回路

$$I = \frac{V_o}{Z_r} = \mathrm{j}\frac{E^i\dfrac{l}{2}}{\dfrac{2R_c}{k_0 l}} = \mathrm{j}\frac{k_0 l^2}{4R_c}E^i \tag{11.29}$$

全散乱電力 P_s は

$$P_s = R_r|I|^2 = \frac{\eta_0}{24\pi}k_0^2 l^2 \frac{k_0^2 l^4}{16R_c^2}E^{i2} = \frac{k_0^4 l^6}{384\pi}\left(\frac{\eta_0}{R_c}\right)^2\frac{E^{i2}}{\eta_0}$$

したがって，

$$\sigma_s = \frac{k_0^4 l^6}{384\pi}\left(\frac{\eta_0}{R_c}\right)^2 \tag{11.30}$$

σ_s は k_0^4 に比例する．これは物体の大きさが波長より十分小さいとき常に成り立つ関係である．このような散乱を**レイリー** (Reyleigh) **散乱**という．

物体の大きさが波長の程度になると物体固有の共振周波数（一定の入射電界に対して大きな電流が誘起される周波数）が離散的に現われるので，k_0 の変化に対して σ は振動する．さらに物体が大きくなると（等価的に k_0 が大きくなると）σ は実際の物体の断面積に近づく．このことを幾何光学的近似が成り立つという．

11.3 フレネル・ゾーン

電波伝搬の通路上に大きな散乱体があると受信地点の電磁界は減衰を受け，通信が行なえなくなる．特に直進性の強いマイクロ波の通信回線中に高いビルを建てることは避けなければならない．それではビルの許容される高さはどのように定めるのだろうか？

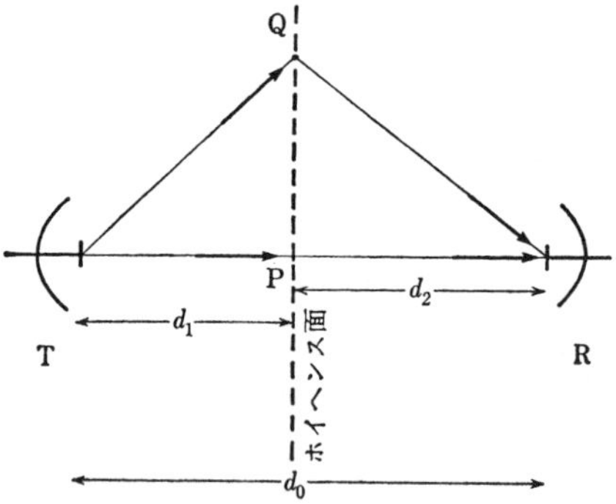

図 11.5　送信アンテナT，受信アンテナRとその間のホイヘンス面

この問題は 8.1 節に述べた等価定理を基礎として考えることができる．図 11.5 は水平距離 d_0 だけ離れた送信アンテナTと受信アンテナRを示し，Tから d_1 の距離にある垂直な面は等価定理におけるホイヘンス面である．等価定理によれば，Tの波源はホイヘンス面上の電磁界に比例した等価電磁流により置き換えることができる．このことは逆に次のことを意味する．すなわち，電波は $\overline{\mathrm{TPR}}$ の直線上を進むだけ

でなく，$\overline{TQR}$ のように迂回する成分もあるので，電波の通路上において，なるべく広い面積をさえぎらないようにしなければならない．詳しく説明することはできないが，$\overline{TQR}$ と $\overline{TPR}$ の長さの差が $\lambda/2$ より短いPを中心とする面積が必要であるとされている．

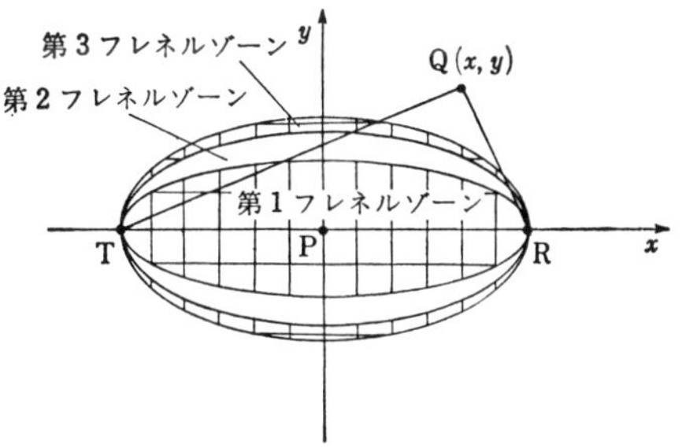

図 11.6 フレネル・ゾーン

TとRを含む面内に，$\overline{TQR}-\overline{TPR}<\lambda/2$ の条件を満たす点Qの範囲を求めよう．図 11.6 のように座標 $(x,\ y)$ を定めると，この条件は

$$\sqrt{\left(x+\frac{d_0}{2}\right)^2+y^2}+\sqrt{\left(-x+\frac{d_0}{2}\right)^2+y^2}-d_0<\frac{\lambda}{2} \qquad (11.31)$$

水平距離にくらべて垂直距離は十分小さいので，式 (11.31) は簡単になり，

$$\frac{x^2}{\left(\dfrac{d_0}{2}\right)^2}+\frac{y^2}{\left(\dfrac{\sqrt{\lambda d_0}}{2}\right)^2}<1 \qquad (11.32)$$

式 (11.32) を満たす $Q(x, y)$ の範囲は x 軸上のTとR，y 軸上の $\pm\sqrt{\lambda d_0}/2$ の点を通る楕円の内部である．この範囲を第1フレネル・ゾーンという．同様にして，$\overline{TQR}$ と $\overline{TPR}$ の長さの差が $n\lambda/2$ より小さい点の範囲は少し大きな楕円の内部になる．楕円ではさまれた領域を第2フレネル・ゾーン，第3フレネル・ゾーン，……という．電波伝搬の通路上の第1フレネル・ゾーンにはビルなどの障碍物のない空間を確保しなければならない．このことをクリアランスをとるという．たとえば $d_0=20$ km，$\lambda=5$ cm のとき，伝搬路上の中間地点で 16 m のクリアランスが必要となる．

近似的な方法によって，障碍物を通過した電磁界の分布がどのようになるのか，計算してみよう．まず，障碍物を図 11.7 のように，$-\infty<x<0$，$z=0$ の半平面導体に置き換え，$x>0$，$z=0$ の半平面をホイヘンス面と考える．次に，

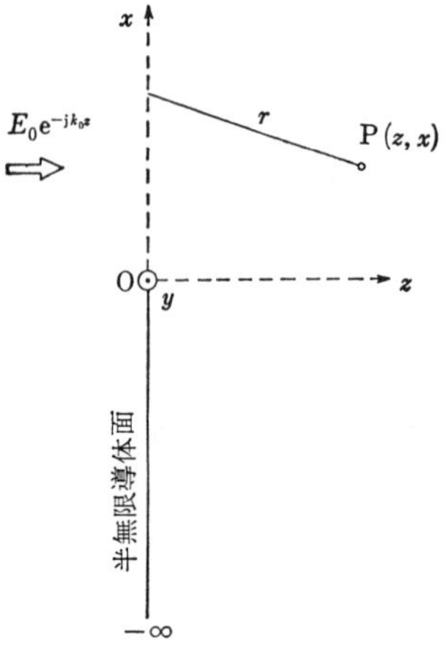

図 11.7　半平面導体による平面波の散乱

入射平面波は半平面導体の存在にかかわらず，ホイヘンス面の上では乱されずそのまま存在するとして等価波源を求める．等価波源の後方（$z<0$）は電磁界がゼロであるので何を置いても構わないが，問題を簡単にするように完全導体平面を置く．このようにすれば等価電流はイメージと打ち消し合い，等価磁流はイメージと強め合い，結局，電界に比例した等価磁流のみ残る．したがって，$z>0$ の領域の電界は次式によって計算される．

$$E(\mathrm{P}) = CE_0\int_0^{\infty}\frac{\exp(-\mathrm{j}k_0r)}{\sqrt{r}}\mathrm{d}x' \tag{11.33}$$

ここにPは $z>0$ の領域にある観測点，Cは定数である．

後で明らかになる理由によって，積分範囲の上限をある値 x_0 に止めることができる．このとき，$z\gg|x-x'|$ とすれば

$$r = z\sqrt{1+\left(\frac{x-x'}{z}\right)^2} \simeq z+\frac{(x-x')^2}{2z} \tag{11.34}$$

したがって，

$$E(\mathrm{P}) = CE_0\frac{\exp(-\mathrm{j}k_0z)}{\sqrt{z}}\int_0^{x_0}\exp\left[-\mathrm{j}k_0\frac{(x-x')^2}{2z}\right]\mathrm{d}x' \tag{11.35}$$

ここで次の変数変換を行なう．

$$t = \sqrt{\frac{2}{\lambda z}}\,(x-x') \tag{11.36}$$

このとき，式 (11.35) は次のように書き直すことができる．

$$E(\mathrm{P}) = C\sqrt{\frac{\lambda}{2}}\,E_0\exp(-\mathrm{j}k_0z)\int_v^w\exp\left(-\mathrm{j}\frac{\pi}{2}t^2\right)\mathrm{d}t \tag{11.37}$$

$$v = \sqrt{\frac{2}{\lambda z}}\,(x - x_0) \tag{11.38}$$

$$w = \sqrt{\frac{2}{\lambda z}}\,x \tag{11.39}$$

式 (11.37) に現われる積分はフレネル積分とよばれ，次のように書かれる．

$$\int_0^t \exp\left(-\mathrm{j}\frac{\pi}{2}t^2\right)\mathrm{d}t = C(t) - \mathrm{j}S(t) \tag{11.40}$$

横軸を $C(t)$，縦軸を $S(t)$ にとり，t をパラメータとして曲線を描くと図 11.8 が得られる．t が大きくなると (1/2, 1/2) の点のまわりを回転しながら，この点に収束している．この図を**コルニュ** (Cornu) **のらせん**とよんでいる．コルニュのらせん上の $t=v$ の点から $t=w$ の点までの距離が式 (11.37) の積分の絶対値に等しい．もし，半平面導体が存在しなかったとすれば，これは $v=-\infty$，$w=+\infty$ に相当する．$C(t)$ と $S(t)$ は t の偶関数であることと，$C(\infty)=S(\infty)=1/2$ を考慮して式 (11.37) より，

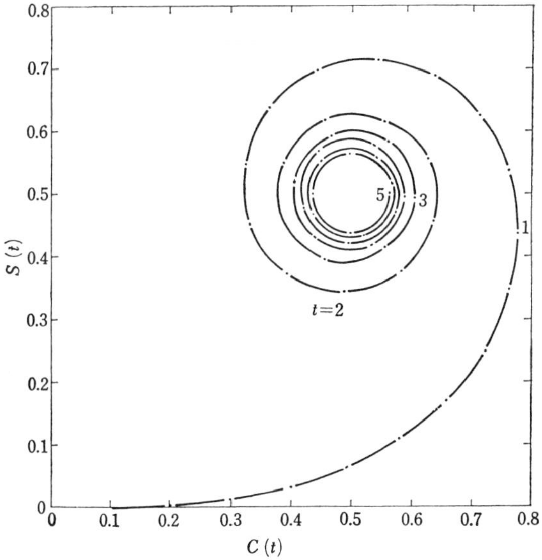

図 11.8 コルニュのらせん

$$E_0 \exp(-\mathrm{j}k_0 z) = C\sqrt{\frac{\lambda}{2}} E_0 \exp(-\mathrm{j}k_0 z)(1-\mathrm{j})$$

この関係からCは次のように決定できる．

$$C = \frac{1+\mathrm{j}}{\sqrt{2\lambda}} \tag{11.41}$$

これを式 (11.37) に代入して

$$E(\mathrm{P}) = \frac{1+\mathrm{j}}{2} E_0 \exp(-\mathrm{j}k_0 z) \int_v^w \exp\left(-\mathrm{j}\frac{\pi}{2}t^2\right)\mathrm{d}t \tag{11.42}$$

コルニュのらせんから明らかなように，x_0 がある程度大きければ $v=-\infty$ としても積分値はあまり変わらない．これが式 (11.33) の積分範囲の上限を∞から x_0 に置き換えられた理由である．$v=-\infty$ とすると，式 (11.42) は次のようになる．

$$E(\mathrm{P}) = E_0 \exp(-\mathrm{j}k_0 z) F(w) \tag{11.43}$$

$$F(w) = \frac{1}{2}\{1+(1+\mathrm{j})[C(w)-\mathrm{j}S(w)]\} \tag{11.44}$$

図 11.9 は $|F(w)|$ と，これを dB 値に換算した値を示したものである．ちょうど半平面の端と同じ高さ ($x=0$) の点では電界の大きさは入射波電界の 1/2

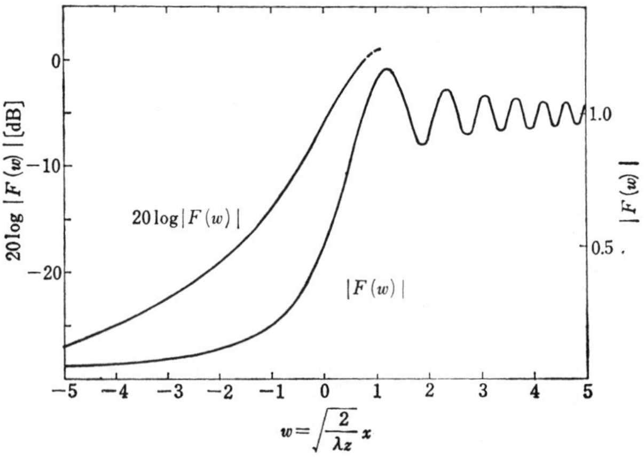

図 11.9　$|F(w)|$ のグラフ

となり，半平面の陰になる $x<0$ の点では $|x|$ が大きくなるに従い単調に弱まっている．$w=-4(x=-4\sqrt{\lambda z/2})$ では $-25\,\mathrm{dB}$ となる．$x>0$ の点では，$w=1$ では入射波よりもむしろ大きく，さらに w あるいは x が大きくなると振動しながら入射波の大きさに近づく．

受信点の電磁界はホイヘンス面の第1フレネル・ゾーンにある等価波源によってほとんどつくられることは，反射・散乱・回折の現象が散乱物体の局所的な性質だけで決定されることを意味する．散乱体の形状が反射点や回折点で円筒や球などの厳密解の得られる物体の形状と同じであれば，これらに置き換えて反射や回折の計算を行なうことができる．この理論は幾何光学を発展させたものであるので回折の幾何学的理論または **GTD** (Geometrical Theory of Diffraction) とよばれ，大きな開口面アンテナの指向性や飛行機に搭載されたアンテナの指向性を計算するのに応用されている．

11.4 レーダの基礎方程式

船舶，航空機の安全な運航のためにレーダ (Radar: Radio Detection and Ranging) は不可欠である．また，富士山頂には気象用レーダがあることを知っているだろう．レーダは電波を空間に細いメイン・ローブの指向性で放射し，空間内にある物体の反射波を受信してその物体の位置を決定する無線測位方式である．単なる反射波を利用するレーダを**1次レーダ**，物体（物標）に電

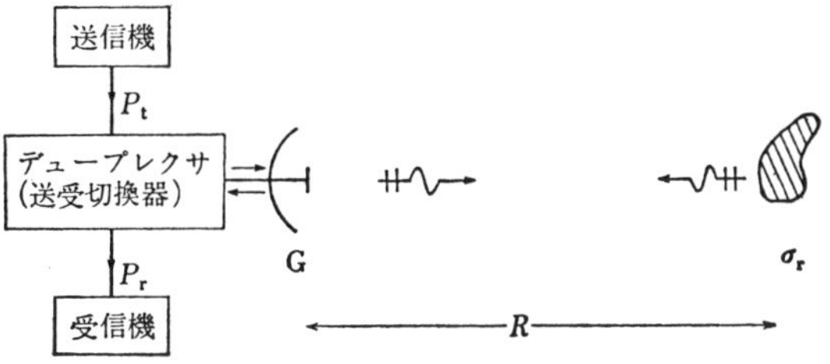

図 11.10 1次レーダの概念図

波装置を置き，これに周波数変換や増幅などの機能をもたせたレーダを**2次レーダ**という．

図 11.10 のように，アンテナから R の距離に後方散乱断面積が σ_r の物体があるとき，送信電力 P_t と受信電力 P_r の関係を求めてみよう．アンテナの絶対利得を G とすれば，物体の位置における送信信号の電力密度は，

$$P_i = \frac{P_t G}{4\pi R^2} \tag{11.45}$$

後方散乱波のレーダ・アンテナの位置における電力密度は，

$$P_s = \frac{\sigma_r P_i}{4\pi R^2} = \frac{\sigma_r P_t G}{(4\pi R^2)^2} \tag{11.46}$$

受信電力は P_s にアンテナの実効面積を掛けたものに等しいから，

$$P_r = \frac{\lambda^2 G}{4\pi} P_s = \frac{\lambda^2 \sigma_r G^2}{(4\pi)^3 R^4} P_t \tag{11.47}$$

式 (11.47) を**レーダ方程式**という．実際には空間と回路の伝送損失があり，レーダ方程式により与えられる値より有効に利用できる受信電力は小さい．雑音とのかね合いで決まる受信機の感知可能な最小信号電力を $P_{r\,min}$ とすれば，レーダが探知できる物体の最大距離 R_{max} は次式で与えられる．

$$R_{max} = \left[\frac{\lambda^2 \sigma_r G^2 P_t}{(4\pi)^3 P_{r\,min}}\right]^{1/4} \tag{11.48}$$

問　　題

11.1 無限長導体円柱による平面波の散乱を入射 TM 波の場合について解析せよ．散乱指向性と散乱幅を求めよ．

11.2 微小ダイポールの中心にインダクタンスを接続し，式 (11.28) のリアクタンス分をゼロとしたとする．このような微小ダイポールの散乱断面積を求めよ．この場合にはレイリー散乱とならないがなぜか？

11.3 図 11.11 のように，送信点Tと受信点Rの間に半平面導体が障碍物として存在する．11.3 節におけると同様な解析をTからの球面波に対して行ない，半平面導体による

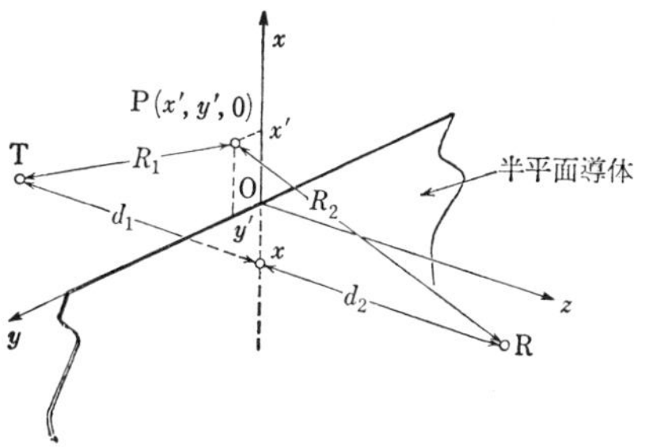

図 11.11　送信点Tからの球面波が半平面導体により散乱され，受信点Rに達する場合．この図の場合には $x<0$ である．

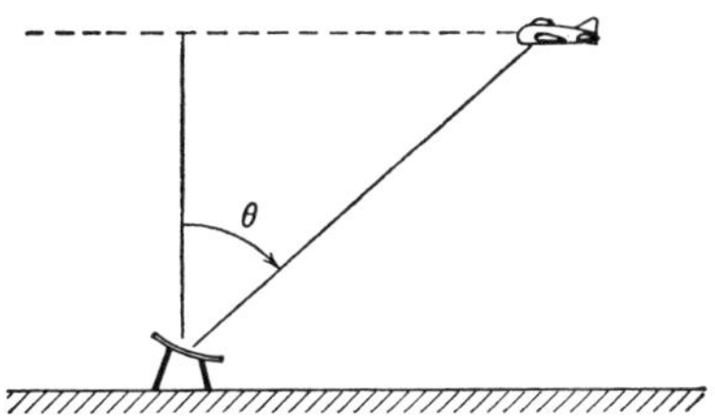

図 11.12　一定の高度を飛行する飛行機と地上局の受信アンテナ

影響は，

$$w=\sqrt{\frac{2}{\lambda}\left(\frac{1}{d_1}+\frac{1}{d_2}\right)}\;x \tag{11.49}$$

とすれば，式 (11.44) によって表わされることを示せ．

11.4　一定の高度を飛行する飛行機から無指向性のアンテナによって電波が放射されている．地上のアンテナにより一定の電力を受信できるためには，このアンテナの指向性はどのようなものであればよいか？　図 11.12 の θ の関数で答えよ．

11.5　あるレーダ装置は $\sigma_r=1\,\mathrm{m}^2$ の標的が 500 km 以内の距離にあれば検知できる．

（a）　1 000 km の距離まで検知できる標的の散乱断面積はいくらか？

（b）　装置を改良して送信電力を 2 倍に大きくしたとき，$\sigma_r=1\,\mathrm{m}^2$ の標的が検知できる最大距離は何倍になるか？

12 大気・電離層・宇宙

電波は図 12.1 に示すような，様々の形態によって伝搬する．そして，周波数の違いにより主な伝搬形態が異なる．短波帯では電離層反射波が主であり，大地と電離層の間を反射を繰り返しながら地球の裏側にまで達することができる．VHF，UHF 帯のテレビ放送波は直接波と大地反射波が主で，山や建物による反射波はゴーストの原因となる．マイクロ波は直接波だけである．地球が丸いためにマイクロ波が到達できる地点は見通し内に限られる．このように，電波の伝搬は地球が丸いことや，地表面・大気・電離層などの電気的特性

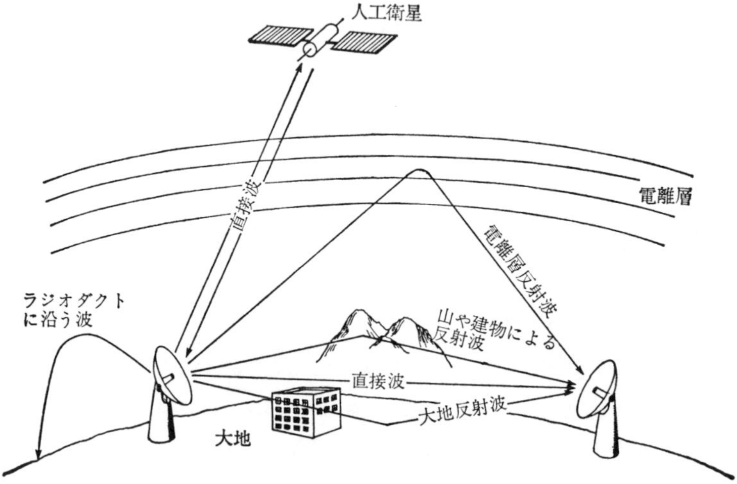

図 12.1　電波伝搬の様々な形態

に影響を受ける．この章では，これら電波伝搬に関するトピックスを二三と電波を用いた宇宙の観測について簡単に学ぶ．

12.1 標 準 大 気

大気が均質でないと，大気中の電波は屈折しながら伝搬する．大気の電気的特性は屈折率 n によって表わすことができるが，n は密度，温度，湿度，成分などに依存して変化する．平均的な意味で，これらは地表面からの高さ h の関数と考えることができ，n を次のように h の 1 次式で表わすことができる．

$$n(h) = 1+kh, \qquad k = -4\times10^{-8}\,\mathrm{m^{-1}} \tag{12.1}$$

このような大気を**標準大気**とよんでいる．

このような標準大気が半径 $a=6\,370\,\mathrm{km}$ の地球上空をおおっているとしよう．このとき，問題 3.6 で考えた屈折の法則が成立する．すなわち，図 12.2 のように地表を角 θ_0 で出発した電波が高度 h のところで角 θ に屈折したとすれば，式 (3.65) によって，

$$n(h)\,(a+h)\sin\theta = n_0 a\sin\theta_0 = a\sin\theta_0$$

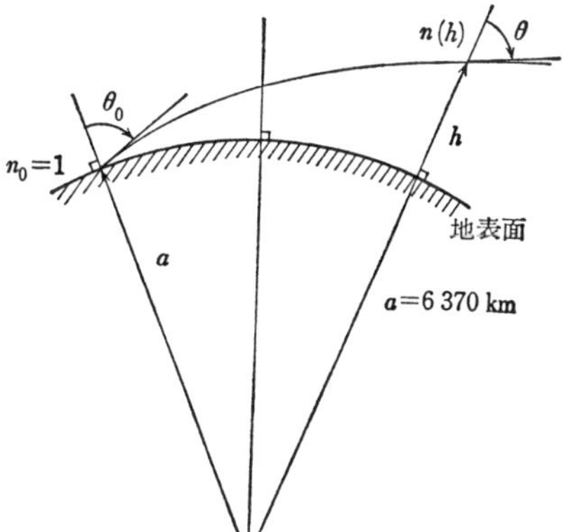

図 12.2 地表面から垂直方向を座標軸とする屈折の関係

あるいは，

$$n(h)\left(1+\frac{h}{a}\right)\sin\theta = \sin\theta_0 \tag{12.2}$$

地球が丸いための効果は $(1+h/a)$ の因子によって表わされている．この項をそれ自身の中に含めた修正屈折率を次式によって定義する．

$$n_e(h) = n(h)\left(1+\frac{h}{a}\right) \tag{12.3}$$

式 (12.1) によって，

$$n_e(h) = 1+\left(k+\frac{1}{a}\right)h = 1+k_e h \tag{12.4}$$

$$k_e = 1.2\times10^{-7}\ \mathrm{m}^{-1} \tag{12.5}$$

修正屈折率を用いれば地表面が平面であるかのように扱って，種々の計算をすることができる．すなわち，図 12.3(a) の地表面と電波の通路の関係を図 12.3(b) の関係に置き換えて考えるのである．この図から明らかなように，大気が均質であって電波が直進するとしても，修正屈折率は h の増加関数になり，電波を地表面から遠い上空に屈折させる．この効果を表わす因子が式 (12.4) の $1/a$ の項であり，k が式 (12.1) のように負であっても，k_e は正となる．すなわち，修正屈折率は高さ h の増加に伴って大きくなる．

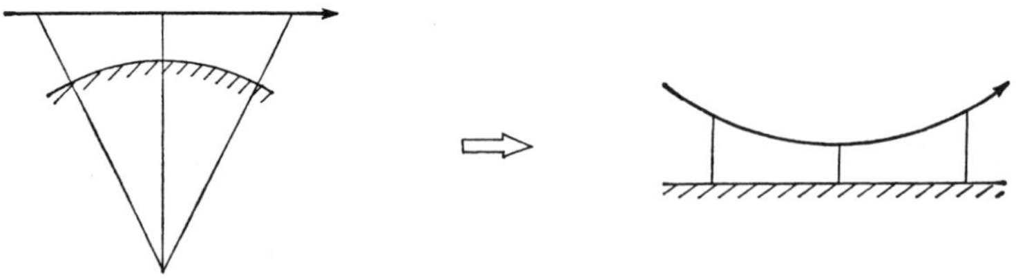

(a)　　(b)

図 12·3　地球が丸いための効果

12.2　地球の等価半径と見通し距離

式 (12.4) を次のように書くこともできる．

$$n_e(h) = 1+\frac{h}{a_e} \tag{12.6}$$

これは，地球の半径が a_e であり，大気は屈折率が 1 の均質な媒質であるとしたときの修正屈折率を表わす．a_e を地球の等価半径という．a_e と a の比を求めると

$$a_e \simeq \frac{4}{3}a \tag{12.7}$$

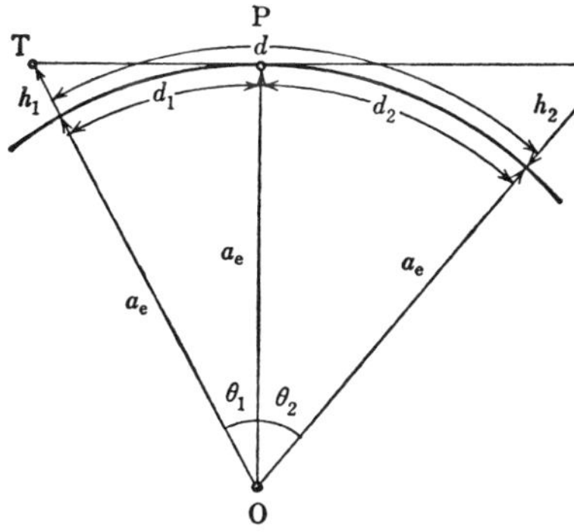

図 12.4 見通し距離

このように，標準大気は地球の丸さをやや平坦に見せる効果がある．

次に図 12.4 を考えてみよう．送受信アンテナの高さがそれぞれ h_1〔m〕と h_2〔m〕であるときの見通し距離 d を示している．地球半径を a_e にしているのでこの図における大気は $n=1$ の均質な媒質であり，電波は直進する．△OPT において，

$$\cos\theta_1 = \frac{a_e}{a_e+h_1} \simeq 1-\frac{h_1}{a_e} \tag{12.8}$$

ところが $\theta_1 \ll 1$ であるので

$$\cos\theta_1 \simeq 1-\frac{\theta_1{}^2}{2} \tag{12.9}$$

上の両式を等しくおくと，

$$\theta_1 = \sqrt{\frac{2h_1}{a_e}} \tag{12.10}$$

ゆえに，

$$d_1 = a_e\theta_1 = \sqrt{2a_eh_1} \tag{12.11}$$

同様にして，

$$d_2 = \sqrt{2a_eh_2} \tag{12.12}$$

ゆえに，

$$d = d_1+d_2 = \sqrt{2a_e}\,(\sqrt{h_1}+\sqrt{h_2}) \tag{12.13}$$

h_1 と h_2 を m の単位で表わし，d を km の単位で表わすと

$$d = 4.1(\sqrt{h_1} + \sqrt{h_2}) \tag{12.14}$$

たとえば，$h_1 = h_2 = 100\,\mathrm{m}$ のとき $d = 82\,\mathrm{km}$ となる．

12.3 ダクト

直接波を用いるマイクロ波通信は見通し距離の間でしか行なうことができない．しかし，ある気象条件の下では n の h に対する減少率が十分大きく，地球が丸いための効果を上まわることがある．このときには $k_e < 0$ となり，電波は大地に向って屈折するので見通し距離よりもずっと遠方まで到達することができる．

このような場合の修正屈折率 n_e の高さ h に対する分布は図 12.5 のようである．対流圏を越えるような高いところは気象の影響を受けないので，この図の示すようにある高さ h_m を越えるところでは n_e は h の増加関数となっている．$0 < h < h_m$ の領域は電波を導く路を形成する．このような電波の路を（ラジオ）**ダクト**という．

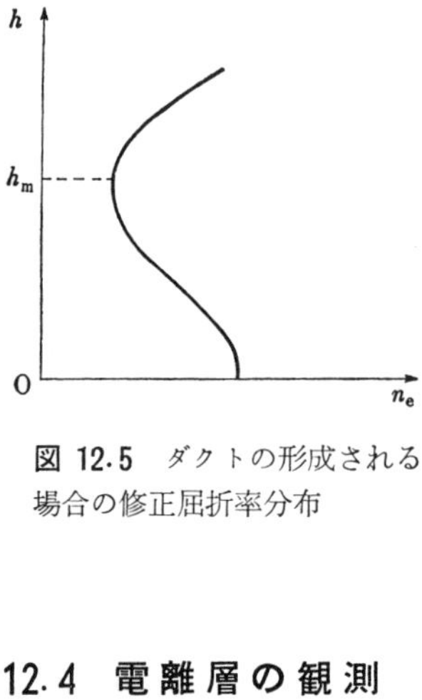

図 12.5　ダクトの形成される場合の修正屈折率分布

12.4 電離層の観測

地球上空の大気は高くなるほど希薄となり，その成分は軽い水素が主となる．水素は太陽からの紫外線やX線を吸収して電離し，発生した電子とイオンが電離と再結合の平衡によって定まる，ある密度で存在しプラズマ状態となっている．図 12.6 は電子密度の高さに対する変化の一例を昼と夜について示したものである．電波の反射する層は約 100～400 km の高さに存在し，下から E 層，F_1 層，F_2 層という．昼間に E 層の下に D 層が現われる．昼と夜とで大きく違っているのはもちろん太陽の影響が変化するためで，太陽の影響は昼

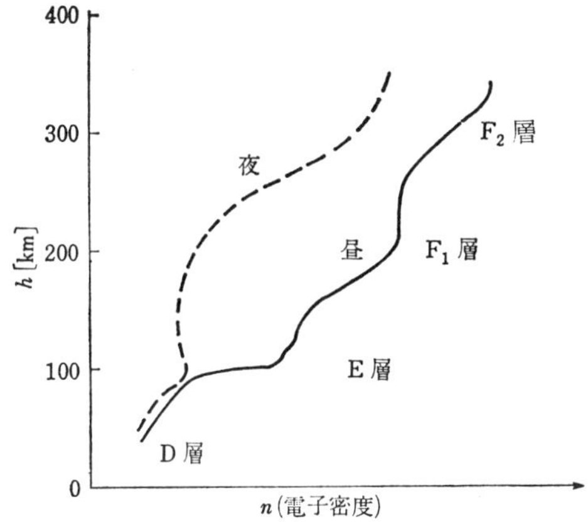

図 12.6 電子密度の高さに対する分布図の例

夜の別ばかりでなく季節や黒点数の多少などによっても異なる.

電離層によって電波が反射される理由は4.3節で学んだプラズマの電波に対する特性を思い出せば理解することができる. 地磁気の影響は少ないものとして無視すれば, 電離層は等方性の媒質となり, その等価屈折率は次のような周波数fの関数であった.

$$n(f) = \sqrt{1-\frac{f_p^2}{f^2}} \tag{12.15}$$

f_pは電子密度の平方根に比例するので, 電波が電離層中を上に向って行くとともにnは小さくなり, 屈折の法則にしたがって電波は上に凸に屈折する. 図12.7のように入射角θ_0で電離層に電波が進入する場合, 屈折率がn_iの空間点で屈折角がθ_iになったとすれば, スネルの法則により,

$$\sin\theta_0 = n_i \sin\theta_i \tag{12.16}$$

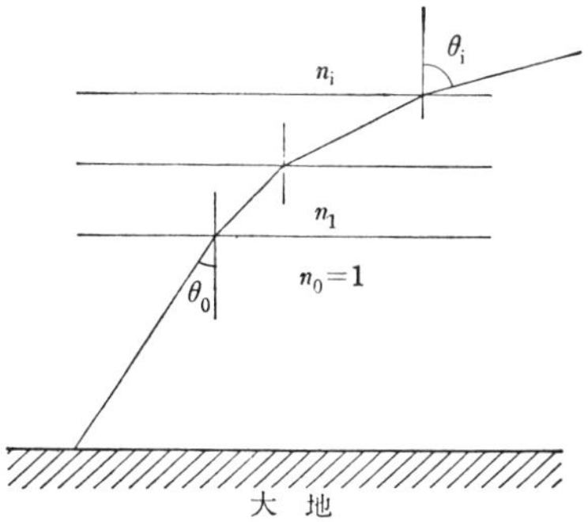

図 12.7 電離層中の電波の屈折

n_i が小さくなるにしたがって θ_i は大きくなる．そして，$\theta_i=\pi/2$ となる空間点を折り返し点としてUターンし，下に向かって来る．これが電離層による電波の反射である．反射点の屈折率は式 (12.16) において $\theta_i=\pi/2$ とおくことにより，

$$n_i = \sin\theta_0 \tag{12.17}$$

最もよく行なわれる電離層の観測はパルス変調波を電離層に向けて垂直 ($\theta_0=0$) に放射し，レーダのように反射波のもどるまでの時間を測ることである．垂直入射波の反射点では式 (12.17) により $n_i=0$ であり，式 (12.15) の関係から $f=f_p$ の関係が得られる．時間に $c/2$ を掛ければ高さが求まり，また f_p と電子密度の関数関係から電子密度が求まるので，f を変えることによって高さに対する電子密度の変化を知ることができるのである．ただし，電離層中の伝搬速度（群速度）は光速 c よりも遅いので，計算される高さは実際の高さよりも高い．これを見掛けの高さ h' という．

12.5 正割法則と伝送曲線

垂直放射波を用いた電離層の観測結果は，その点の電離層反射波を利用する通信回線にとって有用なデータである．図 12.8 のように送信局Tから周波数 f の波を入射角 θ_0 で電離層に向けて放射し，電離層で反射された波が水平距離 D の受信局 R に達したとしよう．T と R の中間地点で周波数 f_n の波を垂

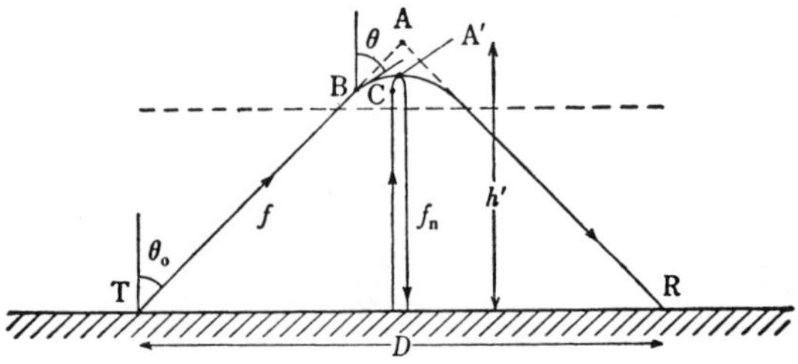

図 12.8　正割法則

直放射したところ，f の波と同じ見掛けの高さで反射するものとすれば，共通の f_p を用いて，

$$\sin\theta = \sqrt{1-\frac{f_p^2}{f^2}} \tag{12.18}$$

$$f_p = f_n \tag{12.19}$$

上の2式から f_p を消去すると次のような f と f_n の間の関係式が導かれる．これは正割関数を用いて書かれるので**正割法則**とよばれる．

$$f = f_n \sec\theta \tag{12.20}$$

さて，T から R に至る通信回線の周波数はどのように決めたら良いだろうか？　E層を通過するときに受ける減衰は f の高いほど少ないので，周波数をなるべく高くした方がよいが，高すぎると反射して返って来ない．Tから電離層に向かう電波がある見掛けの高さ h' で反射される保証が必要である．h' を正割法則を用いて D, f と f_n によって表わすと，

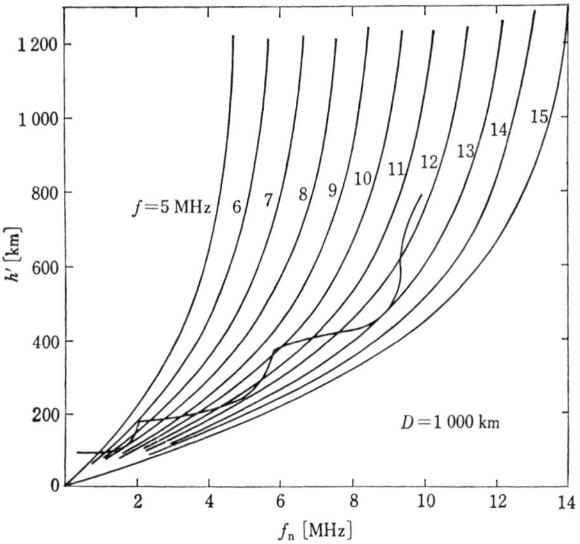

図 12・9　伝送曲線と垂直放射の測定結果（D=1 000 km）

$$h' = \frac{D}{2}\cot\theta = \frac{D}{2\sqrt{\left(\frac{f}{f_n}\right)^2 - 1}} \tag{12.21}$$

式 (12.21) の関係式を横軸が f_n，縦軸が h' のグラフにした曲線を**伝送曲線**という．ここに D は一定であり，f をパラメータとする．h' と f_n の関係は垂直放射の測定によって得られる関係にほかならない．そこで，伝送曲線の上に測定結果を重ねて描くと図 12.9 のようなグラフが得られる．ある h' で f の波が反射されるためには，測定曲線と伝送曲線とが交点をもたなければならない．図 12.9 において，パラメータ f が 13 MHz 以上では交点が存在しない．この限界の周波数を**最高使用可能周波数**または **MUF** (Maximum Usable Frequency) という．電離層の状態は気象と同じ様に不安定に変動するので，MUF より少し低い周波数を使うのが安全である．反射が保証され，損失も少ない，MUF の 0.85 倍の周波数を**最適使用周波数**または **FOT** (Frequency of Optimum Traffic) と定めている．

これまでの説明ではいろいろの意味で簡単化した電離層モデルを用いてきた．実際の電離層には地磁気の影響，荷電粒子の衝突による損失などがあり，現象はもう少し複雑である．電離層に強い電界が入射すると非直線性が現われ，混変調現象が現われることがある．これは昔，オランダでスイスの放送局のラジオ放送波を受信しているとき，周波数の違うルクセンブルグ局のラジオ放送波が混じって聞えたときはじめて認識された現象であるので**ルクセンブルグ効果**とよばれている．

12.6 衛星通信

マイクロ波は電離層によって反射されず，減衰を受けることなく通り抜ける．そこで，ずっと上空に人工衛星を打ち上げ，そこに無人中継局を置けば，遠く離れた地球上の二点間でマイクロ波通信を行なうことができる．これが**衛星通信**である．衛星の回転速度と地球の自転速度がちょうど等しく，衛星が静

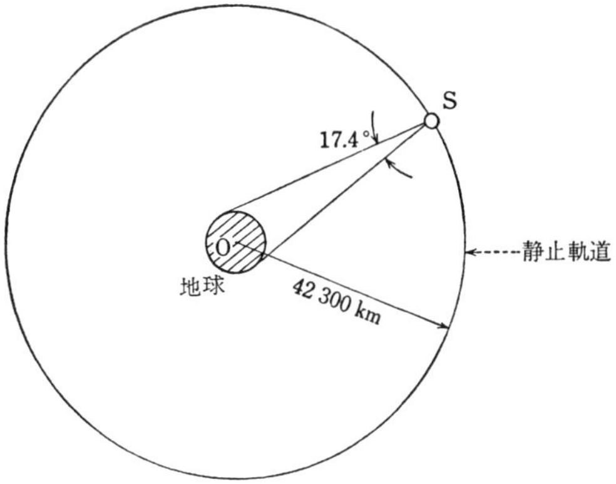

図 12.10　静止軌道

止しているように見える軌道がある．それは図 12.10 に示すような，地球の中心を中心とする半径 42 300 km の円周であり，赤道面上にある．その軌道にある人工衛星を**静止衛星**という．静止衛星を用いれば一つの衛星だけで中断することなく通信が行なえる．地球全体をカバーするには静止衛星 3 個で十分である．そのときには静止軌道の上の点から地球を見込む角 17° を一つの衛星がカバーする必要がある．また，自由空間の伝搬損失，$20\log_{10}(4\pi d/\lambda)$，は $\lambda=$ 6 cm として約 200 dB にもなり，また低角度で到達するとき大気中の伝搬損失が増えることを考慮して S/N を十分取れる受信システムを用意しなければならない．

距離 d にある衛星上の送信アンテナの利得を G_s，放射電力を P_s とし，地上局の受信アンテナの利得を G_e，雑音温度を T_e としよう．このとき，地上局のアンテナの受信有能電力は次式で与えられる．

$$P_r=\left(\frac{\lambda}{4\pi d}\right)^2 P_s G_s G_e \tag{12.22}$$

これに対し，アンテナ出力の中の雑音電力は kT_eB である．T_e は上空の雑音温度の分布と受信アンテナの指向性，特にサイド・ローブの大きさと方向によって決まる．したがって，S/N は次式を越えることができない．

$$\frac{P_r}{kT_eB}=\frac{P_sG_s}{kB}\left(\frac{\lambda}{4\pi d}\right)^2\frac{G_e}{T_e} \tag{12.23}$$

この比をなるべく大きくすることを考えよう．P_s は衛星の能力によって制限される．G_s は指向性が地上のある範囲をカバーする必要があるために一定の限界がある．λ はアンテナの寸法を小さくしたいことと，T_e を低くしたいために大きくできない．また d は静止軌道の条件から一定である．そこで，G_e/T_e を大きくすることだけが可能な目標となる．G_e/T_e の比は受信アンテナの良さを表わす指数として用いられる．単位は dB/K である．

12.7 電 波 天 文 学

1930年頃，アメリカ，ベル電話研究所の Jansky（ジャンスキー）は空から到来する雑音電波（空電）の観測をしているとき，天の川から到来する電波があることを発見した．しばらくの間をおいて，第2次世界大戦中に強い太陽電波が観測されたこと，戦後多くのレーダ技術者があふれたことなどの事情が手伝って，電波を用いた天文学が急速に発展した．日本における太陽電波の観測では豊川市にある名古屋大学空電研究所が名高い．

考えてみれば，光と電波は同じ電磁波の仲間である．太陽のような天体から光が来れば電波が来るのも不思議ではない．しかし，もう少し突込んで考えてみると，地球をおおっている対流圏，電離層，超高層大気の中を電磁波が伝搬するとき，それらの吸収を受け，地上に達するときには非常に弱くなってしまうのだが，光と電波の波長（周波数）帯だけは吸収が弱く，地上で観測するのに好都合なのである．これらの波長（周波数）帯を**光の窓**，**電波の窓**とよんでいる．電波は光を出す物体よりも低温の物体から放射されるので，光天文学だけでは観測されない現象が電波天文学により観測されうる．そして，銀河系の中心部で大きな爆発が起こっていることなど，宇宙の生成・変遷に関する知識も得られつつある．

問　　題

12・1　テレビ放送波の伝搬は直接波と大地反射波が主体となる．大地を理想化し，平坦な完全導体だとすれば，電界強度は送信アンテナと受信アンテナの距離の2乗に反比例し，受信アンテナの地上からの高さに比例することを証明せよ．なお，水平偏波とする．

12・2　標準大気中の電波の伝搬速度は地表面からの高さ h に対してどのように変化するか？

12・3　ある気象条件の下で，地球表面近くの電波伝搬は地表面に平行であった．このとき，屈折率の高さ h に対する分布はどのように表わされるか？

12・4　正割の法則を説明する図12.8において，実際の伝搬路 $\overline{\mathrm{TA'R}}$ を群速度 ($v_g=nc$) で伝搬するに要する時間と，見かけの高さ h' の点Aを含む仮想的伝搬路 $\overline{\mathrm{TAR}}$ を光速 c で伝搬するに要する時間とは等しいことを証明せよ．これを**ブライト-チューブ** (Breit-Tube) **の法則**という．

12・5　図12.8において，同じ高度の点BとCにおける二つの周波数 f と f_n に対する屈折率，$n(f)$ と $n(f_n)$，の間には次の関係が成立することを証明せよ．

$$n(f_n)\cos\theta_0 = n(f)\cos\theta \tag{12.24}$$

12・6　式(12.24)を用いて，図12.8における二つの周波数 f と f_n の電波の見かけの高さは等しいことを証明せよ．これを**マルチン** (Martyn) **の定理**という．

12・7　3個の静止衛星を用いて全世界をカバーする国際衛星通信システム INTELSAT (International Telecommunication Satellite System) においては，式(12.23)の各変数は G_e/T_e を除いてだいたい次のような値をとる．

$$P_s = 10\,\mathrm{W}, \qquad G_s = 13\,\mathrm{dB}, \qquad B = 500\,\mathrm{MHz}$$
$$\lambda = 6\,\mathrm{cm}, \qquad d = 36\,000\,\mathrm{km}, \qquad k = 1.38\times10^{-23}\,\mathrm{J/K}$$

増幅器の内部雑音による S/N の劣化も考慮に入れて $T_e=10\,\mathrm{K}$ とし，S/N 10 dBを得るのに必要な地上局アンテナの利得を求めよ．また，開口面能率が60％のパラボラ・アンテナでこれを実現するとき，パラボラ・アンテナの直径を求めよ．

付　　　録

A.1 物理定数表

真空の誘電率 $\varepsilon_0 = 8.854 \times 10^{-12} \simeq 10^{-9}/36\pi$　F/m

真空の透磁率 $\mu_0 = 4\pi \times 10^{-7}$ H/m

真空の界インピーダンス $\eta_0 = \sqrt{\mu_0/\varepsilon_0} = 376.7 \simeq 120\pi$ Ω

真空中の電磁波の速度（光速）$c = 1/\sqrt{\mu_0 \varepsilon_0} = 2.998 \times 10^8 \simeq 3 \times 10^8$ m/s

ボルツマン定数 $k = 1.38 \times 10^{-23}$ J/K

290 K において $kT \simeq 4 \times 10^{-21}$ J

地球半径 $r = 6\,370$ km

導電率　σ〔S/m〕	
銀	6.2×10^7
銅	5.8×10^7
アルミニウム	3.6×10^7
鉄	1.0×10^7
鉛	0.48×10^7
海水	4
大地	$10^{-4} \sim 10^{-2}$
マイカ	10^{-15}
ガラス	10^{-12}
蒸留水	10^{-4}

比誘電率　ε_r	
ポリエチレン	2.3
アルミナ	8.5
マイカ	6～7
蒸留水	88 (0°C)
〃	80 (20°C)
空気（1気圧）	1.00059
ゴム	2～3.5
ガラス	3.8～6.8

A.2 ベクトル公式

(1) $\boldsymbol{A}\cdot\boldsymbol{B} = |\boldsymbol{A}|\,|\boldsymbol{B}|\cos\theta$ (θ : $\boldsymbol{A}$ と $\boldsymbol{B}$ の間の角)

(2) $\boldsymbol{A}\times\boldsymbol{B} = |\boldsymbol{A}|\,|\boldsymbol{B}|\sin\theta\,\hat{\boldsymbol{u}}_{\mathrm{AB}}$ ($\hat{\boldsymbol{u}}_{\mathrm{AB}}$: $\boldsymbol{A}$ から $\boldsymbol{B}$ の方に回転する右ねじの進む方向の単位ベクトル)

(3) $\boldsymbol{A}\cdot(\boldsymbol{B}\times\boldsymbol{C}) = \boldsymbol{B}\cdot(\boldsymbol{C}\times\boldsymbol{A}) = \boldsymbol{C}\cdot(\boldsymbol{A}\times\boldsymbol{B})$

(4) $\boldsymbol{A}\times(\boldsymbol{B}\times\boldsymbol{C}) = (\boldsymbol{A}\cdot\boldsymbol{C})\boldsymbol{B}-(\boldsymbol{A}\cdot\boldsymbol{B})\boldsymbol{C}$

(5) $\hat{\boldsymbol{u}}_{\mathrm{A}} = \boldsymbol{A}/|\boldsymbol{A}|$ ($\boldsymbol{A}$ の方向の単位ベクトル)

(6) $\nabla = \hat{\boldsymbol{x}}\dfrac{\partial}{\partial x}+\hat{\boldsymbol{y}}\dfrac{\partial}{\partial y}+\hat{\boldsymbol{z}}\dfrac{\partial}{\partial z}$

(7) $\nabla\cdot(\nabla\times\boldsymbol{A}) = 0$

(8) $\nabla\times(\nabla V) = 0$

(9) $\nabla\cdot(V\boldsymbol{A}) = V\nabla\cdot\boldsymbol{A}+\boldsymbol{A}\cdot\nabla V$

(10) $\nabla\cdot(\boldsymbol{A}\times\boldsymbol{B}) = \boldsymbol{B}\cdot\nabla\times\boldsymbol{A}-\boldsymbol{A}\cdot\nabla\times\boldsymbol{B}$

(11) $\nabla\times(\boldsymbol{A}\times\boldsymbol{B}) = \boldsymbol{A}\nabla\cdot\boldsymbol{B}-\boldsymbol{B}\nabla\cdot\boldsymbol{A}+(\boldsymbol{B}\cdot\nabla)\boldsymbol{A}-(\boldsymbol{A}\cdot\nabla)\boldsymbol{B}$

(12) $\nabla\times(V\boldsymbol{A}) = \nabla V\times\boldsymbol{A}+V\nabla\times\boldsymbol{A}$

(13) $\nabla(\boldsymbol{A}\cdot\boldsymbol{B}) = (\boldsymbol{A}\cdot\nabla)\boldsymbol{B}+(\boldsymbol{B}\cdot\nabla)\boldsymbol{A}+\boldsymbol{A}\times(\nabla\times\boldsymbol{B})+\boldsymbol{B}\times(\nabla\times\boldsymbol{A})$

(14) $\nabla\cdot(\nabla V) = \nabla^2 V$ (ラプラシアン)

(15) ✡$\boldsymbol{A} = -\nabla\times(\nabla\times\boldsymbol{A})+\nabla(\nabla\cdot\boldsymbol{A})$ (ベクトル・ラプラシアン)

(16) $$\nabla V = \hat{\boldsymbol{x}}\frac{\partial V}{\partial x}+\hat{\boldsymbol{y}}\frac{\partial V}{\partial y}+\hat{\boldsymbol{z}}\frac{\partial V}{\partial z} = \hat{\boldsymbol{\rho}}\frac{\partial V}{\partial \rho}+\hat{\boldsymbol{\varphi}}\frac{1}{\rho}\frac{\partial V}{\partial \varphi}+\hat{\boldsymbol{z}}\frac{\partial V}{\partial z}$$

$$= \hat{\boldsymbol{r}}\frac{\partial V}{\partial r}+\hat{\boldsymbol{\theta}}\frac{1}{r}\frac{\partial V}{\partial \theta}+\hat{\boldsymbol{\varphi}}\frac{1}{r\sin\theta}\frac{\partial V}{\partial \varphi}$$

(17) $$\nabla\cdot\boldsymbol{A} = \frac{\partial A_x}{\partial x}+\frac{\partial A_y}{\partial y}+\frac{\partial A_z}{\partial z} = \frac{1}{\rho}\frac{\partial}{\partial \rho}(\rho A_\rho)+\frac{1}{\rho}\frac{\partial A_\varphi}{\partial \varphi}+\frac{\partial A_z}{\partial z}$$

$$= \frac{1}{r^2}\frac{\partial}{\partial r}(r^2 A_r)+\frac{1}{r\sin\theta}\frac{\partial}{\partial \theta}(\sin\theta\, A_\theta)+\frac{1}{r\sin\theta}\frac{\partial A_\varphi}{\partial \varphi}$$

$$(18)\quad \nabla\times\boldsymbol{A}=\begin{vmatrix}\hat{\boldsymbol{x}} & \hat{\boldsymbol{y}} & \hat{\boldsymbol{z}}\\ \dfrac{\partial}{\partial x} & \dfrac{\partial}{\partial y} & \dfrac{\partial}{\partial z}\\ A_x & A_y & A_z\end{vmatrix}=\frac{1}{\rho}\begin{vmatrix}\hat{\boldsymbol{\rho}} & \rho\hat{\boldsymbol{\varphi}} & \hat{\boldsymbol{z}}\\ \dfrac{\partial}{\partial \rho} & \dfrac{\partial}{\partial \varphi} & \dfrac{\partial}{\partial z}\\ A_\rho & \rho A_\varphi & A_z\end{vmatrix}$$

$$=\frac{1}{r^2\sin\theta}\begin{vmatrix}\hat{\boldsymbol{r}} & r\hat{\boldsymbol{\theta}} & r\sin\theta\hat{\boldsymbol{\varphi}}\\ \dfrac{\partial}{\partial r} & \dfrac{\partial}{\partial \theta} & \dfrac{\partial}{\partial \varphi}\\ A_r & rA_\theta & r\sin\theta A_\varphi\end{vmatrix}$$

$$(19)\quad \iint_S \nabla\times\boldsymbol{A}\cdot\mathrm{d}\boldsymbol{S}=\oint_l \boldsymbol{A}\cdot\mathrm{d}\boldsymbol{l}$$ (ストークスの定理)

$$(20)\quad \iiint_V \nabla\cdot\boldsymbol{A}\,\mathrm{d}V=\iint_S \boldsymbol{A}\cdot\mathrm{d}\boldsymbol{S}$$ (ガウスの発散定理)

A.3 ベッセル関数

ベッセル (Bessel) の微分方程式 (6.48) の解であるベッセル関数 $J_\nu(r)$，ノイマン関数 $N_\nu(r)$ とそれらの1次結合であるハンケル関数 $H_\nu^{(1)}(r)$，$H_\nu^{(2)}(r)$ に関する公式をまとめておく．

$$(1)\quad J_\nu(r)=\sum_{m=0}^{\infty}\frac{(-1)^m\left(\dfrac{r}{2}\right)^{\nu+2m}}{m!\Gamma(\nu+m+1)}$$ $[\Gamma(n+m+1)=(n+m)!$, ガンマ関数$]$

$$(2)\quad N_\nu(r)=\frac{\cos\nu\pi J_\nu(r)-J_{-\nu}(r)}{\sin\nu\pi}$$

$\nu=0, 1, 2$ の場合のベッセル関数とノイマン関数の変化を図 A.1に示す．$r=0$ で $J_n(r)$ は有限，$N_n(r)$ は $-\infty$ となる．

$$(3)\quad H_\nu^{(1)}(r)=J_\nu(r)+\mathrm{j}N_\nu(r)$$ (第1種ハンケル関数)

$$(4)\quad H_\nu^{(2)}(r)=J_\nu(r)-\mathrm{j}N_\nu(r)$$ (第2種ハンケル関数)

$x\gg 1$ での漸化式

$$(5)\quad J_\nu(r)\simeq\sqrt{\frac{2}{\pi r}}\cos\left(r-\frac{\pi}{4}-\frac{\nu\pi}{2}\right)$$

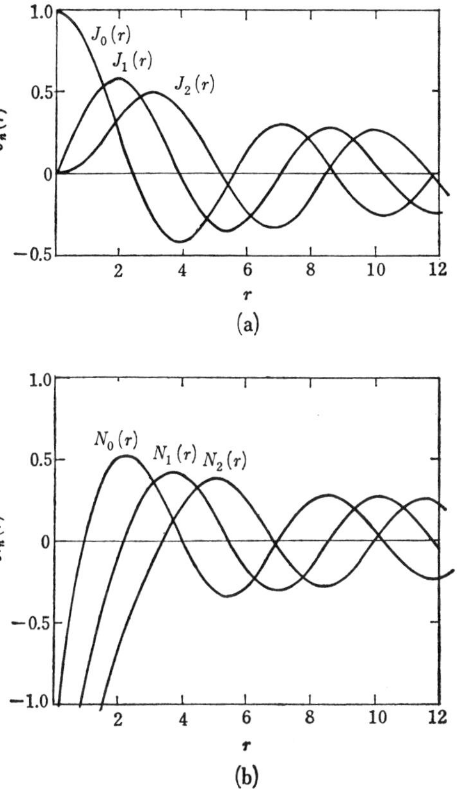

図 A.1 (a) ベッセル関数, (b) ノイマン関数

(6) $N_\nu(r) \simeq \sqrt{\dfrac{2}{\pi r}}\sin\left(r-\dfrac{\pi}{4}-\dfrac{\nu\pi}{2}\right) \simeq J_{\nu+1}(r)$

(7) $H_\nu^{(2)}(r) \simeq \sqrt{\dfrac{2}{\pi r}}\exp\left[-\mathrm{j}\left(r-\dfrac{\pi}{4}-\dfrac{\nu\pi}{2}\right)\right]$

微分，その他の有用な公式（Rは J, N, $H^{(1)(2)}$ のすべてを代表する.）

(8) $R_\nu'(r) = \dfrac{1}{2}(R_{\nu-1}(r)-R_{\nu+1}(r))$

(9) $\dfrac{R_\nu(r)}{r} = \dfrac{1}{2\nu}(R_{\nu-1}(r)+R_{\nu+1}(r))$

(10)　$e^{jr\sin\theta} = \sum_{n=-\infty}^{\infty} J_n(r) e^{jn\theta}$

(11)　$e^{jr\cos\theta} = \sum_{n=0}^{\infty} \varepsilon_n (j)^n J_n(r) \cos n\theta$

(12)　$R_{-n}(r) = (-1)^n R_n(r)$

A.4　スミス・チャート

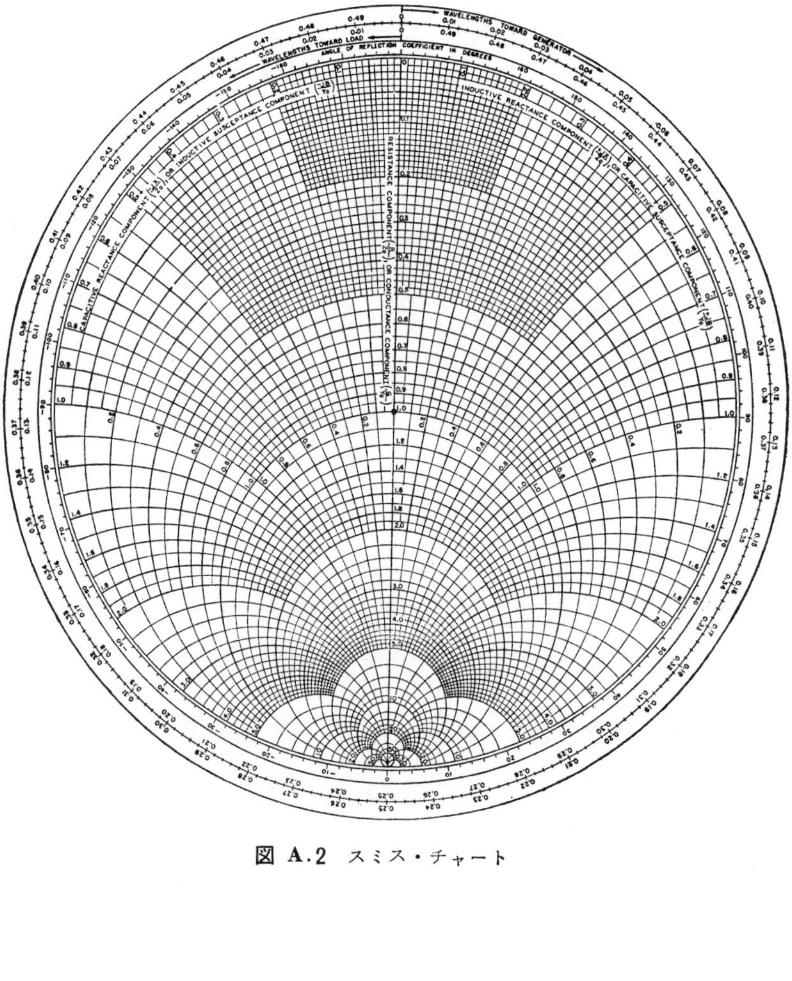

図 **A.2**　スミス・チャート

問　題　解　答

1.1　$x=\rho\cos\varphi,\ \ y=\rho\sin\varphi,\ \ z=z$

$x=r\sin\theta\cos\varphi,\ \ y=r\sin\theta\sin\varphi,\ \ z=r\cos\theta$

1.2　[1] a,　[2] $\sin\varphi$,　[3] $\cos\varphi$,　[4] $\cos\varphi$,　[5] $\sin\varphi$,　[6] $\hat{\boldsymbol{z}}$,　[7] 0,　[8] π.

1.3　[1] $a^2\sin\theta$,　[2] $\sin\theta\cos\varphi$,　[3] $\sin\theta\sin\varphi$,　[4] $\cos\theta$,　[5] $\sin^3\theta$,　[6] $\cos^2\varphi$,　[7] $4\pi/3$,　[8] $\sin\theta\cos^2\theta$,　[9] 1

1.4　A.2 節の公式により左辺=右辺を示せばよい.

1.5　(a)　$\nabla\times\boldsymbol{A}=(\hat{\boldsymbol{x}}\gamma\sin\alpha x-\hat{\boldsymbol{y}}\gamma\cos\alpha x+\hat{\boldsymbol{z}}\alpha\cos\alpha x)\mathrm{e}^{-\gamma z}$

(b)　$\nabla\cdot\boldsymbol{A}=-\alpha\sin\alpha x\,\mathrm{e}^{-\gamma z}$

(c)　(1) の結果の発散をとり，ゼロとなることをいえばよい.

(d)　$\displaystyle\iint_S\nabla\times\boldsymbol{A}\cdot\hat{z}\,\mathrm{d}x\,\mathrm{d}y=\oint_C\boldsymbol{A}\cdot\mathrm{d}\boldsymbol{l}=b\sin\alpha a$

(e)　$\displaystyle\iiint_V\nabla\cdot\boldsymbol{A}\,\mathrm{d}x\mathrm{d}y\mathrm{d}z=\iint_S\boldsymbol{A}\cdot\mathrm{d}\boldsymbol{S}=-\frac{b}{\gamma}(1-\cos\alpha a)(1-\mathrm{e}^{-\gamma c})$

1.6　電流密度 $i=I/\pi a^2$ $(0\leq\rho\leq a)$. アンペアの法則によって,

$$H_\varphi=I\rho/2\pi a^2\quad(0\leq\rho\leq a),\qquad H_\varphi=I/2\pi\rho\quad(\rho>a).$$

1.7　$V=-N\partial\phi/\partial t=-N\omega\phi_0\cos\omega t$

1.8　平行板コンデンサの静電容量 $C=\varepsilon_0A/d$ を用いて，導線中の電流は

$$I=\mathrm{j}\omega CV=\mathrm{j}\omega\frac{\varepsilon_0A}{d}V$$

電界 $E=V/d$ であるから，変位電流は

$$I_\mathrm{d}=A\cdot\mathrm{j}\omega\varepsilon_0\frac{V}{d}=I$$

1.9　$\begin{bmatrix}D_{x'}\\D_{y'}\end{bmatrix}=\begin{bmatrix}c & s\\-s & c\end{bmatrix}\begin{bmatrix}D_x\\D_y\end{bmatrix},\ \begin{bmatrix}E_x\\E_y\end{bmatrix}=\begin{bmatrix}c & -s\\s & c\end{bmatrix}\begin{bmatrix}E_{x'}\\E_{y'}\end{bmatrix}$　$(c=\cos\theta,\ \ s=\sin\theta)$

$\begin{bmatrix}D_x\\D_y\end{bmatrix}=\varepsilon_0\begin{bmatrix}7/4 & \sqrt{3}/4\\\sqrt{3}/4 & 7/4\end{bmatrix}\begin{bmatrix}E_x\\E_y\end{bmatrix}$ の関係によって $D'=[\varepsilon']\boldsymbol{E}'$ の $[\varepsilon']$ は,

$$[\varepsilon'] = \varepsilon_0 \begin{bmatrix} (7+\sqrt{3}\sin 2\theta)/4 & \sqrt{3}\cos 2\theta/4 & 0 \\ \sqrt{3}\cos 2\theta/4 & (7-\sqrt{3}\sin 2\theta)/4 & 0 \\ 0 & 0 & 1 \end{bmatrix}$$

対角化されるためには $\cos 2\theta = 0$, $\therefore\ \theta = \pi/4$ または $3\pi/4$.

2.1 式 (2.79) が $F(x-ct)$ の $x=0$ に対する表示と見なして F を求める.

$$E_y = E_0 \exp\left[-a\left(t-\frac{x}{c}\right)^2\right], \qquad H_z = \sqrt{\frac{\varepsilon_0}{\mu_0}} E_y$$

2.2 $w = \dfrac{\varepsilon_0}{2}E_y{}^2 + \dfrac{\mu_0}{2}H_z{}^2 = \varepsilon_0 E_y{}^2$, $S_x = E_y H_z = \eta_0 E_y{}^2 = wc\ \ (c = 1/\sqrt{\mu_0\varepsilon_0})$.

2.3 (a) $\boldsymbol{H} = (\hat{\boldsymbol{y}} - \hat{\boldsymbol{x}}\sqrt{2}\,\mathrm{e}^{\mathrm{j}(\pi/4)})\exp(-\mathrm{j}k_0 z)/\eta_0$

(b) $\boldsymbol{e} = \mathrm{Re}(\boldsymbol{E}\mathrm{e}^{\mathrm{j}\omega t}) = \hat{\boldsymbol{x}}\cos(\omega t - k_0 z) + \hat{\boldsymbol{y}}\sqrt{2}\cos\left(\omega t - k_0 z + \dfrac{\pi}{4}\right)$

$$\boldsymbol{h} = \mathrm{Re}(\boldsymbol{H}\mathrm{e}^{\mathrm{j}\omega t}) = \frac{1}{\eta_0}\left[-\hat{\boldsymbol{x}}\sqrt{2}\cos\left(\omega t - k_0 z + \frac{\pi}{4}\right) + \hat{\boldsymbol{y}}\cos(\omega t - k_0 z)\right]$$

(c) 式 (2.67) により，軸比$=(\sqrt{5}+1)/(\sqrt{5}-1) = 2.62$.

2.4 (a) アンペアの法則により

$$H_\varphi = -\sigma V\rho/2d \quad (\rho \leq a), \qquad H_\varphi = -a^2\sigma V/2\rho d \quad (\rho > a).$$

(b) $\boldsymbol{S} = \boldsymbol{E}\times\boldsymbol{H}$ は $-\rho$ 方向を向いている. $\rho \geq a$, $0 \leq z \leq d$ の円筒面上で積分することにより，$P = \sigma\pi a^2 V^2/d$. これは $R = (\sigma\pi a^2/d)^{-1}$ の抵抗に消費される電力に等しい.

2.5 $\nabla\cdot[(1/2)\boldsymbol{E}\times\boldsymbol{H}^*]$ を展開し，マクスウェルの方程式とその複素共役の方程式を用いて変形すればよい. 複素ポインティング・ベクトルの虚部は無効電力の流れを表わす.

2.6 $k^2 = \omega^2\mu\varepsilon_0 - \omega_{\mathrm{p}}{}^2\mu\varepsilon_0$. この両辺を ω で偏微分すればよい.

2.7 (a) $\boldsymbol{E} = \nabla\times\boldsymbol{H}/\mathrm{j}\omega\varepsilon_0$

$$= \hat{\boldsymbol{r}}(-\mathrm{j})\frac{2\eta_0 H_0}{k_0{}^2 r^2}\left(1+\frac{1}{\mathrm{j}k_0 r}\right)\exp(-\mathrm{j}k_0 r)\cos\theta + \hat{\boldsymbol{\theta}}\frac{\eta_0 H_0}{k_0 r}\left(1+\frac{1}{\mathrm{j}k_0 r}-\frac{1}{k_0{}^2 r^2}\right)$$
$$\times\exp(-\mathrm{j}k_0 r)\sin\theta$$

(b) $|\boldsymbol{E} + \hat{r}\times\eta_0\boldsymbol{H}|^2 = O(r^{-4})$ を示せばよい.

(c) $h_\varphi = \mathrm{Re}(H_\varphi \mathrm{e}^{\mathrm{j}\omega t}) = \dfrac{H_0\sin\theta}{k_0 r}\left[\cos(\omega t - k_0 r) + \dfrac{1}{k_0 r}\sin(\omega t - k_0 r)\right]$

(d) $P_{\mathrm{r}} = 4\pi\eta_0 H_0{}^2/3k_0{}^2$ (H_0 は尖頭値とする.)

3.1 (a) $\boldsymbol{i}_s = \hat{\boldsymbol{y}}\,2H^{\mathrm{i}}$

(b) 入射磁界と面電流の間のローレンツ力を計算して，$\boldsymbol{F} = -\hat{\boldsymbol{x}}\,2S/c$ 〔N/m²〕.

(c) 入射波のもつ運動量密度を $\boldsymbol{m}$ とすれば，反射波は $-\boldsymbol{m}$ をもつから

$$c(\boldsymbol{m} - (-\boldsymbol{m})) = 2\boldsymbol{S}/c, \qquad \therefore \boldsymbol{m} = \boldsymbol{S}/c^2.$$

3.2 式 (3.20) と (3.21) により，$\mathrm{Re}(\boldsymbol{S}_{\mathrm{c}}) = \hat{\boldsymbol{z}}(2E^{\mathrm{i}2}/\eta_0)\sin^2(k_0\cos\theta_{\mathrm{i}} x)\sin\theta_{\mathrm{i}}$

3.3 $(-x, z, y)$ 座標系が右手系をなすことにより，入射波は

$$\boldsymbol{E}^{\mathrm{i}} = E^{\mathrm{i}}(\hat{z}-\mathrm{j}\hat{y})\exp(\mathrm{j}k_0x)$$

反射波は $x=0$ の境界条件によって決定され，

$$\boldsymbol{E}^{\mathrm{r}} = E^{\mathrm{i}}(-\hat{z}+\mathrm{j}\hat{y})\exp(-\mathrm{j}k_0x) = \mathrm{j}E^{\mathrm{i}}(\hat{y}+\mathrm{j}\hat{z})\exp(-\mathrm{j}k_0x)$$

反射波は左旋円偏波になる．

3.4 $x=0$ において電界の z 成分がゼロになる条件から反射波を求める．

3.5 TE 波の場合の電界と磁界を交換して解析し，$R^{\mathrm{TM}}=E_z{}^{\mathrm{r}}/E_z{}^{\mathrm{i}}$，$T^{\mathrm{TM}}=E_z{}^{\mathrm{t}}/E_z{}^{\mathrm{i}}$ を求める．

3.6 図 3.9 の点 $\mathrm{A_1}$ において，$n_1\sin\theta_1=n_2\sin\theta_2'$．$\triangle \mathrm{A_1A_2O}$ に対して正弦定理を適用すれば，$R_1/\sin\theta_2=R_2/\sin(\pi-\theta_2')=R_2/\sin\theta_2'$．この 2 式から θ_2' を消去すれば，$n_1R_1\sin\theta_1=n_2R_2\sin\theta_2$．

3.7 ブルースター角は式 (3.50) により，n_1 から n_2 に向かうとき $\tan^{-1}(3/2)=56.3°$．n_2 から n_1 に向かうとき $\tan^{-1}(2/3)=33.7°$．臨界角は式 (3.53) により $\sin^{-1}(2/3)=41.8°$．

3.8 式 (3.64) により，$f=1\,\mathrm{MHz}$ のとき $d=6.62\times10^{-5}\,\mathrm{m}$．$f=10\,\mathrm{MHz}$ のとき $d=2.08\times10^{-5}\,\mathrm{m}$．$f=100\,\mathrm{MHz}$ のとき $d=6.62\times10^{-6}\,\mathrm{m}$．

4.1 $\psi=\exp(-\mathrm{j}\boldsymbol{k}\cdot\boldsymbol{r})$ とおけば，$\nabla\psi=-\mathrm{j}\boldsymbol{k}\psi$，$\nabla\cdot(\boldsymbol{E}_0\psi)=-\mathrm{j}\boldsymbol{k}\cdot\boldsymbol{E}_0\psi$，$\nabla\times(\boldsymbol{E}_0\psi)=-\mathrm{j}k\times\boldsymbol{E}_0\psi$ を示すことができるので $\nabla=-\mathrm{j}\boldsymbol{k}$．式 (4.14) と (4.15) はマクスウェルの方程式より明らかである．

4.2 式 (4.18) を k_x，k_z，E_{2x}，E_{2z} を用いて書き直し，整理すれば

$$\begin{bmatrix} k_z{}^2-k_0{}^2n_\mathrm{o}{}^2 & -k_xk_z \\ -k_zk_x & k_x{}^2-k_0{}^2n_\mathrm{e}{}^2 \end{bmatrix}\begin{bmatrix} E_{2x} \\ E_{2z} \end{bmatrix}=0$$

$\boldsymbol{E}_2\neq0$ の解をもつための条件から，$(k_z{}^2-k_0{}^2n_\mathrm{o}{}^2)(k_x{}^2-k_0{}^2n_\mathrm{e}{}^2)-k_x{}^2k_z{}^2=0$．これを整理すれば式 (4.19) が得られる．

4.3 前解答の第 1 式と式 (4.19) から，$E_{2z}/E_{2x}=-n_\mathrm{o}{}^2k_x/n_\mathrm{e}{}^2k_z$．式 (4.19) の両辺を k_x で微分して整理すれば，$\mathrm{d}k_z/\mathrm{d}k_x=-k_xn_\mathrm{o}{}^2/k_zn_\mathrm{e}{}^2$．

4.4 異常波の伝搬方向は z 軸（光軸）と $\alpha+\theta$ の角をなし，電界はこれに垂直であるから，$E_{2z}/E_{2x}=-\tan(\alpha+\theta)$．

また式 (4.21) を変形すれば $E_{2z}/E_{2x}=-\varepsilon_1\tan\theta/\varepsilon_2$．この 2 式を等置し，$\tan\alpha$ について解けば式 (4.74) が得られる．

4.5 式 (4.53) において $a\equiv\omega/\gamma\mu_0$ とすれば，

$$\begin{bmatrix} \mathrm{j}a & -H_0 \\ H_0 & \mathrm{j}a \end{bmatrix}\begin{bmatrix} M_x \\ M_y \end{bmatrix}=M_0\begin{bmatrix} -H_y \\ H_x \end{bmatrix}.$$

これを M_x と M_y について解き，整理すれば式 (4.54) と (4.55) が得られる．

4.6 式 (4.53) から，$\boldsymbol{M}\times\hat{z}=[M_0(\hat{x}\hat{x}+\hat{y}\hat{y})\cdot\boldsymbol{H}-H_0\boldsymbol{M}]/\mathrm{j}a$．これと，式 (4.53) から，

$\mathrm{j}a\boldsymbol{M}=\boldsymbol{M}_0(\hat{\boldsymbol{z}}\times\bar{\boldsymbol{I}})\cdot\boldsymbol{H}+H_0[M_0(\hat{\boldsymbol{x}}\hat{\boldsymbol{x}}+\hat{\boldsymbol{y}}\hat{\boldsymbol{y}})\cdot\boldsymbol{H}-H_0\boldsymbol{M}]\mathrm{j}a$. 最後の式を $\boldsymbol{M}$ について解き, $\boldsymbol{M}=\bar{\mu}\cdot\boldsymbol{H}$ の関係にある $\bar{\mu}$ を求めると

$$\bar{\mu}=\frac{\mathrm{j}aM_0}{H_0{}^2-a^2}\hat{\boldsymbol{z}}\times\bar{\boldsymbol{I}}+\frac{H_0M_0}{H_0{}^2-a^2}(\hat{\boldsymbol{x}}\hat{\boldsymbol{x}}+\hat{\boldsymbol{y}}\hat{\boldsymbol{y}})$$

$$=\frac{\mathrm{j}\omega\gamma\mu_0M_0}{\gamma^2\mu_0{}^2H_0{}^2-\omega^2}(\hat{\boldsymbol{y}}\hat{\boldsymbol{x}}-\hat{\boldsymbol{x}}\hat{\boldsymbol{y}})+\frac{\gamma^2\mu_0{}^2H_0M_0}{\gamma^2\mu_0{}^2H_0{}^2-\omega^2}(\hat{\boldsymbol{x}}\hat{\boldsymbol{x}}+\hat{\boldsymbol{y}}\hat{\boldsymbol{y}})$$

5.1 $\boldsymbol{E}$ はラメラー成分 $\boldsymbol{u}$ だけであり, $\nabla'\cdot\boldsymbol{w}=\nabla'\cdot\boldsymbol{E}=\rho/\varepsilon$ を式 (5.6) に代入すれば式 (5.8), (5.9) が得られる.

$\boldsymbol{B}$ はソレノイダル成分 $\boldsymbol{v}$ だけであり, $\nabla'\times\boldsymbol{w}=\nabla'\times\boldsymbol{B}=\mu\boldsymbol{i}$ を式 (5.7) に代入すれば式 (5.10), (5.11) が得られる.

5.2 A.2 節の式 (16), (17) の球座標系の式を用いて $\nabla^2V+k^2V=0$ を示せばよい.

5.3 $\nabla\times\boldsymbol{E}+\mathrm{j}\omega\mu\boldsymbol{H}=0\longrightarrow\nabla\times\boldsymbol{H}+\mathrm{j}\omega\varepsilon(-\boldsymbol{E})=0$

$\nabla\times\boldsymbol{H}-\mathrm{j}\omega\varepsilon\boldsymbol{E}=0\longrightarrow\nabla\times(-\boldsymbol{E})-\mathrm{j}\omega\mu\boldsymbol{H}=0$

このようにマクスウェルの第1式からは第2式が, 第2式からは第1式が得られる.

5.4 [1] 直角 (デカルト), [2] $v\nabla^2u$, [3] $S_\mathrm{i}\cup S_\mathrm{o}$, [4] $(\nabla'^2+k^2)\phi=0$, [5] $\phi\dfrac{\rho}{\varepsilon}$, [6] $\dfrac{\mathrm{j}kr+1}{r^2}\mathrm{e}^{-\mathrm{j}kr}$, [7] $-\hat{\boldsymbol{r}}_0$, [8] $\dfrac{\mathrm{j}kr_0+1}{r_0{}^2}\exp(-\mathrm{j}kr_0)$, [9] $\dfrac{\exp(-\mathrm{j}kr_0)}{r_0}$, [10] $4\pi V(x,y,z)$, [11] $\displaystyle\iiint_R\frac{\rho}{4\pi\varepsilon}\phi\mathrm{d}V-\frac{1}{4\pi}\iint_{S_\mathrm{o}}(V\nabla\phi-\phi\nabla V)\cdot\hat{\boldsymbol{n}}\mathrm{d}S$, [12] $\displaystyle-\frac{1}{4\pi}\iint_{S_\mathrm{o}}(V\nabla\phi-\phi\nabla V)\cdot\hat{\boldsymbol{n}}\mathrm{d}S$

5.5 式 (5.18) からただちに,

$$✡\boldsymbol{\Pi}+k^2\boldsymbol{\Pi}=-\boldsymbol{P}/\varepsilon.$$

これは式 (5.19) も含んでいる. これは上の式の両辺の発散をとり, V と ρ によって書き直せば式 (5.19) になるからである.

6.1 (a) 2 m を 10 ns で伝搬しているから, $1/\sqrt{LC}=2\times10^8$ m/s. 入射波あるいは反射波の電圧と電流の比は特性抵抗に等しいので, $\sqrt{L/C}=2\times10^2\ \Omega$. この2式から, $L=10^{-6}$ H/m, $C=2.5\times10^{-11}$ F/m.

(b) 図1の通り.

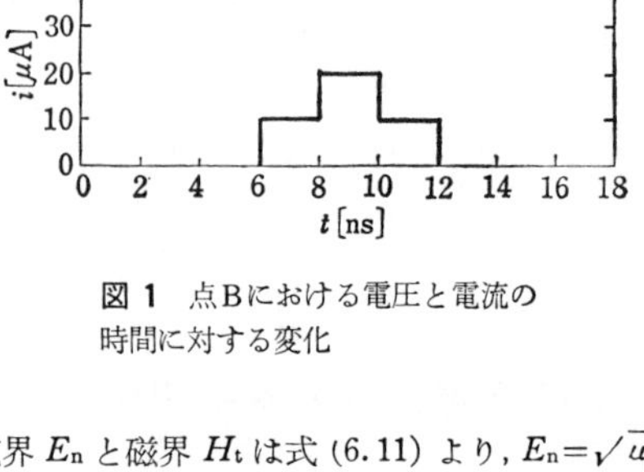

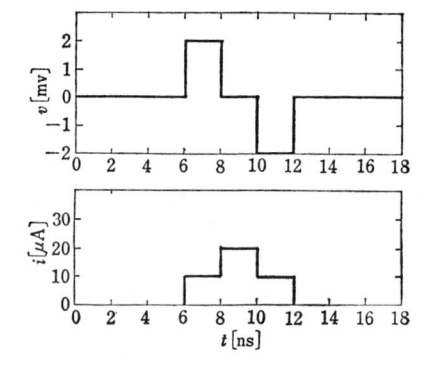

図 1　点Bにおける電圧と電流の時間に対する変化

6.2 TEM 波線路の一つの導体表面上で, 電界 E_n と磁界 H_t は式 (6.11) より, $E_\mathrm{n}=\sqrt{\mu/\varepsilon}$

H_t の関係にある．この関係を面電荷密度 ρ_s と面電流密度 i_s の関係に書き直せば，

$$\frac{i_s}{\rho_s}=\frac{H_t}{\varepsilon E_n}=\frac{1}{\sqrt{\varepsilon\mu}}=v_p$$

$$\therefore\quad I=\iint_S i_s \mathrm{d}S=\iint_S v_p\rho_s \mathrm{d}S=v_pQ=v_pCV$$

$$\therefore\quad R_c=\frac{V}{I}=\frac{1}{v_pC}$$

6.3 式 (6.22)，(6.23) より

$$V(l)=V\mathrm{e}^{\mathrm{j}kl}(1+S(l)),\quad I(l)=\frac{V}{R_c}\mathrm{e}^{\mathrm{j}kl}(1-S(l))$$

電圧が極大，極小になる l を l_{max}，l_{min} とすれば，

$$\rho=\frac{|V(l_{\mathrm{max}})|}{|V(l_{\mathrm{min}})|}=\frac{1+|S|}{1-|S|}=\frac{V(l_{\mathrm{max}})}{R_cI(l_{\mathrm{max}})}=z(l_{\mathrm{max}})=r_{\mathrm{max}}$$

スミス・チャート上に z_L を通り，$S=0$ を中心とする円を描き，実軸との交点の $r(>1)$ を読めば ρ が得られる．

6.4 式 (6.30) から $n\pi/a=k_0\cos\theta$．これを式 (6.33) に代入して

$$v_p=\frac{\omega}{\beta}=\frac{\omega}{\sqrt{k_0{}^2-k_0{}^2\cos\theta}}=c\,\mathrm{cosec}\theta$$

式 (6.33) の両辺を ω で微分し，整理すれば

$$v_g=\frac{1}{\dfrac{\partial\beta}{\partial\omega}}=\frac{c^2}{v_p}=c\sin\theta$$

6.5 図 6.8 の構造に対して，TE 波は式 (5.43′)，(5.44′) の ψ^* だけを考えればよいから，

$$\boldsymbol{E}=\mathrm{j}\omega\mu_0\boldsymbol{z}\times\left(\hat{\boldsymbol{x}}\frac{\partial}{\partial x}+\hat{\boldsymbol{y}}\frac{\partial}{\partial y}\right)\psi^*=\mathrm{j}\omega\mu_0\left(\hat{\boldsymbol{y}}\frac{\partial\psi^*}{\partial x}-\hat{\boldsymbol{x}}\frac{\partial\psi^*}{\partial y}\right)$$

$$\boldsymbol{H}=(k_0{}^2-\beta_1{}^2)\hat{\boldsymbol{z}}\psi^*-\mathrm{j}\beta\left(\hat{\boldsymbol{x}}\frac{\partial}{\partial x}\psi^*+\hat{\boldsymbol{y}}\frac{\partial}{\partial y}\psi^*\right)$$

式 (5.46) より

$$\left[\frac{\partial^2}{\partial x^2}+\frac{\partial^2}{\partial y^2}+(k_0{}^2-\beta^2)\right]\psi^*=0$$

この一般解は，

$$\psi^*=(A\cos\beta_x x+B\sin\beta_x x)(C\cos\beta_y y+D\sin\beta_y y)\mathrm{e}^{-\mathrm{j}\beta z}$$

$$\beta_x{}^2+\beta_y{}^2+\beta^2=k_0{}^2$$

$x=0$，a で $E_y=0$ の条件から $B=0$，$\beta_x=n\pi/a$．

$y=0$，b で $E_x=0$ の条件から $D=0$，$\beta_y=m\pi/b$．

したがって，TE_{nm} モードは共通因子，

$$\exp(-\mathrm{j}\beta_{nm}z) \qquad \left(\beta_{nm} = \sqrt{k_0{}^2 - \left(\frac{n\pi}{a}\right)^2 - \left(\frac{m\pi}{b}\right)^2}\right)$$

を除いて次のように表わされる.

$$\psi^* = A\cos\frac{n\pi}{a}x\cos\frac{m\pi}{b}y$$

$$\boldsymbol{E} = \mathrm{j}\omega\mu_0 A\left(\hat{\boldsymbol{x}}\frac{m\pi}{b}\cos\frac{n\pi x}{b}\sin\frac{m\pi y}{b} - \hat{\boldsymbol{y}}\frac{n\pi}{a}\sin\frac{n\pi x}{a}\cos\frac{m\pi}{b}y\right)$$

$$\boldsymbol{H} = \mathrm{j}\beta_{nm}A\left(\hat{\boldsymbol{x}}\frac{n\pi}{a}\sin\frac{n\pi x}{a}\cos\frac{m\pi y}{b} + \hat{\boldsymbol{y}}\frac{m\pi}{b}\cos\frac{n\pi x}{a}\sin\frac{m\pi y}{b}\right)$$

$$+\left[\left(\frac{n\pi}{a}\right)^2 + \left(\frac{m\pi}{b}\right)^2\right]A\hat{\boldsymbol{z}}\cos\frac{n\pi x}{a}\cos\frac{m\pi y}{b}$$

TM 波は式 (5.43′), (5.44′) の ψ だけを考え, 同様な解析を進めればよい. 結果は次のようになる.

$$\psi = A\sin\frac{n\pi x}{a}\sin\frac{m\pi y}{b}$$

$$\boldsymbol{E} = -\mathrm{j}\beta_{nm}A\left(\hat{\boldsymbol{x}}\frac{n\pi}{a}\cos\frac{n\pi x}{a}\sin\frac{m\pi y}{b} + \hat{\boldsymbol{y}}\frac{m\pi}{b}\sin\frac{n\pi x}{a}\cos\frac{m\pi y}{b}\right)$$

$$-\hat{\boldsymbol{z}}A\left[\left(\frac{n\pi}{a}\right)^2 + \left(\frac{m\pi}{a}\right)^2\right]\sin\frac{n\pi x}{a}\sin\frac{m\pi y}{b}$$

$$\boldsymbol{H} = \mathrm{j}\omega\varepsilon_0 A\left(\hat{\boldsymbol{x}}\frac{m\pi}{b}\sin\frac{n\pi x}{a}\cos\frac{m\pi y}{b} - \hat{\boldsymbol{y}}\frac{n\pi}{a}\cos\frac{n\pi x}{a}\sin\frac{m\pi y}{b}\right)$$

$$Z_{\mathrm{TM}} = \frac{E_x}{H_y} = -\frac{E_y}{H_x} = \frac{\beta_{nm}}{\omega\varepsilon_0} = \eta_0\sqrt{1 - \left(\frac{f_{\mathrm{c}\,nm}}{f}\right)^2}$$

ただし,
$$f_{\mathrm{c}\,nm} = \frac{c}{2}\sqrt{\left(\frac{n}{a}\right)^2 + \left(\frac{m}{b}\right)^2}$$

6·6 前問の解答を参考にして,

$$\frac{f_{\mathrm{c}\,nm}}{f_{\mathrm{c}10}} = \sqrt{n^2 + \left(\frac{a}{b}m\right)^2}$$

(1, 0) モードの隣りのモードは (0, 1) モード, (2, 0) モード, (1, 1) モードである.

$$\frac{f_{\mathrm{c}\,01}}{f_{\mathrm{c}\,10}} = \frac{a}{b}, \quad \frac{f_{\mathrm{c}\,20}}{f_{\mathrm{c}\,10}} = 2, \quad \frac{f_{\mathrm{c}\,11}}{f_{\mathrm{c}\,10}} = \sqrt{1 + \left(\frac{a}{b}\right)^2}$$

ゆえに, 求める比の最小値は $1 < a/b \leq 2$ のとき a/b, $2 < a/b$ のとき 2. この最大値は 2 であり, これが得られる a/b の最小値は 2 である.

6·7 式 (6.63) を微分すれば,

$$-\beta\cos(\omega t - \beta z)\sin\frac{\pi x}{a}\cdot\mathrm{d}z + \frac{\pi}{a}\sin(\omega t - \beta z)\cos\frac{\pi x}{a}\cdot\mathrm{d}x = 0$$

$$\therefore \quad \frac{\mathrm{d}x}{\mathrm{d}z} = \frac{\beta a}{\pi}\cot(\omega t - \beta z)\tan\frac{\pi x}{a}$$

また式 (6.38) より，

$$\frac{h_x}{h_z} = \frac{\sqrt{1-\left(\dfrac{f_c}{f}\right)^2}}{\dfrac{f_c}{f}}\tan\frac{\pi x}{a}\cot(\omega t-\beta z)$$

上の2式より，$\mathrm{d}x/\mathrm{d}z = h_x/h_z$ を示すことができる．つまり，式 (6.63) は磁力線の微分方程式の積分解である．

6.8 式 (6.31)，(6.32) より，

$$E_y = E_0 \sin\frac{\pi}{a}x\,\mathrm{e}^{-\mathrm{j}\beta z}, \quad H_x = -\frac{E_0}{\eta_0}\cdot\frac{\beta}{k_0}\sin\frac{\pi x}{a}\mathrm{e}^{-\mathrm{j}\beta z}, \quad H_z = \mathrm{j}\frac{E_0}{\eta_0}\cdot\frac{\pi}{k_0 a}\cos\frac{\pi x}{a}\mathrm{e}^{-\mathrm{j}\beta z}$$

ゆえに，

$$W_\mathrm{E} = b\int_0^a \frac{\varepsilon_0}{4}E_y E_y{}^* \mathrm{d}x = \frac{\varepsilon_0 ab E_0{}^2}{8}, \quad W_\mathrm{H} = b\int_0^a \frac{\mu_0}{4}(H_x H_x{}^* + H_z H_z{}^*)\mathrm{d}x = \frac{\varepsilon_0 ab}{8}E_0{}^2$$

また，$v_\mathrm{g} = c\beta/k_0$ であるから，

$$v_\mathrm{g}(W_\mathrm{E}+W_\mathrm{H}) = \frac{\beta}{k}\cdot\frac{abE_0{}^2}{4\eta_0}$$

一方，

$$P = b\int_0^a \mathrm{Re}\left(-\frac{1}{2}E_y H_x{}^*\right)\mathrm{d}x = \frac{ab}{4}\cdot\frac{E_0{}^2}{\eta_0}\cdot\frac{\beta}{k_0}$$

となるので $P = v_\mathrm{g}(W_\mathrm{E}+W_\mathrm{H})$．

6.9 式 (5.45′)，(5.46′) の ψ と ψ^* をまとめて $\phi = X(x)\mathrm{e}^{-\mathrm{j}\beta z}$ と書く．

$x > w$: $(\partial^2/\partial x^2 - \gamma^2)X = 0$ より $X = \mathrm{e}^{-\gamma x}$, $\gamma = \sqrt{\beta^2 - k_0{}^2}$

$0 \leq x \leq w$: $(\partial^2/\partial x^2 + \alpha^2)X = 0$ $(\alpha = \sqrt{k_0{}^2 n_1 - \beta^2})$ より $X = A\cos\alpha x + B\sin\alpha x$

これらを式 (5.43′)，(5.44′) に代入し，E_z と H_y を TM 波に対して，E_y と H_z を TE 波に対して求め，$z = w$ におけるこれらの連続条件から A と B を消去すれば所要の分散方程式が得られる．

TM 波の場合：$n_1\gamma - \alpha\tan\alpha w = 0$

TE 波の場合：$\gamma + \alpha\cot\alpha w = 0$

7.1 ダイポール・アンテナの場合のように伝送線路の変形された構造と考え，もとの伝送線路上の電流分布がそのまま存在するとすればよい．(a) は図2の点Aが短絡点となるように，(b) は終端が開放点となるように定在波電流を図示する．結果は図2のようになる．

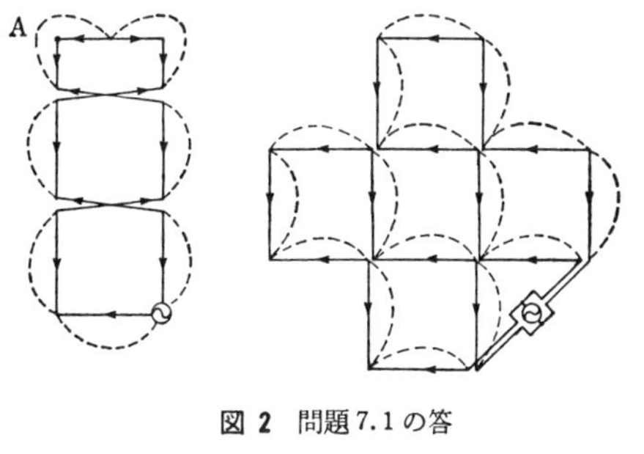

図 2　問題7.1の答

7.2 式 (7.17) より,

$$\boldsymbol{H}=\frac{1}{\mu_0}\nabla\times\boldsymbol{A}=\frac{1}{4\pi r^2\sin\theta}\begin{vmatrix}\hat{\boldsymbol{r}} & r\hat{\boldsymbol{\theta}} & r\sin\theta\hat{\boldsymbol{\varphi}}\\ \dfrac{\partial}{\partial r} & \dfrac{\partial}{\partial\theta} & \dfrac{\partial}{\partial\varphi}\\ \dfrac{\exp(-\mathrm{j}k_0r)}{r}N_r & \exp(-\mathrm{j}k_0r)N_\theta & \exp(-\mathrm{j}k_0r)\sin\theta N_\varphi\end{vmatrix}$$

$$=\frac{\mathrm{j}k_0\exp(-\mathrm{j}k_0r)}{4\pi r}(\hat{\boldsymbol{\theta}}N_\varphi-\hat{\boldsymbol{\varphi}}N_\theta)+O(r^{-2})$$

$$\boldsymbol{E}=\eta_0\frac{\mathrm{j}k_0\exp(-\mathrm{j}k_0r)}{4\pi r}(\hat{\boldsymbol{\theta}}N_\varphi-\hat{\boldsymbol{\varphi}}N_\theta)\times\boldsymbol{r}=-\mathrm{j}\omega\boldsymbol{A}\cdot(\hat{\boldsymbol{\theta}}\hat{\boldsymbol{\theta}}+\hat{\boldsymbol{\varphi}}\hat{\boldsymbol{\varphi}})$$

7.3 $N_\theta=(N_x\cos\varphi+N_y\sin\varphi)\cos\theta-N_z\sin\theta$

$N_\varphi=-N_x\sin\varphi+N_y\cos\varphi$

7.4 対称性から, zx 面内の点で放射ベクトルを求めればよい.

$$\boldsymbol{N}=\hat{\boldsymbol{y}}I_0\int_0^{2\pi}\cos\varphi'\exp(\mathrm{j}k_0a\sin\theta\cos\varphi')a\mathrm{d}\varphi'=\hat{\boldsymbol{y}}\mathrm{j}I_0\pi k_0a^2\sin\theta\qquad(k_0a\ll1)$$

$$\therefore\quad\boldsymbol{E}=\hat{\boldsymbol{\varphi}}\frac{(k_0a)^2\eta_0I_0}{4r}\exp(-\mathrm{j}k_0r)\sin\theta$$

これから放射電力を求め I_0^2 で割れば放射抵抗が得られる. $R_\mathrm{r}=20\pi^2(k_0a)^4$ 〔Ω〕.

7.5 N_x と N_y を求め, 問題 7.3 の解答の公式を用いて,

$$N_\theta=\pi aI_0(\mathrm{j})^{m-1}\cos\theta[J_{m-1}(k_0a\sin\theta)+J_{m+1}(k_0a\sin\theta)]\sin m\varphi$$

$$N_\varphi=\pi aI_0(\mathrm{j})^{m-1}[J_{m-1}(k_0a\sin\theta)-J_{m+1}(k_0a\sin\theta)]\cos m\varphi$$

これを式 (7.18) に代入すれば放射電界が得られる.

8.1 電波の進行方向を図 8.5 の逆にし, 送信アンテナとして考える. 主反射鏡による反射波を幾何光学的に考えると, 中心部が副反射鏡によってさえぎられ, 残りの部分が放射波に寄与する. したがって, 両反射鏡の中心を結ぶ軸に垂直な任意の面上の, 主反射鏡の射影面積から副反射鏡の射影面積を除いた部分を等価開口面と考えればよい. 副反射鏡がさえぎることを**ブロッキング**という.

8.2 図 8.9 より, 電力半値角を θ_h とすれば $\theta=\theta_\mathrm{h}/2$ において $X=0.45\pi$

電界面内 : $X=\dfrac{1}{2}k_0b\sin\theta=20\pi\sin\theta\simeq10\pi\theta_\mathrm{h}$ より, $\theta_\mathrm{h}=0.045=2.6°$

磁界面内 : $X=\dfrac{1}{2}k_0a\sin\theta\simeq5\pi\theta_\mathrm{h}$ より $\theta_\mathrm{h}=5.2°$

8.3 ダイポール・アンテナの指向性は磁界面内では一様, 電界面内では 8 の字形となるので, パラボラ反射鏡を有効に照射する幅は磁界面内の方が広い. したがって, 電界面におけるよりも磁界面における方が大きな等価開口面積をもつことになり, 電力半値角は小さくなる.

8.4　図 8.9 より，電力半値角を θ_h とすれば $\theta=\theta_h/2$ において $X=0.52\pi$．
$X=k_0a\sin\theta=1.6\times10^3\pi\theta_h$ より $\theta_h=3.3\times10^{-4}=1.9\times10^{-2}$°．

8.5　開口が xy 面内にあるとし，zx 面内の指向性を考える．開口上の $x=$一定 の線上の点は観測点に対して等距離にある．ゆえに，この 2 次元波源分布は開口の y 方向の広がりに比例した振幅分布をもつ x 軸上の 1 次元分布に置き換えることができる．この置換された分布は方形開口に対して一様分布，円形開口に対して円状のテーパ分布となり，したがって円形開口の場合の方がサイド・ローブのレベルが低くなる．

9.1　(a)　$\displaystyle\int_0^{\pi}\int_0^{2\pi}\sin\theta\,d\theta\,d\varphi F^2(\theta,\varphi)=\frac{5}{6}\pi$，$\displaystyle G(\theta,\varphi)=4.8\sin^2\theta\cos^6\frac{\varphi}{2}$

(b)　同様にして，$\displaystyle G(\theta,\varphi)=5\sin^4\theta\cos^4\frac{\varphi}{2}$

9.2　ファラデーの法則より，$V_o=-j\omega\Phi=-j\omega NA\mu_0H=-jk_0NAE$．

$$\therefore\quad l_{\mathrm{eff}}=\left|\frac{V_o}{E}\right|=k_0NA$$

絶対利得は微小ダイポールと同じで，3/2 であるので，式 (9.39) から $A_e=(3\lambda^2/2)/4\pi=3\lambda^2/8\pi$．これを式 (9.30) に代入して

$$R_r=\frac{30\pi(Nk_0A)^2}{\dfrac{3\lambda^2}{8\pi}}=20(Nk_0{}^2A)^2\quad[\Omega]$$

9.3　$F(\theta,\varphi)=|\sqrt{1-\sin^2\theta\cos^2\varphi}+j\sqrt{1-\sin^2\theta\sin^2\varphi}|=\sqrt{1+\cos^2\theta}$
　$G(\theta,\varphi)=3(1+\cos^2\theta)/4$

9.4　3 dB.

9.5　式 (9.42) において $G=G_1=G_2$，$L=P_r/P_a$ とおく．

$$G=\frac{4\pi d}{\sqrt{L}\,\lambda}$$

9.6　観測点に放射電界の向きを向いた微小ダイポール I_0l を置き，$(0,0,d)$ における電界を求める．座標原点の近くには，次の複素振幅をもつ TM 波が入射する．

$$E^i=-j\omega\frac{\mu_0I_0l\exp(-jk_0r)}{4\pi r}$$

式 (3.44) の反射係数 R^{TM} を用いて，点 $(0,0,d)$ における総合電界は

$$\begin{aligned}E&=\sin\theta E^i[\exp(jk_0d\cos\theta)+R^{TM}\exp(-jk_0d\cos\theta)]\\&=-j\omega\frac{\mu_0I_0l\exp(-jk_0r)}{4\pi r}\sin\theta\Bigl[\exp(jk_0d\cos\theta)\\&\qquad+\frac{\sqrt{n^2-\sin^2\theta}-\cos\theta}{\sqrt{n^2-\sin^2\theta}+\cos\theta}\exp(-jk_0d\cos\theta)\Bigr]\end{aligned}$$

$(n=\sqrt{\varepsilon_1/\varepsilon_0})$

9.7　$\nabla\cdot(E_1\times H_2-E_2\times H_1)$ をA.2節の式(10)を用いて展開し，式(9.16)〜(9.19)により変形した式にガウスの発散定理を応用すればよい．このとき，問題5.4におけるような微小損失の思考実験を行なう．

9.8　自由空間伝搬損失は，$(0.075/4\pi\times5\times10^3)^2\simeq-120\,\mathrm{dB}$．$P_t=80\,\mathrm{dBm}$．

$$\therefore\quad G=17-80+120-30=27\,\mathrm{dB}.\quad A_e=G\lambda^2/4\pi=0.22\,\mathrm{m}^2$$

10.1　鏡像（イメージ）は $z=-d$ を中心とする垂直半波長ダイポール・アンテナであり，電流は同相同大である．1本の半波長ダイポールの電界指向性を $E_1(\theta)$ とすれば，

$$E_2(\theta)=2E_1(\theta)\cos(k_0d\cos\theta)$$

ダイポールが傾けて置かれた場合には鏡像ともとのダイポールとは平行にならないので，それぞれ単体の指向性が異なる．したがって，アレー・アンテナのような指向性相乗の理が成り立たない．

10.2
$$\begin{aligned}E(\theta)&=E_1(\theta)\left\{\exp\left[\mathrm{j}k_0d\sin\theta\cos\left(\varphi-\frac{\pi}{4}\right)\right]-\exp\left[\mathrm{j}k_0d\sin\theta\cos\left(\varphi-\frac{3}{4}\pi\right)\right]\right.\\&\qquad\left.+\exp\left[\mathrm{j}k_0d\sin\theta\cos\left(\varphi-\frac{5}{4}\pi\right)\right]-\exp\left[\mathrm{j}k_0d\sin\theta\cos\left(\varphi-\frac{7}{4}\pi\right)\right]\right\}\\&=-4E_1(\theta)\sin\left(k_0\frac{d}{\sqrt{2}}\sin\theta\cos\varphi\right)\sin\left(k_0\frac{d}{\sqrt{2}}\sin\theta\sin\varphi\right)\end{aligned}$$

10.3　$\alpha=\pi/n$ $(n=1,2,\cdots)$ のとき．

10.4　（a）　$A(\theta)=e^{\mathrm{j}\pi\cos\theta}+3+e^{-\mathrm{j}\pi\cos\theta}=3+2\cos(\pi\cos\theta)$．

（b）　アレー・オブ・アレーの考えによって合成する．素子数=5，素子間隔=$\lambda/2$，励振強度比=1：6：11：6：1．

10.5　（a）　85.66+j72.48〔Ω〕　　（b）　332−j94.9〔Ω〕．

10.6　前問の図10.20の左図のように，導体平面の前に間隔 $d/2$ でダイポール・アンテナを平行に置き，入力インピーダンス Z_{in} を測定する．相互インピーダンスは，$Z_m=Z_s-Z_{in}$(Z_s：自己インピーダンス)．

10.7　一般の N, d に対して

$$\begin{aligned}A(\theta)&=\exp\left(\mathrm{j}\frac{N-1}{2}k_0d\cos\theta\right)\left[a\frac{\sin\left(N\frac{k_0d}{2}\cos\theta\right)}{\sin\left(\frac{k_0d}{2}\cos\theta\right)}+\frac{1}{2}\frac{\sin N\left(\frac{k_0d\cos\theta}{2}+\frac{\pi}{2(N-1)}\right)}{\sin\left(\frac{k_0d\cos\theta}{2}+\frac{\pi}{2(N-1)}\right)}\right.\\&\qquad\left.+\frac{1}{2}\frac{\sin N\left(\frac{k_0d\cos\theta}{2}-\frac{\pi}{2(N-1)}\right)}{\sin\left(\frac{k_0d\cos\theta}{2}-\frac{\pi}{2(N-1)}\right)}\right]\end{aligned}$$

10.8　素子間隔 d の M 素子アレーの指向性を $A_{M,d}(\theta)$ とすれば，

$$A_{M.d}(\theta) = \frac{\sin M(x/2)}{\sin(x/2)}, \qquad x = k_0 d\cos\theta$$

$$\therefore \quad A_{N.d}(\theta)\cdot A_{2.Nd}(\theta) = \frac{\sin N\dfrac{x}{2}\cdot\sin 2\dfrac{Nx}{2}}{\sin\dfrac{x}{2}\cdot\sin\dfrac{Nx}{2}} = \frac{\sin 2N\cdot\dfrac{x}{2}}{\sin\dfrac{x}{2}} = A_{2N.d}(\theta)$$

11.1 散乱波に対する電気形ヘルツ・ベクトルの z 成分 ψ，を次のように展開する．

$$\psi = \sum_{n=0}^{\infty} A_n H_n^{(2)}(k_0\rho)\cos n\varphi$$

このとき，散乱電界は $\boldsymbol{E}^s = \hat{z}k_0^2\psi$．境界条件によって，

$$A_n = -\frac{E_0}{k_0^2}\varepsilon_n(\mathrm{j})^n\frac{J_n(k_0a)}{H_n^{(2)}(k_0a)}$$

したがって，散乱指向性と散乱幅は，

$$G(\varphi) = \sum_{n=0}^{\infty}\varepsilon_n(-1)^{n+1}\frac{J_n(k_0a)}{H_n^{(2)}(k_0a)}\cos n\varphi, \quad w(\varphi) = \frac{4}{k_0}\left|G(\varphi)\right|^2$$

11.2 $\sigma_s = 6\pi/k_0^2$．レイリー散乱は共振する場合には当てはまらない．

11.3 $R_1 = d_1 + [(x'-x)^2 + y'^2]/2d_1$，$R_2 = d_2 + [(x'-x)^2 + y'^2]/2d_2$ と近似できるので，点Rの電界は次の2重積分で求められる．

$$E(k) = C\frac{\exp[-\mathrm{j}k_0(d_1+d_2)]}{d_1d_2}\int_{-y_0}^{y_0}\exp\left[-\mathrm{j}\frac{k_0}{2}\left(\frac{1}{d_1}+\frac{1}{d_2}\right)y'^2\right]\mathrm{d}y'$$

$$\cdot\int_0^{x_0}\exp\left[-\mathrm{j}\frac{k_0}{2}\left(\frac{1}{d_1}+\frac{1}{d_2}\right)(x'-x)^2\right]\mathrm{d}x'$$

以下，本文と同様の計算を行なえばよい．

11.4 $F(\theta) = \sec\theta$．

11.5 (a) 16 m²，(b) 1.19 倍

12.1 送信アンテナの高さを h_1，受信アンテナの高さを h_2，両者の水平距離を d とすれば，

$$E = c\left[\frac{\exp(-\mathrm{j}k_0D_1)}{D_1} - \frac{\exp(-\mathrm{j}k_0D_2)}{D_2}\right], \quad D_1 \simeq d + \frac{(h_1-h_2)^2}{2d}, \quad D_2 \simeq d + \frac{(h_1+h_2)^2}{2d}$$

$$\therefore \quad |E| = c'\frac{h_1h_2}{d^2}$$

12.2 $v = c/n = c/(1+\kappa h) = c(1-\kappa h)$．$\kappa$ は負であるので v は h とともに増大し，c より大きい．これは $n=1$ となる原点を $h=0$ としたためである．

12.3 式 (12.4) において $n_e(h)=1$ の条件から，$\kappa = -1/a = -1.6\times10^{-7}\ \mathrm{m}^{-1}$．

12.4 $n = \sin\theta_0/\sin\theta$ より，

$$t = \int_{\mathrm{TA'R}} \frac{\mathrm{d}l}{v_g} = \int_{\mathrm{TA'R}} \frac{\mathrm{d}l}{nc} = \frac{1}{c\sin\theta_0}\int_{\mathrm{TA'R}} \sin\theta\,\mathrm{d}l = \frac{D}{c\sin\theta_0} = \frac{\overline{\mathrm{TA}}+\overline{\mathrm{AR}}}{c} = t'$$

12·5 $f_p{}^2 = f^2[1-n^2(f)] = f_n{}^2[1-n^2(f_n)]$ と $f = f_n\sec\theta_0$ より
$\sin^2\theta_0 - n^2(f) = -\cos^2\theta_0 n^2(f_n)$. $\sin\theta_0 = n(f)\sin\theta$ を代入して
$-n^2(f)\cos^2\theta = -\cos^2\theta_0 n^2(f_n)$. $\therefore\ n(f)\cos\theta = n(f_n)\cos\theta_0$.

12·6 $h' = \overline{\mathrm{TA}}\cos\theta_0 = \dfrac{ct}{2}\cos\theta_0 = \displaystyle\int_{\mathrm{TA'}} \frac{\cos\theta_0\,\mathrm{d}l}{n(f)} = \int_{\mathrm{TA'}} \frac{\cos\theta_0\,\mathrm{d}h}{n(f)\cos\theta}$

式 (12.24) を用いて,

$$h' = \int_{\mathrm{TA'}} \frac{\mathrm{d}h}{n(f_n)} = h_n'$$

12·7 $G_e = 53\ \mathrm{dB}$, $D = 11\ \mathrm{m}$.

索　　引

あ　行

か　行

さ　行

た　行

な　行

は　行

ま　行

や　行

ら　行

わ　行

著者の現職
名古屋工業大学工学部教授
工学博士

電気・電子学生のための
電 磁 波 工 学

昭和 55 年 9 月 10 日　発　　行
令和 6 年 7 月 10 日　第 32 刷発行

著作者　稲 垣 直 樹

発行者　池 田 和 博

発行所　丸善出版株式会社
〒101-0051 東京都千代田区神田神保町二丁目17番
編集：電話(03)3512-3264／FAX(03)3512-3272
営業：電話(03)3512-3256／FAX(03)3512-3270
https://www.maruzen-publishing.co.jp

組版・株式会社 暁印刷／印刷・株式会社 精興社
製本・株式会社 松岳社

ISBN 978-4-621-08158-7 C3055　Printed in Japan